CRÍTICA A LA CIENCIA

Ricardo A. Carpani

Crítica a la ciencia

prometeo
libros

Carpani, Ricardo A.
   Crítica a la ciencia / Ricardo A. Carpani. - 1a ed . - Ciudad Autónoma de Buenos Aires : Prometeo Libros, 2020.
   260 p. ; 23 x 16 cm.

   1. Sociología de la Ciencia. 2. Ciencias Sociales y Humanidades. 3. Filosofía de la Ciencia. I. Título.
   CDD 306.45

© De esta edición, Prometeo Libros, 2020
Pringles 521 (C11183AEJ), Buenos Aires, Argentina
Tel.: (54-11)4862-6794 / Fax: (54-11)4864-3297
editorial@treintadiez.com
www.prometeoeditorial.com

Diseño: R&S
Armado: María Victoria Ramírez
Corrección: Elda Morales

Hecho el depósito que marca la Ley 11.723.
Prohibida su reproducción total o parcial.
Derechos reservados.

Índice

Advertencia 9
Introducción 33
    El progreso y su dinámica como componente del Universo 39
    La reflexión subestimada 46
La ciencia 55
    Clasificación de las ciencias 57
    Una versión apócrifa de la ciencia: La otra historia 62
    Primer enunciado apócrifo 62
    Segundo enunciado apócrifo 65
    Tercer enunciado apócrifo 67
    Cuarto enunciado apócrifo 68
    "Capacidad heurística" y "Contextualización" (reflexión) 76
    El verdadero origen de la ciencia: racionalidad y creatividad 79
    Medio ambiente y código genético: adaptación y evolución 81
La realidad 87
    ¿Es la realidad como la vemos o vemos la realidad tal como es? 90
    La realidad y la soledad ontológica 91
    ¿Cómo definir a la realidad? 95
    El proceso de intelección de la realidad. La adaptación 103
    Enfoques de la realidad 108
    Una visión diferente de la realidad. La episteme griega 115
    La episteme griega 117
    La ciencia moderna como negación de la episteme griega 121
    La modelización en la ciencia moderna 123
    Comentario final 130
El método científico 133
    Bases para un análisis del Método Científico
    Método Científico, cultura y adaptación 137
    Premisas para el análisis del Método Científico 138
    Primera premisa: ciencia-Método Científico y realidad 138
    Segunda premisa: ciencia-Método Científico y reflexión-creación 141
    Tercera premisa: Ciencia, Método Científico y subjetividad 143
    Nacimiento y evolución del Método Científico 145
    Avance "positivo": el pragmatismo 159
    Un fantasma en la ciencia: la subjetividad 163

 Sesgos cognitivos y falacias lógicas 165
 La reflexión... 174
 Breve síntesis conceptual del Método Científico 180
 Cómo se sustenta esta crítica... 181
 Primer sustento: la formación académica científica.................................... 182
 Segundo sustento: La relación del Método Científico con la cultura 185
 Significación del motor para la cultura humana.
 Velocidad y aceleración 190
 El hombre adaptado a la realidad actual
 La congruencia del Método Científico... 197
 Un Método Científico reflexivo 198
 El Método Científico versus la realidad.
 Los paradigmas científicos cuantitativo y cualitativo 200

La verdad.. 211
 La verdad en la ciencia.. 217
 Teorías acerca de la verdad... 227
 Tipos de verdades 229
 Verdad y ciencia.. 229
 Conocimiento científico.. 232
 Los sistemas complejos: La realidad versus la verdad científica 239
 Ciencia sin reflexión: verdad sin contenido... 242
 La enfermedad vascular coronaria 246
 ¿Verdad científica o pseudo verdad?... 252
 A modo de conclusión 255

Bibliografía y lectura recomendada 259

Advertencia

La *ciencia,* sin ninguna duda, es una de las actividades más trascendentes que pudo, puede y podrá desarrollar el ser humano, capaz de cambiar varias veces el rumbo de toda la especie y hasta modificar el propio escenario por el que transcurren las vidas de absolutamente todos los seres vivos. No existe otra disciplina humana que sea capaz de disputarle el centro de la escena, al punto de que todos y cada uno de los actos que puede desarrollar un ser humano dependen, en mayor o menor medida, de la *ciencia.* Por ello, criticarla no es tarea sencilla. Tanto sea plantear como leer estas líneas implicará cuestionar ni más ni menos al que, actualmente, constituye uno de los ejes de mayor gravitación para el destino de la humanidad y de nuestro planeta. Por todo ello, considero que es justo presentar una advertencia para el lector que decide sumergirse en esta *Crítica a la ciencia.*

Antes que nada, debe quedar bien claro que valoro y admiro todos y cada uno de los innumerables logros que ha alcanzado la *ciencia* y que, por cierto, sigo entusiasmado y, muchas veces, fascinado con ellos. Reconozco que las cosas hubieran sido y serían muy diferentes si no hubiese producido y aportado tanto como lo hizo. Pero es justamente esa admiración y devoción lo que me empuja a pensar que podría darnos mucho más de lo que nos ofrece actualmente. La *ciencia* indudablemente es uno de los pilares sobre los cuales se podría edificar un cambio en nuestras condiciones de vida haciendo que todo sea mejor; obviamente, no me estoy refiriendo a que los automóviles ya podrían estar volando o que podríamos movernos de un lugar a otro por teletransportación, el concepto nada tiene que ver con aparatitos casi mágicos y versátiles que la *ciencia* ha demostrado ser capaz de concebir.

Por el contrario, la afirmación se refiere al hecho de que la *ciencia* depende, en gran medida, de que el hombre como especie, no solamente como individuo o grupo, logre tener una vida de mejor calidad en términos de adaptación al medio en el que vive, lo cual vale destacar, poco tiene que ver con lo que muchas veces nos muestran y nos quieren imponer como "símbolos de progreso". En ese sentido, y a juzgar por como son las condiciones de vida actuales para la mayoría de los seres humanos y aún sin considerar el nivel de degradación de nuestro planeta, del cual el hombre es el principal responsable, resulta muy difícil afirmar que el nivel de adaptación a nuestro entorno ha mejorado o está en vías de hacerlo.

Pero, quizás, lo más importante para ser advertido en este trabajo es que, lejos de ser una proclama anticientífica, intenta generar y estimular un debate profundo planteando la necesidad de una reformulación metodológica actualizada de la *ciencia* que, fundamentalmente, logre ser congruente con la *realidad* que nos rodea, que es claramente diferente de aquella que la vio nacer como disciplina independiente entre los siglos XVI y XVII. Preguntarnos con una necesaria valentía si, realmente, la *ciencia* está al servicio del hombre como especie o si, por el contrario, está respondiendo a otros intereses que tergiversan el verdadero objetivo que le dio no solamente su sentido, sino también su prestigio, y que no es otro que velar y, si es posible, mejorar la adaptación del hombre a su entorno.

No se trata de cuestionar lo logrado sino plantear la necesidad de animarnos a pretender una mayor calidad de esos logros, lo cual depende tanto de la congruencia que exista entre la *ciencia* y su edificio de conocimientos con la *realidad* en la cual estamos inmersos como de la significación de su rol y la manera como lo ejerza.

Por todo ello, es una crítica con esperanza.

Entrando de lleno en el tema que nos convoca, lo primero a enfatizar es que dado que no podemos comprender ni tampoco conocer un "acto humano" (la *ciencia* lo es) con la intención de acercarnos a la verdad si no lo ubicamos en su contexto, debemos definir cuál es el que le corresponde a la *ciencia*. En este sentido, podemos afirmar que ese contexto siempre estuvo conformado por dos componentes absolutamente omniscientes, la *realidad* y la *cultura*. Los tres factores –*realidad*, *cultura* y *ciencia*– ineluctablemente operan y evolucionan con una dinámica interactiva y una interdependencia tan estrecha que resulta imposible disociarlos y hablar de uno de ellos, ni mucho menos conocerlos y comprenderlos, sin considerar los otros dos.

La *realidad*[1] es el escenario en el que la *ciencia* desarrolla su actividad con el objetivo de conocerla cada vez mejor y con mayor profundidad, y ese escenario no es otro que el mismísimo Universo, incluyendo a todos los fenómenos que acontecen en él y que dependen, por un lado, de las fuerzas y dinámica de la Naturaleza y, por el otro lado, de los efectos que derivan del accionar del hombre.

Más allá de un mero relato descriptivo de los fenómenos que componen la *realidad*, propio de un realismo ingenuo, lo más interesante y a la vez trascendente, sobre todo en lo concerniente a su rol como factor ante el cual el hombre se debe adaptar, es su funcionamiento intrínseco. Hoy sabemos que una de sus características más definitorias y que la atraviesa transversalmente en su totalidad es la denominada *complejidad* cuyo principal rasgo es la información que contienen las "relaciones" entre las "partes" y el "todo", dejando revalorizado el concepto de "sistema". Definimos "sistema" como un todo formado por partes cuya relación entre sí (interrelación), de cada una de ellas con el propio sistema como un todo (correlación) y de cada una de las partes y del sistema con el entorno (ligadura o vínculo), determina tanto el comportamiento como la evolución, no solo de cada una de sus partes, sino de todo el sistema y ello puede ejercer influencia en el entorno que a su vez recíprocamente influye en el sistema.[2]

Ambos aspectos, comportamiento y evolución, dependerán, entonces, tanto de su componente material (masa, estructura) como de su aspecto no material (fuerzas a través de las cuales se relacionan partes, sistema y entorno), con lo cual el centro de la escena ahora debe ser ocupado no solamente por una descripción estructural precisa y detallada, como lo pretende la concepción científica clásica, sino también por los aspectos energéticos como los que estudian la termodinámica, la relatividad o la estadística, entre otras muchas subdisciplinas. Y si a eso le sumamos que un "sistema" puede tener comportamientos diferentes, a veces predecibles

[1] Ex profeso hablo de *realidad* y no de "naturaleza" ya que lo que usualmente se entiende por esta última es todo lo que existe (universo material) con independencia de lo generado a partir de la intervención humana, lo cual evidentemente estaría dejando fuera a un número progresivamente mayor de fenómenos que inevitablemente impactan en la humanidad y en su devenir y de los cuales la *ciencia* también se debe hacer cargo, fundamentalmente aquellos que surgen de ella misma (medicamentos, inventos, dispositivos, entre muchísimos otros).

[2] Ludwig Von, Bertalanfy. (1995). *Teoría General de los Sistemas*. Fondo de Cultura Económica. México.

–lineales– y otras difícilmente predecibles –dinámica no lineal, caos determinista– o incluso comportamientos autónomos y variables –sistemas alejados del equilibrio, autoorganización– o que responden a patrones evolutivos que hasta hace poco ni se sospechaban, como la "epigénesis",[3] la "coherencia"[4] o la "teleonomía",[5] el panorama de la *realidad* con el cual debemos contextualizar en la actualidad a la *ciencia* evidentemente es bien diferente del que existía hace trescientos años, diferencia que tiene que ver con la enorme magnitud que existe actualmente en el nivel de conocimientos.

Así hoy sabemos que en la *realidad* existen diferentes "niveles de complejidad". Por un lado, aquellos en los cuales solamente describir estructura y función alcanza para que ese conocimiento sea congruente con el fenómeno real al cual está referido y, por otro lado, aquellos en los cuales esa congruencia se logra únicamente considerando también las "relaciones" que existen entre las partes de ese fenómeno y de él con otros fenómenos.

Finalmente, –y desde un punto de vista funcional y operativo–, en un sentido antropológico referido a la relación con el hombre, podemos decir que la *realidad* se expresa por fenómenos, algunos de los cuales logran modificar las condiciones de vida que aquel tenía hasta ese momento, al punto que se termina por perder la armonía que existía entre ambos; a esos fenómenos podemos denominarlos "señales" y al efecto que provocan sobre el hombre "necesidades". En ese escenario el hombre intentará recuperar la armonía perdida satisfaciendo esas "necesidades" mediante

---

[3] El término "epigénesis" está referido al enriquecimiento gradual del organismo en lo que respecta a sus capacidades y perfomances. El mejor ejemplo es el cerebro humano.

[4] La "coherencia" en un sistema biológico se define como la capacidad que tiene un suceso de transformar el sentido de su evolución. Es el fundamento de la "autoorganización". Ilya Prigogine, Isabelle Stengers.(1992).*Entre el tiempo y la eternidad*. Alianza. Argentina.

[5] Se trata de una de las propiedades de mayor trascendencia de los seres vivos. Consiste en que la función y el rendimiento o perfomance es lo que le otorga sentido a un sistema biológico. Gracias a esta condición la actividad de ese sistema esta orientada, es coherente, es constructiva y por todo ello "eficiente" (máximo rendimiento con mínimo gasto). Según Jacques Monod las proteínas son los agentes moleculares esenciales de las "perfomances teleonómicas" de los seres vivos; los sistemas nervioso y endocrino son dos buenos ejemplos. La "perfomance teleonómica" es uno de los factores de mayor gravitación en la selección de las especies, pues de ella depende la elevación en el nivel de organización. Jacques Monod. (1981). *El azar y la necesidad*. Tusquets. Barcelona.

acciones o "respuestas" que por tener ese objetivo se podrán denominar "respuestas adaptativas". A este proceso, que consiste en emitir respuestas con el objetivo de recuperar la armonía del hombre con su entorno, se lo denomina *adaptación*.[6]

Como es lógico y esperable, existe una enorme variedad de "respuestas adaptativas" que el hombre fue capaz de generar a lo largo de su evolución pero, indudablemente, la más trascendente, global y definitoria es la *cultura*,[7] siendo la *ciencia* una de sus tantas herramientas. Es por ello que la *cultura* es el otro factor que conforma el contexto de la *ciencia*.

Nuevamente desde un punto de vista antropológico, por cierto muy simplificado, podemos considerar a la *cultura* como la síntesis de las respuestas que el hombre emite frente a las señales que recibe de su entorno con el objetivo básico de mantenerse adaptado a él y dado que cada entorno constituye una singularidad temporo-espacial de la *realidad*, las culturas serán más o menos específicas a él, lo cual explica su enorme variedad.

Dentro de cada una de las culturas existirán diversas disciplinas que estarán orientadas a diferentes aspectos de la relación entre el individuo y su entorno, desarrollando cada una diferentes gestiones y estrategias en busca del único y terminal fin de optimizar la adaptación de ese grupo de seres humanos. La *ciencia* es una de esas disciplinas y como tal, su objetivo fue, es y será siempre el de optimizar la adaptación del hombre a su entorno, representante de la *realidad*.

Los inicios del período actualmente vigente de nuestra *cultura* se pueden vincular con la "revolución industrial" de fines del siglo XVIII y principios del siglo XIX que, básicamente, reemplazó el trabajo manual por la máquina y la economía rural del campo por la industrial urbana, entre muchas otras cosas. En ese contexto, las tendencias más importantes que fue adoptando el comportamiento de la sociedad y que por añadidura fueron conformando los rasgos de la *cultura*, son el "materialismo" (en tanto fundamento y expresión de la riqueza productiva como sinónimo

---

[6] Este esquema dinámico de "adaptación" no es exclusivo del hombre sino que es aplicable a todos los seres vivos.

[7] En el sentido que nos convoca, la *cultura* sería, entonces, el conjunto de "respuestas adaptativas" y sus derivaciones, que desarrolla el hombre frente a la *realidad* con el objetivo de sostener un estado de armonía entre ambos. Cabe destacar que conforme avanzó el desarrollo y los conocimientos de la humanidad, el objetivo de recuperar / sostener la armonía con el entorno se fue transformando en un intento por dominarlo.

de poder)⁸ y el "pragmatismo" (en tanto fundamento filosófico que asocia "valor" con "utilidad") para el cual "… *lo único que vale es lo que sirve…*".⁹ Ambos rasgos, materialismo y pragmatismo, son los que definieron los lineamientos operativos de la instancia que por excelencia terminó por gestionar el comportamiento de nuestra sociedad y nuestra *cultura* y que conocemos como "mercado".¹⁰

A juzgar por las evidencias de la historia de los últimos doscientos años, el "mercantilismo materialista y pragmático" fue el que fijó el rumbo de la humanidad y como algo inevitable se fue infiltrando en la mayoría de las disciplinas humanas (la *ciencia* no fue la excepción) sobre todo en aquellas que resultan ser "útiles" –pragmatismo– a los fines y objetivos del mercado, a diferencia, claro está, de otras que como el arte no siempre se subordinan a esos lineamientos.

De esta manera podemos comprender y mensurar la importancia de la *cultura* como factor que nunca dejó de definir el rumbo de la *ciencia* a través de una estrecha y absoluta dependencia. No existe en la historia de la humanidad momento alguno en el que la *ciencia* se opusiera o divorciara de la *cultura* sino todo lo contrario, siempre fueron congruentes y complementarias entre sí. Por cierto, es algo absolutamente lógico y esperable, al fin y al cabo como dijimos la *ciencia* no es otra cosa que una de las herramientas de la *cultura* al punto que puede considerarse como una de sus principales estrategias para ganar poder.¹¹

---

⁸ El *materialismo* a nivel científico estaría expresado actualmente por la "tecnología" y el evidente predominio neto de esta última es lo que fundamenta que ciencia y tecnología sean sinónimos y que no se conciba la existencia de la primera sin la segunda, al punto que el único y excluyente horizonte de la *ciencia* gira en torno a la tecnología.

⁹ El *pragmatismo* es una escuela filosófica que nació en EE. UU. a finales del siglo XIX. Sus creadores fueron Charles Sanders Peirce, John Dewey y William James. Sostiene que "solo es verdadero aquello que funciona" y por ello todo debe ser conceptualizado en base a sus consecuencias, siendo la "utilidad" el patrón principal.

¹⁰ *Mercado*: ambiente social (o virtual), institución u organización social que propicia las condiciones para el intercambio de bienes o servicios, cuyo funcionamiento se basa en una "oferta" (productores, vendedores) y en una "demanda" (consumidores, compradores). Conforme la producción fue aumentando, tanto las comunicaciones como los intermediarios desempeñaron un papel cada vez más preponderante. Actualmente el *mercado* gira con predominancia alrededor de la categoría "consumidores o compradores potenciales", siendo el *marketing* la disciplina que desarrolla este aspecto.- Wilkipedia – Internet – Junio 27, 2019.

¹¹ Harari, Yuval N. (2018). *De animales a dioses – Breve historia de la humanidad*. 14º edición. Debate. Buenos Aires.

La congruencia y complementariedad entre la *cultura* y la *ciencia* se ponen claramente de manifiesto en la relación funcional recíproca que ambas mantienen y esto explica por qué los principales patrones que rigen el comportamiento del "sistema cultural" actualmente prevalente (occidental): el *pragmatismo* o utilitarismo y el *materialismo*, terminen influyendo con fuerza en los lineamientos de la *ciencia*, con lo cual también ella se orientará con predominancia hacia aquello que "resulte útil" y material o fáctico.

Así queda definido el que a mi criterio es el contexto adecuado en el cual deberá ser analizada la *ciencia* en la actualidad. Está conformado por una *realidad* que se expresa a través de fenómenos cuya principal característica es la *complejidad*, los que devienen en "necesidades" para el hombre, frente a las cuales este deberá emitir *respuestas adaptativas* que estarán encuadradas dentro de los límites definidos por una *cultura* que actualmente se caracteriza por ser pragmática y materialista, y que opera fundamentalmente a través del "mercado", siendo la *ciencia* una de sus herramientas, quizás una de las más fundamentales.

Abordándola ahora en forma directa y específica, vemos que como toda disciplina la *ciencia* tiene un núcleo operativo que se denomina *Método Científico* el que ha demostrado con holgura una enorme eficiencia y resulta ser el pivote y eje central sobre el que gira el accionar científico desde hace más de trescientos años.[12] Sus orígenes se remontan a la Edad Media y en su proceso de desarrollo y evolución participaron las mentes más brillantes que podamos imaginar.

El fin prioritario del *Método Científico* fue y es intentar que los conocimientos obtenidos se acerquen lo más posible a la "verdad objetiva" que es aquella que se basa en el "objeto" y no en el "sujeto" que emite su versión, para ello profundiza todo lo que sea posible el conocimiento acerca de los fenómenos de la *realidad*. Lo hace a través de precisar sus detalles y para lograrlo a) divide a su objeto de estudio en porciones cada vez más pequeñas (atomización); b) aísla cada una de esas partes generando "abstracciones" mediante la creación de "modelos" (modelización) que las representan con el objetivo de poder ser evaluadas y c) cuantifica esas evaluaciones de una manera más detallada y hasta exacta (matematización). Las conclusiones obtenidas a partir de esa metodología

---

[12] Resulta algo paradójico que el *Método Científico* no sea incluido ni abordado de una manera específica en los programas de enseñanza y entrenamiento académicos de la mayoría de las subdisciplinas científicas.

generarán los "hechos científicos" que teóricamente deberían ayudar a que el hombre mejore su nivel de adaptación a su entorno y con ello su "calidad" de vida. Pero más allá de cómo opera y si logra o no su objetivo, sin ninguna duda uno de los aspectos más interesantes aunque poco destacado, es que el verdadero motivo por el cual fue concebido y pensado el *Método Científico* solo dependió de una sencilla *reflexión*, a saber: la única manera de acercarse a una versión lo más objetiva posible acerca de la *realidad* es tratando de neutralizar la subjetividad que inexorablemente forma parte en menor o mayor medida de todas las versiones de esa *realidad* sin excepción, sencillamente por tratarse de producciones humanas y la manera más efectiva de lograrlo es dándole protagonismo al "hecho" (facto) a través de la experiencia (empirismo) mediante un método que todos respeten y apliquen.

Por supuesto, en esta afirmación hay algo que no nos debería llamar la atención y es el hecho que los que pergeñaron e hicieron fuerte al *Método Científico* también eran filósofos.[13] Justamente por ello tenían naturalmente incorporada la *reflexión* que, junto a la "pregunta", es una de las herramientas centrales de la filosofía y sin la cual no hubiesen podido concluir que era necesario un método.

Pero no se percataron que su propia condición les jugaría una mala pasada, porque por ser filósofos no consideraron (no lo precisaban) la necesidad de incorporar a la *reflexión* como paso dogmático y metodológico científico. Por el contrario, priorizaron lo fáctico y lo empírico porque en su reflexión concluyeron que eso era lo más adecuado y lo que se precisaba para neutralizar la subjetividad de las diferentes versiones.[14]

Con el tiempo y el aporte sucesivo de muchos ilustres hombres de *ciencia*, el *Método Científico* fue evolucionando y de su mano la *ciencia* comenzó a tener cuerpo propio y autonomía, diferenciándose y consecuentemente alejándose cada vez más de la filosofía hasta escindirse de-

[13] "…A partir del siglo V a.C., cuando surgieron los primeros filósofos naturales, y hasta bien entrado el siglo XVI d.C., o sea durante poco más de 20 siglos, la ciencia y la filosofía fueron la misma cosa, tuvieron el mismo nombre (*filosofía natural*) y fueron cultivadas sin distinción alguna por Tales, Platón, Aristóteles, Galeno, Avicena y Leonardo…" Perez Tamayo, Ruy. (2010). *Existe el Método Científico?*. Fondo de Cultura Económica. España.

[14] La filosofía estaba profundamente incorporada a la *ciencia* por aquellos tiempos, al punto que ningún científico hubiese tenido que aclarar, mucho menos reglamentar, algo que resultaba una obviedad: para hacer *ciencia* inevitablemente se debía aplicar la *reflexión*. Aplicándolo a la actualidad sería similar a creer que un científico actual puede efectuar un estudio de investigación serio sin la ayuda de la tecnología.

finitivamente de ella para transformarse en una disciplina independiente. Así, progresivamente los científicos dejaron de ser filósofos, de forma tal que la *reflexión* dejó de ser una actitud y una herramienta espontáneamente incorporada a sus tareas, transformando aquellos aspectos fácticos y empíricos en el eje central e incluso excluyente de la *ciencia* (positivismo, neopositivismo) convalidando en forma irrestricta lo que terminó siendo un verdadero "dogma científico", basado en el aislamiento del fenómeno a estudiar, en su modelización, en su atomización y en su matematización, todas tácticas orientadas a optimizar y profundizar el conocimiento detallado del fenómeno y que, como vimos, resultan ser características fundacionales del *Método Científico* que siguen vigentes hasta el día de hoy.

Aquí surge el primer gran cuestionamiento a nuestra querida *ciencia*, que incluso deviene en paradoja.

Indudablemente gracias a la *ciencia* conocemos cada vez más detalles acerca de la *realidad* pero también terminamos comprendiendo que tan importante como la estructura y funcionamiento del fenómeno en sí mismo, al cual debimos aislar para estudiarlo, son sus "relaciones" con los otros componentes de la *realidad*, a tal punto que hasta pueden asociarse entre sí para conformar un "sistema". Ese novedoso escenario viene a completar el conocimiento de la *realidad*, se denomina *complejidad* y resulta tan imprescindible de considerar y conocer como lo son la estructura y el funcionamiento de cada fenómeno o cada parte de él en particular. En ese camino de conocimientos, a medida que se iba sabiendo más, el contexto fue apareciendo de una manera diferente interpelando a la *ciencia* y planteándole la necesidad de una actualización para no quedar obsoleta, no solamente en su aspecto metodológico sino también conceptual. Ni la *realidad* se nos aparece igual y por supuesto ni el nivel de conocimientos acerca de ella son los mismos cuando los comparamos con aquellos que existían cuando se empezó a pergeñar el *Método Científico* allá por los siglos XVI y XVII.

De tal forma, debemos reconocer que en un escenario cuya característica principal es la relación e influencia recíproca existente entre los componentes de los fenómenos, no solamente entre sí y con el fenómeno como un todo, sino con el mismísimo entorno global en el cual se desarrolla, no es demasiado coherente, por no decir adecuado y correcto, pretender generar conocimientos mediante un método que en lugar de respetar esas relaciones para no violar la *complejidad* intrínseca de la *realidad*, separa y divide en porciones cada vez más pequeñas a su objeto de estudio, lo aísla de su contexto y lo reemplaza con modelos y símbolos. Indudablemente ese método podría ser el más adecuado cuando la *complejidad* o bien no era conocida o no era tenida en cuenta ni suficientemente valorada, en aquella *realidad* la estructura y el funcionamiento de la parte, necesariamente era el objetivo y en eso consistía el conocimiento. Pero hoy sabemos que la *realidad* se encuentra atravesada toda ella por la *complejidad*, no tanto por el hecho de haberse modificado sino porque sencillamente se sabe más acerca de ella.

La paradoja consiste, entonces, en que el mismísimo éxito logrado por el *Método Científico* es lo que hoy lo deja desactualizado.

Un método que aísla, modeliza, atomiza y matematiza a su objeto de estudio, lo que en esencia está haciendo es una *descontextualización* y si bien podrá conocer muchos detalles ínfimos y precisos, no podrá siquiera acceder a la información que se esconde en las "relaciones" entre las partes de ese fenómeno y las que él potencialmente mantiene con otros fenómenos, lo cual implica una verdadera violación al "principio de *complejidad*" que rige el comportamiento de la *realidad*.

Reconocer la *complejidad* y utilizar un método actualizado que la contemple es la única manera de descubrir la información que se esconde detrás de las relaciones que ese fenómeno sostiene con otros fenómenos y que probablemente lo lleven a formar parte de un "sistema" tras de lo cual se encuentre su verdadero significado y razón de existir.

La *realidad* es inconmensurable, compleja y hasta azarosa y por ello resulta ingenuo creer que todo lo que ocurre en ella puede ser accedido mediante una sola y siempre la misma manera.

Si bien para los fenómenos, que podríamos considerar de "baja complejidad", nuestro *Método Científico* ha demostrado ser absolutamente operativo y adecuado logrando un altísimo rendimiento, para aquellos fenómenos de mayor complejidad, no solo el *Método Científico* resulta inapropiado sino incluso hasta peligroso porque puede generar conocimientos que poco tienen que ver con la verdadera *realidad*.[15]

---

[15] No debe confundirse la *complejidad* con la "complicación". Un fenómeno "complicado" es aquel que estructuralmente puede tener muchos componentes, incluso diferentes, pero que se relacionan entre sí siempre de la misma manera. En estos fenómenos podremos separar sus partes para estudiarlas en detalle, podremos conocer exactamente cómo es su funcionamiento e incluso hasta podríamos

En conclusión, la *ciencia* a través de su método tiende naturalmente a *descontextualizar* todos los fenómenos que estudia y si bien resulta útil y operativo para aquellos de "baja complejidad", con independencia de lo "complicados" que sean, no sucede lo mismo con los que no pertenecen a esta categoría, en los cuales por ser "complejos" las relaciones entre sus partes, con otros sistemas y con el entorno contienen una información esencial para poder conocerlos, situación por demás paradójica ya que la enorme mayoría de los fenómenos de la *realidad* pertenece a esta categoría.

Dentro de las consecuencias que este defecto metodológico puede ocasionar, a mi criterio una de las más preocupantes es que si se consideran como "conocimientos válidos" aquellos que representan cabal y verdaderamente a los fenómenos de la *realidad* a los cuales están referidos (congruencia), solamente podrán ser catalogados como tales aquellos que están referidos a los sistemas de "baja complejidad", en los que una *descontextualización* no los desnaturaliza.

Pero cuando ese mismo defecto metodológico se proyecta a los sistemas "complejos" –que no soportan una *descontextualización*– la congruencia entre conocimiento y fenómeno de la *realidad* deja de estar asegurada con lo cual esa versión conformada por esos conocimientos deja de representar cabalmente a la *realidad* tal como es. El hecho que existan fenómenos de la *realidad* que se evalúen y conciban a partir de métodos no adecuados a lo que naturalmente son o, algo más preocupante aún, que no se reconozca su existencia por no ser candidatos debido a que no caen dentro de las pautas del método que se utiliza, implica que se está condicionando la *realidad* a los propios límites del método, con lo cual muy probablemente la "verdadera" *realidad*, la que incluye "todos" los fenómenos sin restricción, no sea como la que nos muestran. Así planteadas las cosas, no es para nada absurdo pensar que la *realidad* tal como la conocemos, quizás tenga un alto componente de "pseudo realidad" que quedó convalidada e

---

modificarlos para manipular su comportamiento. Son muchos los ejemplos, desde un avión o un automóvil o un cohete espacial hasta la reabsorción de sodio por el riñón, todos son fenómenos "complicados". En cambio un fenómeno *complejo* puede estar formado por componentes incluso iguales pero que se relacionan entre sí de una manera variable y es justamente esa "variabilidad" en las relaciones la que esconde la información necesaria para intentar comprender como funciona. Nunca podremos estar seguros que una intervención para manipularlos logre el objetivo propuesto. Ejemplos de fenómenos *complejos* son el clima, los procesos culturales o las patologías vinculadas con el "sistema de vida" como las enfermedades cardiovasculares o las neoplásicas, entre muchas otras.

instalada como la única *realidad* gracias al prestigio ganado por la *ciencia* ("ciencismo"[16]), siendo por ello muy difícil cuestionarla o dudarla sin ser desacreditado por ello.

La incongruencia que acabamos de describir entre el objeto de estudio (*realidad*) y el método (*Método Científico*) que se aplica para conocerlo, permite plantear algunas cuestiones más.

Una de las más trascendentes, incluso desde un punto de vista metodológico y pilar básico de la *ciencia* y la investigación, es que la relación entre "variable independiente" y "variable dependiente" queda invertida. Lo lógico y esperable es que la "variable independiente" sea la que se respete en cuanto a su forma de presentación lo cual incluye estructura, funcionamiento, evolución y comportamiento en su entorno natural (relaciones) mientras que la "variable dependiente", en este caso el método aplicado, es la que está obligada a adecuarse a las condiciones de la primera si lo que quiere es conocerla acercándose a la *verdad*. Yendo al tema que nos convoca: *realidad* y *ciencia*, teóricamente debería ser el *Método Científico* (variable dependiente) el que se adecúe a la *realidad* (variable independiente). Sin embargo, las cosas no parecen haber tomado ese rumbo sino exactamente al revés, ya que a todos los fenómenos que caen dentro del espectro de la *ciencia* se accede aplicando invariablemente la misma metodología. Dos son las implicancias fundamentales que a mi criterio derivan de este accionar, o bien no se respeta la singularidad de cada uno de los fenómenos, pues al no ser todos iguales fundamentalmente en lo que respecta a su dinámica (comportamiento, evolución, vínculos con otros fenómenos) seguramente precisarían diferentes métodos y enfoques de intelección, o bien se accede y se valida solamente a aquellos fenómenos que caen dentro de las pautas y límites del método aplicado, con lo cual quedan afuera los que no cumplen con estos requisitos.

La primera implicancia plantea que quizás existan fenómenos que no estemos conociendo como realmente son, dado que no adaptamos a ellos el método que aplicamos para estudiarlos, mientras que la segunda implicancia nos enfrenta a la posibilidad que existan fenómenos que nunca llegaremos a conocer por el simple hecho que nuestro método no los reconoce como candidatos para ser abordados.

---

[16] Zubiri, Xavier (1941). *"Ciencia y realidad"*. Bibliografía oficial #40: *Escorial* 10. pp 177-210.

Las consecuencias de la *descontextualización* sistemática y metodológica que efectúa la *ciencia* con los fenómenos que componen la *realidad* no es el único factor distorsionador, el otro factor que conforma el escenario dentro del cual se debe analizar la *ciencia*, la *cultura*, también opera con fuerza.

Sin un sustento sólido y metodológico que mantenga a la *ciencia* adherida al terreno de la verdadera *realidad*, lo cual dentro de un marco que descontextualiza es responsabilidad de la *reflexión* y transitando por una "pseudo realidad", de la cual además la *ciencia* es artífice, los rasgos de la *cultura* (materialismo, pragmatismo, mercantilismo) ya no encuentran obstáculo alguno para influir y hasta definir tanto el rumbo como las prioridades de la *ciencia*. En ese contexto, las *necesidades* surgidas a partir de las señales que emite el entorno (*realidad*) se podrán confundir con las *necesidades* surgidas a partir del "mercado", y ambas plantearán a la *ciencia* la exigencia de emitir una respuesta (hecho científico) para satisfacerlas, aunque ella no podrá discriminar cuál de esas *necesidades* pertenece a la *realidad* y cuál a la "pseudo realidad". La enorme diferencia entre una y otra respuesta es que mientras un hecho científico frente a una *necesidad* planteada por la *realidad* implica un aporte para la *adaptación* del hombre como especie, un hecho científico frente a una *necesidad* planteada por el "mercado", como vimos facilitada por una "pseudo realidad", estará orientado a brindar una utilidad (pragmatismo) material (materialismo) que alimente la dinámica "oferta" (producción) – "demanda" (consumo), transformando a la *ciencia* en lo que actualmente muchas veces termina siendo, una disciplina funcional a la *cultura* vigente (mercantilismo) y cooptada[17] por el "mercado".

Actualmente la *ciencia* prioriza, la mayoría de las veces involuntariamente, la producción de hechos científicos que le resultan "útiles" al mercado/sistema que apuntan, entre otras cosas, a optimizar el consumo priorizando la cantidad por sobre la calidad. De no ser así es difícil explicar por qué la *ciencia* acepta mansamente invertir montañas de dinero y conocimientos en producir aparatitos cada vez más sofisticados (un ejemplo paradigmático podrían ser los teléfonos celulares), con el único objetivo de que sean consumidos o generar tecnologías por ejemplo en medicina, que solamente podrán ser utilizadas por aquellos que cuenten con los medios económicos necesarios, en lugar de exigir que una parte

---

[17] *Cooptación*: completar vacantes mediante una decisión interna, prescindiendo del juicio externo, ganando autonomía y garantizando el cumplimiento de los lineamientos primigenios de la organización (ej.: fuerzas armadas, iglesia).

proporcional de esos fondos y conocimientos sean aplicados a las soluciones de las verdaderas necesidades de la humanidad en tanto especie. Un ejemplo puede ser optimizar una distribución racional de alimentos o agua, así como generar planes más efectivos de prevención de enfermedades infecciosas o evitar la degradación sistemática de nuestro planeta que indudablemente son los verdaderos problemas de la humanidad.

Resulta inevitable que surjan preguntas por demás incómodas:

¿Cómo es posible que aún sabiendo que la *realidad* es *compleja* sigamos aplicando en forma irrestricta un método que no solo aborta la posibilidad de acceder a la información que nos brinda esa *complejidad* sino que además nos limita el panorama de acción?

¿Cómo puede ser que una actividad tan inmaculada y con tanto prestigio como la *ciencia* haya terminado por violar sus propios principios disciplinarios, dejando incluso, involucrados en ese error a quienes militan dentro de ella, los científicos, quienes jamás hubiesen querido ser parte del problema?

¿Cómo puede ser que esos mismos científicos con formación intelectual y académica, no se den cuenta que el terreno de la *ciencia* es mucho más amplio y abarcativo, por ello mucho más pretencioso y trascendente, que aquel en el cual ellos se desempeñan?

¿Si no es posible negar la existencia de los serios problemas que atentan contra la adaptación de gran parte de la especie humana a su entorno, cómo es posible que la *ciencia* no se ponga a la altura de las circunstancias y no trate al menos de poner más a disposición sus conocimientos y su creatividad para tratar de neutralizarlos?

En verdad se trata de una paradoja que llega a transformarse en un sinsentido, porque la *ciencia* no solamente sabe hacer su trabajo sino que muy probablemente sea la que más lo sabe, al punto que es capaz de generar conocimiento y además desea hacerlo teniendo las herramientas para ello, su historia lo demuestra fácilmente. Por otra parte, es realmente difícil plantear como posibilidad que a la *ciencia* "no la dejan", su relación con la *cultura*, que sistemáticamente la ha sustentado y el nivel de recursos económicos que recibe, casi la descartan.

En conclusión, el escenario más probable es aquel que nos muestra cómo quizás la *ciencia* viola sus principios y no cumple con su rol iniciático –mejorar la adaptación del hombre a su entorno– por el simple hecho de no llegar a percibir cuál es la "verdadera" *realidad*, la que surge a partir de los hechos concretos y reales.

Es evidente que la *ciencia* no está leyendo bien la *realidad* y que su campo de acción fue quedando circunscripto a una parcialidad o, algo mucho peor, a una "pseudo *realidad*".

Resulta muy difícil afirmar que la *ciencia* no está siendo todo lo efectiva que debería y podría, siendo en sí misma la disciplina que enfrenta en forma directa los fenómenos a través de los cuales se expresa la *realidad* y que, además, no pueda leerla o percibirla tal como verdaderamente es. Sin embargo, guste o no, no hay otra manera de explicar muchas de sus acciones.

Podríamos plantear más de un argumento que justificaría esta situación, incluso dejando a la *ciencia* en un rol pasivo, dependiente y hasta víctima de presiones ejercidas por quienes la financian y sin los cuales ella no podría actuar, intereses con objetivos que están muy lejos de orientarse hacia una mejoría en el nivel de adaptación de la humanidad y muy cerca de incrementar sus ganancias. Pero eso implicaría abortar la posibilidad que sea la propia *ciencia* la que resuelva ese déficit. Por el contrario, estoy convencido que lo que actualmente ocurre surge de una falencia de la cual debe hacerse cargo la misma *ciencia* y que todas las influencias y presiones de las cuales es objeto, lejos de ser las causas son las consecuencias que derivan de ese déficit.

Finalmente arribamos a la gran pregunta: ¿cuál puede ser el motivo básico y primigenio por el cual una disciplina tan poderosa y eficiente como la *ciencia* puede caer en esta situación?

Probablemente la respuesta pueda despertar más de una sonrisa sarcástica, sin embargo resulta ser contundente: ese déficit consiste en algo sencillo y a la vez profundo, la *ciencia* abandonó la *reflexión* como herramienta básica de su quehacer cotidiano.

La *reflexión* y la actitud reflexiva representan la única manera de permanecer adherido y anclado a la *realidad*, pues de ello depende la *contextualización* que se puede hacer tanto del fenómeno a través del cual se expresa la *realidad* como de la acción que se adopte a partir de esa percepción, sus consecuencias y, en definitiva, del vínculo entre esa *realidad* y el sujeto. Si no reflexionamos no contextualizamos y si no lo hacemos, quedamos expuestos a caer sin resistencias en una subjetividad que inexorablemente nos condena a una disociación entre lo que realmente sucede y lo que percibimos y actuamos en cuestión. La peligrosa incongruencia entre el fenómeno real y el conocimiento que intenta explicarlo y representarlo o la actitud y decisión que se adopte frente a él, pone en un primer plano la enorme trascendencia que reviste la *reflexión* aún en los ámbitos de las disciplinas más duras.

El déficit de *reflexión* (*contextualización* del fenómeno) de la *ciencia* tiene consecuencias importantes no solamente a la hora de evaluarla como disciplina humana sino también en su proyección en nuestra vida cotidiana y su significación como herramienta cultural. Sin *reflexión* es imposible contextualizar los fenómenos que se nos presentan y consecuentemente la trascendencia y el impacto que pueden tener.

Es este el contexto en el que cabe preguntarse cuál es el verdadero rol de la *ciencia* en la actualidad y si amerita o no hacerle una crítica que, *reflexión* mediante, se debería transformar en una autocrítica. Plantearse si realmente no está cooptada por el mercado, respondiendo más a una dinámica de "oferta-demanda" que a una evaluación racional, reflexiva y en definitiva contextualizada de las necesidades más trascendentes que la *realidad* le genera a la humanidad como un "todo". En lugar de ello se ocupa, a veces de una manera excluyente, por las necesidades de algunos grupos o incluso partes de ellos.

La significación de este desvío va mucho más allá de una cuestión meramente cultural o del sistema de vida actual.

Muchas enormes inversiones se aplican a lo que sin duda alguna pueden ser considerados legítimos "hechos científicos", desde el estudio de enfermedades de muy baja incidencia hasta el desarrollo de tecnologías de avanzada, aunque vale aclarar que muchas veces para la distracción y el ocio (celulares inteligentes, computadoras ultrarápidas, asombrosos dispositivos de realidad virtual, sofisticadas tecnologías para los automóviles) que de hecho y por *status quo* son considerados como mejoras en la calidad de vida y en el nivel de adaptación de la especie humana.

Sin embargo, una mirada más realista nos obliga a reconocer que muchas veces estos productos de la "tecnociencia" están disponibles casi exclusivamente para aquellos que poseen la capacidad y los medios para acceder a ellos que no solamente no son todos los seres humanos sino que incluso son cada vez menos.[18]

---

[18] La concentración de la riqueza está aumentando en forma progresiva, así como las diferencias en los ingresos se van ampliando. *Foro Económico Mundial de Davos – OXFAM – 2018.*

En términos de "evolución" biológica, esto representa una verdadera "selección" para la especie humana al mejor estilo darwiniano aunque con parámetros y patrones completamente diferentes a los que siempre caracterizaron a la "biosfera" en la cual la presión de selección siempre orienta la evolución hacia el más apto. En esta fase tecnocientífica, expresada por lo que se conoce como "tecnosfera", aparece un dirigismo evolutivo en el cual una "raza superior" o elite, que se define a partir de su nivel tecnocientífico directamente proporcional al nivel económico, orientan la evolución hacia el más poderoso y con mayor capacidad de consumo en lugar de hacerlo hacia el más apto biológicamente. Así, no solamente los "mejores especímenes" de la humanidad terminarán siendo aquellos que puedan pagar/consumir, sino que además expone a la especie a una detención en su proceso evolutivo ya que la relajación de la presión de selección impedirá cualquier salto evolutivo.

En definitiva, podemos afirmar que gracias a una *ciencia* que se quedó sin conciencia por haber abandonado la *reflexión*, la "tecnosfera" se terminó imponiendo a la "biosfera".

Lenta y progresivamente, la *ciencia* se va desentendiendo de aquellos aspectos que le dan su verdadero sentido como disciplina humana y que no son otros que alcanzar/sostener/recuperar/optimizar la armonía entre el individuo y su entorno, y que sintetizamos en el concepto de *adaptación* en términos de especie.

La *ciencia*, en teoría, existe para adaptarnos cada vez mejor a lo que nos rodea a expensas de mejorar la calidad y eficiencia de nuestras respuestas frente a las necesidades que nos plantea nuestra *realidad*, lográndolo a costas de la acumulación y profundización de los conocimientos acerca de ella. No resulta difícil darnos cuenta que ni en términos de especie (conservación) ni de individuo (supervivencia) globalmente es eso lo que sucede desde hace un tiempo.

Un análisis abstracto y atomizado de un fenómeno al que se lo aísla del sistema al cual pertenece –*realidad*– gracias a una "descontextualización" metodológica, implica adjudicar ese fenómeno a una "pseudo *realidad*" de donde la única posible conclusión, más allá de lo riguroso e impecable que sea el estudio, es una "pseudo *verdad*". Esto es, en esencia, lo que ocurre con la *ciencia* y si le agregamos la estrecha relación que guarda con la *cultura* y la imperiosa necesidad de validarse mutuamente, comprenderemos que la única manera de lograrlo es transformar esa "pseudo *verdad*" en una "*posverdad*" gracias a la cual "creemos lo que necesitamos creer para soportarnos a nosotros mismos".

En tanto la *ciencia* se ubique en un escenario materialista y pragmático, comandado por el mercado, en el cual ocupa un rol casi central aplicando una metodología basada en la descontextualización motivo por el cual, como vimos, no logra acceder a la *complejidad* propia de la *realidad*, es absolutamente lícito plantearnos que quizás tras un maquillaje de éxito, progreso y eficiencia, esconde limitaciones y errores que revelan la funcionalidad de la *ciencia* para con la *cultura*.

Son muchos y variados los ejemplos que podemos encontrar y por demás cotidianos, que grafican claramente esta situación. Algunos pertenecen al terreno de la "*ciencia* aplicada", como por ejemplo a la involucrada con la asistencia sanitaria o también a aspectos menos formales de nuestro entorno pero todos están relacionados de una manera directa con el quehacer científico.

Una de estas cuestiones podría ser el confundir "mecanismo" con "causa" en temas de tanta trascendencia como las enfermedades cardiovasculares.

El "enfoque clásico" de estas enfermedades, actualmente vigente, coloca en el eje central del problema a la genética, ya sea en lo que respecta al comportamiento de la aterosclerosis[19] como al que pueden adoptar los denominados Factores de Riesgo Cardiovascular (FRC), entre los que podemos mencionar a la hipertensión arterial, el colesterol elevado, el tabaquismo o la diabetes, entre otros. Ellos son los que enlentecen o aceleran el proceso de aterosclerosis según estén bien o mal controlados y por ello definen los sucesos que terminan por derivar en las enfermedades cardiovasculares de una manera casi inexorable, justificando, de tal forma, que la mayoría de los esfuerzos en alcanzar un tratamiento causal se concentren en esos aspectos. Así, la causa y origen de estas enfermedades sería la aterosclerosis que está influenciada, potenciada y acelerada por los FRC, dejando a un tercer factor en este escenario: los "hábitos de vida occidental" (estrés laboral, sedentarismo, dieta rica en

---

[19] Se denomina *aterosclerosis* a la acumulación progresiva de sustancias, generalmente grasas, en la pared de las arterias produciendo disminución de su luz interior y consecuentemente del flujo de sangre que circula (placas de ateroma) y que se vincula con procesos inflamatorios que pueden llegar a la obstrucción definitiva de ese vaso sanguíneo.

grasas, entre muchísimos otros) en un nivel terciario y solamente como factores predisponentes o concomitantes.

Por el contrario, un "enfoque sistémico" reconoce a las enfermedades cardiovasculares como parte del proceso que desarrolla un sistema. Considera a la aterosclerosis como un mecanismo que a su vez está influenciado por otros mecanismos, los FRC, que se vinculan en forma directa con la verdadera causa primaria, que no es otra que el impacto que generan los "hábitos de vida occidental" que el sistema cultural obliga a adoptar a los seres humanos para seguir siendo "viables" dentro de él. En este contexto, la genética sería un factor predisponente, aunque no imprescindible, sobre el cual las causas (hábitos de vida) operan con mayor eficiencia para desencadenar tanto a los FRC como a la enfermedad.[20]

Así el enfoque clásico convalida que la *ciencia* crea (*posverdad*), que tratar la aterosclerosis es un tratamiento causal y que la hipertensión arterial, el colesterol, etc., son factores predisponentes pero inevitables (condicionados genéticamente) que también son tratados con criterio causal. Más allá del hecho que esta postura implique o no una buena, incluso la mejor, opción terapéutica, lo que representa esta actitud es que la *ciencia* deja de hacerse cargo de una manera directa de los "hábitos de vida occidental" por el simple hecho de no corresponder a su terreno de acción específico. Así se convalida que queden en manos de otras disciplinas o instancias del sistema (ejemplo: gobierno, mercado) que inexorablemente enfocarán el tema desde una óptica mercantilista y pragmática viendo a esos "hábitos de vida", en el mejor de los casos, como el costo que se justifica pagar a fin de mantener a un ritmo acelerado la rueda producción-consumo.

Guste o no guste, esto permite especular escenarios antipáticos, aunque por demás posibles, como podría ser el hecho que para una industria que depende del consumo de su producción, lo ideal (su objetivo) es que no disminuya la masa de consumidores, concretamente cuanto más hipertensos e hipercolesterolémicos o portadores de enfermedades cardiovasculares haya, mayor será el consumo de medicamentos y/o procedimientos (tecnología). ¿Podemos, entonces, pretender que en

---

[20] Cualquier ser humano tiene chances de ser hipertenso o tener un infarto de corazón o cerebro solo a expensas de los hábitos de vida y sin requerir carga genética alguna. Por el contrario, un ser humano genéticamente predispuesto puede no padecer nunca de hipertensión arterial o de un infarto, si no se expone a los "hábitos de vida occidental".

este contexto actualmente sea prioritario un programa de prevención que apunte al principal factor responsable como son los "hábitos de vida", que es la única manera como para intentar alcanzar la verdadera solución, que no es otra que disminuir la cantidad de enfermos? [21] Asimismo sea la solución más racional y progresista, no parece ser esto lo que pasa actualmente. Eso implicaría enfrentarse a aspectos cotidianos, los cuales el sistema mercantilista (oferta que estimula la demanda de la cual depende el consumo) precisa para mantenerse y eso implicaría que la *ciencia* debe enfrentarse a un sistema y a una industria de los cuales depende, transformándose incluso en subversiva.

Pero como dijimos antes, este no es el único ejemplo relacionado con una cierta dificultad para contextualizar el fenómeno que se está abordando con la realidad que lo involucra, dejando más de una vez la puerta abierta para que la *cultura* y sus patrones de funcionamiento –materialismo, pragmatismo, mercantilismo– logren infiltrarse. También ocurre lo propio con la diferente valoración y significación que se le otorga a la *cantidad* respecto a la *calidad*.

No es nuevo que el *mercado* pondera y prefiere la *cantidad* alineándola, incluso, al concepto de "éxito". El "cada vez más" no solamente es el objetivo sino el sentido mismo de muchas empresas en diversos rubros, confirmando al "consumo" y al "ritmo de aceleración" (constante incremento de velocidad) como *modus operandi* del *mercado* y de nuestro sistema de vida. Cuando se proyecta esta tendencia al ámbito de la *ciencia*, es posible comprender porqué hoy existe un evidente consenso para considerar como éxito científico, devenido en "progreso" para la humanidad, el haber logrado que la "expectativa o esperanza de vida" se haya prolongado, pasando de 46 años al nacer en 1950 a 72 años hoy,[22] pronosticando que podría llegar a 120/150 años para el año 2050, fenómeno que depende

---

[21] En muchos capítulos de la *ciencia* asistencial la prevención primaria (aquella que busca evitar la enfermedad) ha sido degradada a partir de un análisis costo/beneficio de tinte netamente económico. El NNT (Número Necesario a Tratar) es la cantidad de individuos que deben ser tratados para evitar un caso de la enfermedad que se está investigando. Si bien este parámetro está concebido y referido casi exclusivamente a tratamientos farmacológicos, terminó siendo aplicado también a la definición de políticas sanitarias (léase inversión) en programas no farmacológicos como los referidos a intervenir sobre los "hábitos de vida", que más allá de prevenir específicamente la enfermedad también mejora la "calidad de vida" de los participantes. De hecho son muy pocos los programas de prevención cardiovascular que operan en forma directa sobre los "hábitos de vida occidental".

[22] *World Life Expectancy*. WHO

aunque no exclusivamente de cuestiones vinculadas con la salud pública. Más allá del hecho de aclarar que se trata de promedios conformados con datos poblacionales muy variados, cuyas diferencias están relacionadas principalmente con la posibilidad que cada grupo humano tiene para acceder a los avances científicos responsables de este incremento[23] (selección darwiniana artificial), lo cierto es que detrás del cono de sombra que proyecta este "progreso" y que queda a la luz cuando se lo contextualiza con la *realidad*, surgen cuestiones al menos preocupantes. Pues este fenómeno, tal como está planteado en términos cuantitativos sin siquiera considerar los aspectos cualitativos de esas vidas que se prolongan, lejos de representar una optimización neta de la capacidad de *adaptación* de la humanidad a su entorno, podría representar, entre muchas otras cosas, una verdadera distorsión en su ecología. Esto incluso la puede poner en peligro como especie, debido al desequilibrio que promueve en la disponibilidad de medios de subsistencia (alimentos, demanda de atención social y sanitaria, etc.) entre los individuos jóvenes y los individuos viejos con menor perfomance teleonómica que naturalmente compiten por ellos, lo cual, además, representa una degradación de la especie.[24]

De ninguna manera esto implica decir que no es importante que los seres humanos pretendamos y podamos "vivir cada vez más" sino plantear que ese objetivo pierde su valor si no se complementa con el hecho de "vivir cada vez mejor"; algo de lo cual muy pocos hablan.[25]

Es justamente el déficit de *contextualización* en este aspecto en particular el que permite explicar ciertos condicionamientos de algunas conductas médicas, como la implementación de procedimientos diagnósticos o terapéuticos en pacientes añosos teniendo como motivación prioritaria, a veces única y excluyente, a la enfermedad o el trastorno en sí mismos y como objetivo el mantenimiento de la vida del paciente, sin considerar el *contexto* del mismo, fundamentalmente en términos de *calidad de vida* – tanto la que tenía antes de enfermarse o complicarse como la que tendrá si sobrevive – lo cual más de una vez es lo que debería definir la ecuación.

---

[23] Entre el año 2000 y 2005 la diferencia en la "esperanza de vida" entre Europa y África era de caso 30 años (78.4 vs 49.1 respectivamente). *World Life Expectancy* - WHO

[24] Margalef, Ramon (1974) *Ecología*. Ed.Omega. Barcelona, España.

[25] No debe llamar la atención la escasez, por no decir ausencia, de tests y scores a nivel médico asistencial que evalúen la "calidad de vida" como parámetro a tener en cuenta a la hora de tomar decisiones tanto diagnósticas como terapéuticas.

La *reflexión* y la *contextualización* interpelan a la mismísima ética al animarse a cuestionar que el acto de caracterizar un "estado crítico" de un ser humano solamente a partir de los defectos de cada sistema u órgano en particular (atomización) aislándolos del "todo" (individuo), puede esconder el simple hecho que quizás ese ser humano "se esté muriendo" y a partir de allí plantear si acaso es más ético someter a un ser humano a un procedimiento muchas veces con "costo biológico" (sufrimiento, complicaciones potenciales, etc.), condenándolo a que siga teniendo o que caiga en una *vida de mala calidad* o no hacerlo y en su lugar acompañarlo hacia un digno y buen morir.

No solo eso, también la *reflexión* y la *contextualización* cuestionan el mismísimo concepto de "enfermedad terminal", de enorme trascendencia pues es lo que modifica tanto el objetivo como la estrategia que adopta la medicina abandonando la curación/mejoría/sostén de la enfermedad como proyecto asistencial y reemplazándolo por el de ofrecer/brindar confort en el final de vida y un buen morir. También el "contexto" debería participar en esa definición.

Para finalizar esta advertencia, es preciso que quede claro que soy totalmente consciente que en un contexto atravesado por una tecnología cada vez más hegemónica, aunque íntimamente involucrada con un mercantilismo dominante, plantear que la *ciencia* abandonó su rol como eje conductor y de vanguardia en la lucha por la *adaptación* de la especie humana, resulta como mínimo muy difícil de aceptar. Mucho más difícil si se adjudica esa pérdida a un factor considerado actualmente poco importante y hasta intrascendente, como lo es el haber abandonado la *reflexión*.

A simple vista puede parecer absurdo poner en el mismo plano a la asombrosa "inteligencia artificial" o las computadoras cuánticas o la nanotecnología o las terapias génicas y a la sencilla *reflexión*.

Solo plantear que un abordaje adecuado de la *realidad* que considere y respete el "principio de *complejidad*" que la rige, dependa casi exclusivamente de aplicar un proceso de intelección que sea en su esencia y gestión "reflexivo", sin que lo tecnológico resulte imprescindible, podría sonar raro y hasta un poco romántico.

Sin embargo, apenas se profundiza el análisis surge como evidencia incontrastable que hasta el más moderno, sofisticado y asombroso artefacto valida tanto su existencia como todo el proceso necesario para haber sido construido, cuando tiene una "significación" y un sentido de existir, los cuales solo son accesibles a partir de una *contextualización* cuya única manera de alcanzarla es a través de la *reflexión*.

Cabe preguntarse, entonces, si acaso esta "*ciencia* irreflexiva" no esté convalidando (sigo creyendo que involuntariamente) que mientras alucinamos con inventos y avances tecnológicos "cuasi" de ciencia ficción, no cuestionemos si se justifica la inversión que demandan o si representan una "selección" de la especie humana que depende más de la capacidad de consumir (*selección artificial*) que de una mejor aptitud biológica o evolutiva (*selección natural*) que mejorará a la especie.

Resulta raro e incluso un poco delirante en este entorno materialista, pragmático y mercantilista, proponer que en todo equipo de investigación científica o incluso asistencial, debería participar un filósofo o al menos alguien cuya tarea específica sea *reflexionar* y *contextualizar* lo que se está investigando o asistiendo, si realmente tiene un sentido y una significación para mejorar la "calidad de vida o la *adaptación* del hombre como especie, si justifica la inversión y el esfuerzo cuando se lo dimensiona con otros fenómenos u otras circunstancias que atentan contra esa *adaptación* y esa calidad de vida y que también forman parte de la *realidad*.

Quizás sea tiempo de animarse.

Introducción

Hablar acerca de la *ciencia* no es ni será nunca tarea sencilla. En verdad no es algo que deba extrañar desde el momento en que todas y cada una de las instancias de la existencia humana en mayor o menor medida tuvieron y tienen algo que ver con ella. En tanto son múltiples los aspectos por los que puede ser abordada, cualquier emprendimiento de este tipo resulta ser indudablemente complejo.

Vivimos de la *ciencia*, por la *ciencia*, con la *ciencia* y dependemos en gran parte de ella. Debemos reconocer que la enorme mayoría de las cosas que utilizamos a diario para hacer nuestras vidas más seguras, agradables, confortables e incluso eficientes dependen de alguna u otra manera de la *ciencia*.

Bastará con ver un día cualquiera. Desde el mismísimo instante en que nos despertamos tomamos con*ciencia* de su omnipresencia y trascendencia y hasta qué punto está involucrada con el estilo de vida que elegimos. La luz que encendemos, la radio que oímos, la ropa que nos ponemos y hasta el vehículo con el que nos trasladamos existen porque en algún momento un científico las pensó y desarrolló.

En definitiva, podríamos afirmar sin demasiado error, que hablar de *ciencia* es casi como hablar de nosotros mismos recostados en el diván de un psicoanalista.

Está demás aclarar que ya hay mucho y muy bueno escrito acerca de la *ciencia*. Desde un enfoque "histórico" descriptivo de las sucesivas escuelas o "epistemológico" que analice el devenir del conocimiento, hasta maravillosos relatos cronológicos que cuentan las vicisitudes por las que debieron transitar los innumerables e incansables científicos apasionados y obstinados.

Pues bien, nada de eso se busca aquí.

Lo que pretende este trabajo es, por cierto, mucho menos pretencioso desde un punto de vista formal, pero mucho más difícil y comprometido en tanto de lo que se trata es de hablar del *sentido* que tuvo, tiene y tendrá la *ciencia* para el hombre, plantear con toda la crudeza que se pueda qué *significa* contar con una disciplina que aspira, ni más ni menos, a "conocer la verdad acerca de la *realidad*". Animarnos a preguntar, incluso con un poco de insolencia, si es adecuado el camino que adopta para perseguir su objetivo y si no podría mejorarse el rol que desempeña actualmente en la cultura humana.

Desde un punto de vista metodológico, debemos ser concientes que es su complejidad y esa cualidad de haber penetrado tanto en nuestra vida, los motivos que hacen que sea muy difícil evaluar a la *ciencia* a través de ella misma simplemente mirando los "actos científicos". Es casi inevitable que cualquier análisis que un dogma pretenda hacer de sí mismo quede subordinado y por ello expuesto a sus propios desvíos y prejuicios y la *ciencia* no es la excepción. En ese sentido no debemos olvidar que durante mucho tiempo la visión científica del mundo se caracterizó por ser cerrada y portadora de certezas, privilegiando la respuesta frente a la pregunta.[26]

Así, evaluar a la *ciencia* con más *ciencia* expone a ese análisis a quedar cautivo de una de sus más peligrosas amenazas que no son otros que sus propios sesgos.

Dicho de otro modo, si no podemos analizar a esta enorme disciplina de una manera directa, no queda otra posibilidad que hacerlo mediante un "enfoque indirecto" que permita aceptar como posibilidad el reconocer al conocimiento científico como una *obra que conjuga libertad de imaginación y exploración rigurosa movidas por una necesidad.*[27]

Ese "enfoque indirecto" podría consistir en encuadrar al objeto de estudio en un "marco de referencia" sobre el que se aplicarán las estrategias de evaluación. Esos primeros resultados y conclusiones obtenidas, correspondientes al "marco de referencia", en una segunda instancia se extrapolarán al objeto que motivó el estudio, en este caso la *ciencia*, evitando de tal forma muchas de las dificultades que en sí mismo ese objeto –*ciencia*– pudiera plantear a partir de sus propios sesgos.

El tema es, entonces, cómo elegir un "marco de referencia" de algo tan complejo y multifacético, cómo lograr que sea operativo y a la vez específico como para que resulte representativo de los hechos generados por la *ciencia*.

---

[26] Ilya Prigogine, Isabelle Stengers (1992) *Entre el tiempo y la eternidad.* Editorial Alianza. Argentina.

[27] Ilya Prigogine, Isabelle Stengers, *obra citada.*

No cabe duda alguna que resulta complicado encontrar un marco que permita evaluar ni más ni menos que a una de las disciplinas más importantes y trascendentes en la historia de la humanidad. Difícilmente nos esté esperando para que lo apliquemos. Lo más probable es que debamos seleccionarlo y elegirlo entre algunos candidatos potenciales y para ello será necesario que planteemos pautas y criterios que nos ayuden a descubrir cuál de todos ellos resultara ser el más conveniente.

Uno de esos criterios podría consistir en que ese "marco" deberá ser predominantemente *objetivo*, es decir que esté compuesto en sí mismo de *objetos*. En ese sentido nada cumple mejor este criterio como la mismísima *realidad*. Así las afirmaciones logradas con la evaluación necesariamente deberán podrán apoyarse en los "hechos" o "cosas" que conformaron y conforman la *realidad*. De tal forma, todo lo que se diga acerca de la *ciencia* deberá tener su correlato en esos hechos o cosas.

Otro criterio no menos importante, podría consistir en que ese "marco" deberá ser suficientemente amplio y no acotado ni selectivo, ya se dijo que la *ciencia* es algo omnisciente. Una vez más vuelve a aparecer la *realidad* como el mejor candidato para cumplir este requisito, caben pocas dudas respecto a la enorme cantidad de instancias de esa misma *realidad* con las cuales la *ciencia* está involucrada.

La última condición que debería cumplir el "marco de referencia" para poder ser elegido, es que debería poder reflejar fielmente al quehacer de la disciplina que pretende representar, fundamentalmente a través de los hechos o cosas que ésta es capaz de generar. Una vez más la *realidad* queda en la mira, ya que desde hace más de dos siglos el hombre y su *ciencia* resultaron ser el principal factor operativo sobre la *realidad*. El entorno del hombre y muchas veces hasta la propia naturaleza se fueron y van modificando a expensas de los hechos y cosas generados a partir de actos que surgen de la ciencia en sus diversas formas de expresión. De tal forma los avances, retrocesos, características y hasta las contradicciones de ambos factores –*realidad* y *ciencia*– serán recíprocos y correlativos. Así, la "*realidad*" se modifica por la *ciencia* y la *ciencia* se refleja y expresa a través de esas modificaciones de la *realidad*.

Así, a partir de estos tres criterios: de "objetividad", de "amplitud" y de "correspondencia", referenciándose en la propia *realidad* será posible analizar a la *ciencia* de una manera al menos aceptable, ya que los propios hechos objetivos que conforman la *realidad* son en sí mismos el "marco de referencia" necesario, siendo a su vez garantía que la tarea quede más ligada al *objeto* que al *sujeto* que lo describe.

Pero eso no es suficiente porque, como dijimos, si hay algo multifacético y variable es la *realidad* y esa característica hace necesario precisar, aunque sea con aproximación, cuál de los variados aspectos que pudieran estar relacionados con la *ciencia* será el más indicado para reflejarla y transformarse en un "marco de referencia" adecuado.

Evidentemente, el principal aspecto que cumpla con este requisito bien podría ser el que se vincula a los logros y los aportes que esa *ciencia* fue brindando al sistema de vida humano bajo la forma de "actos científicos" y que quedaron consumados como "hechos de la *realidad*".

Es decir, mirando "hechos de la *realidad*" podemos evaluar los "actos científicos" que subyacen en esos "hechos" y acceder y conocer el rol que tuvo y tiene la *ciencia* en la cultura e historia humanas.

Esta participación de la *ciencia* –"actos"– en la conformación de la *realidad* –"hechos"– tuvo dos momentos.

Una primera etapa en la que perseguía como objetivo comprender y explicar los fenómenos que componen la *realidad* y una segunda etapa en la que se orienta a intervenir sobre esos fenómenos y si es posible modificarlos, controlarlos y dominarlos. Como vimos, ambas etapas generaron conocimientos y muchos de ellos quedaron plasmados en la *realidad* como "hechos".

Este marco conformado por esos aportes de la *ciencia* que se expresaron y expresan en la *realidad* que rodeó y rodea al hombre y que en definitiva modificaron sustancialmente su entorno –*era antropocénica* que reemplaza como era geológica a la *holocénica*–, [28] se pueden agrupar en el concepto de "*progreso*".

Es un hecho consumado e indiscutible la estrecha relación que existe entre el *progreso* y la *ciencia*. El fundamento de esta afirmación radica en el denominado "mito del progreso" que consiste en aceptar que el curso de la evolución de la humanidad invariablemente es hacia metas más avanzadas. En este contexto la *ciencia* queda naturalmente involucrada ya que junto con la "técnica" es lo que el hombre moderno posee e instala como fuerza impulsora del progreso.[29]

---

[28] Crutzen, P. J. (2002). "Geology of Mankind: The Anthropocene", Nature, 415, 23.
[29] Evandro, Agazzi (1996). *Ciencia y racionalidad para el futuro del hombre.* Revista Interdisciplinaria de Filosofía. Vol. I. Universidad de Friburgo.

Resulta controversial en qué período de la historia se puede identificar el nacimiento de la "idea de *progreso*". Algunos autores como Robert Nisbet lo sitúan ya desde Homero, Hesíodo e incluso Aristóteles, mientras que otros asumen el origen de esta idea en la época moderna (John Burg). [30]

Más allá de precisiones cronológicas, lo cierto es que a finales del siglo VIII aC, Hesíodo ya expresa en el "Mito de Prometeo" (*Tegonía y Los trabajos y los días*) no solamente la vinculación del *progreso* con un mayor dominio de la naturaleza –el fuego sagrado que le facilita a los mortales– y una mayor armonía entre los hombres –el saber– sino también marca la estrecha relación entre ese *progreso* y un costo del mismo –creación de Pandora y su caja de calamidades–.[31]

El momento en el cual la *ciencia* toma categóricamente el protagonismo en la conducción del rumbo de ese *progreso*, aproximadamente a partir de los siglos XIV y XV, época en la cual el hombre comienza a emanciparse de las "explicaciones teocéntricas" vigentes desde hacía varios siglos, reemplazándolas por las "explicaciones humanas" generadas por el propio hombre a partir de la *ciencia* que terminaron por definir, incluso, el rumbo de la propia *cultura humana*.

Cabe aclarar que en este contexto, cuando hablo de *cultura* me estoy refiriendo a la conceptualización antropológica de esa palabra, entendiendo como tal, a la principal *respuesta adaptativa* que el hombre como especie pudo generar frente a su entorno –léase *realidad* y naturaleza. Esto explica porqué el sentido primario de la *cultura* siempre fue y será el perseguir y/o sostener la *armonía* entre el Individuo –hombre– y su Entorno –realidad– y porqué sobre esa *armonía* se edifica la *adaptación* de la cual depende tanto la supervivencia del individuo como la conservación de la especie, además de conformar el mejor ámbito en el cual el hombre puede sobrellevar su inevitable sensación de *soledad ontológica* frente al Universo, sentimiento primigenio en su camino evolutivo.

La vinculación entre *progreso* y *cultura* es tan indiscutible como la relación entre *ciencia* y *realidad-naturaleza* y todos ellos, en definitiva, son factores de un mismo sistema que se precisan mutuamente para no perder su verdadera significación. Uno sin el otro constituyen una entelequia, un sin sentido y cada uno adquiere su razón de existir en función de los demás.

[30] Braulio, Hornedo Rocha (2008). *El mito del progreso*. Centro de Investigación y Docencia en Humanidades. México.
[31] Braulio, Hornedo Rocha, ob. cit.

Ahora bien, dentro de ese sistema, cada parte cumple un rol predominante, así podemos definir al *progreso* como el "rumbo" que adopta la *cultura* a expensas principalmente de la *ciencia* como la principal fuerza motriz, en su afán de alcanzar una cada vez mayor *eficiencia* –máximo efecto con mínimo costo– en el "proceso adaptativo" que ineluctablemente el hombre debe transitar frente a la *realidad-naturaleza*.

Hablar de *progreso* a partir de los "hechos de la realidad" será, en consecuencia, correlativo y hasta equivalente a hablar de *ciencia* –"actos científicos"– ya que el primero dependió y depende principalmente de la segunda.

En nuestro análisis esta equivalencia nos permite especular con una ventaja operativa de enorme trascendencia ya que nos habilita a evaluar la "subjetividad" con "objetividad". Mientras la *ciencia* se estructura con base en "actos" que siempre están orientados en el mismo sentido a partir de una elevada carga de subjetividad –el "acto científico" siempre tiende a optimizar la e*ficiencia* del proceso adaptativo y no existe "acto científico" alguno que no surja a partir de esa intención– el *progreso* en cambio, se estructura en base a "hechos de la *realidad*" que por ser más verificables y eminentemente objetivos, los independiza de la intencionalidad del acto que los generó, disminuyendo, de tal forma, un factor de distorsión no menor.

Dicho más claramente, una cosa es la intención del "acto científico" y otra cosa es el "hecho de la *realidad*" generado a partir de ese acto. La intención del uno nunca es garantía del resultado del otro, aunque el segundo invariablemente es consecuencia del primero dando cuenta de él.

Desde un punto de vista antropológico referido al "proceso adaptativo" del hombre a su entorno, eso significa que nunca deja de existir la posibilidad que un *hecho científico* o *cultural* no derive en una mayor e*ficiencia* en la capacidad adaptativa del hombre, pudiendo o bien no influir en nada o bien incluso directamente atentar contra ella, algo que solo se pondrá en evidencia cuando el *acto científico* quede plasmado en "*hecho de la realidad*" (caja de Pandora o "costo" del *progreso*). En ese momento la subjetividad del primero –intencionalidad– pierde significación quedando definitivamente reemplazada por la objetividad del segundo.

De tal forma, así como no siempre aquello que se asume como *progreso* será realmente *progreso*, un *hecho científico* puede ser falible o incluso perjudicial aunque culturalmente muchas veces sea visto y asumido como generador de *progreso*.

Queda claro, evaluando el *progreso* de la realidad y los "hechos" que lo definen, estaremos evaluando con apreciable objetividad a la propia *ciencia* que, como vimos, al menos en los últimos siglos es la gran responsable de aquel.

El progreso y su dinámica como componente del Universo

Dijimos que el *progreso* es el rumbo que adoptó y adopta la humanidad en su evolución, pero esta definición quedaría incompleta si no se considera el contexto en el que el *progreso* se inscribe. Ese contexto es, ni más ni menos, el Universo que resulta ser la *"realidad total"* más allá que lo que define nuestro entorno cercano.

En tanto el *progreso* forma parte del Universo, se encontrará regido por sus leyes y principios y así aquello que encuadra el comportamiento del Universo, también lo hará con el *progreso* y por ello los lineamientos básicos del primero permitirán conocer mejor al segundo.

Uno de esos principios rectores, quizás uno de los más importantes, consiste en que, desde el punto de vista de la materia y energía el Universo siempre tiende al equilibrio –Segunda Ley de la Termodinamica–.[32]

---

[32] La Termodinámica se encarga del estudio de la *energía*, sus transformaciones y su interrelación con las propiedades de la *materia*, tanto en un estado de "equilibrio" (tendencia a no cambiar) como durante los procesos en los cuales la *materia* sí puede cambiar a expensas de una transferencia de *energía* expresada como calor y como trabajo. Todo esto referido al momento en el que dos sistemas se ponen en contacto e interactúan. Las leyes que rigen a la Termodinámica son consideradas *axiomas* ya que no necesitan ser probadas por ser suficientemente evidentes por sí mismas. Si bien existen cuatro leyes de Termodinámica (Ley Cero, Primera, Segunda y Tercera), las dos más importantes son la Primera o de conservación de *energía* y *materia* (ya los griegos reconocían que la materia es indestructible pero intercambiable) y la Segunda o de unidireccionalidad del cambio de *materia* y *energía* por la acción de una fuerza motriz termodinámica. Ese cambio por tendencia natural se dirige espontáneamente al equilibrio entre los sistemas interactuantes, es decir, hacia un estado de máxima probabilidad que se conoce con el nombre de *entropía*. En un proceso dinámico entre dos sistemas que intercambian *energía*, la tendencia será que se irán desordenando entre sí, acercándose progresivamente a un equilibrio, lo cual implica que la *energía* (movimiento) vaya disminuyendo mientras la *entropía* va aumentando hasta un instante en el que no habrá más intercambio cesando la interacción entre los sistemas (máxima *entropía*). Para comprenderlo *(cont.)* imaginemos un sistema de bolitas azules y un sistema de bolitas rojas que entran en contacto (orden máximo). En ese momento la *energía* es máxima y a expensas de ella cada bolita azul buscará su estado de máxima probabilidad que será unirse a una bolita roja con lo cual comenzarán a desordenarse

El principal eje sobre el que gira este tipo de comportamiento radica en que la propia energía de la que depende el movimiento –energía potencial, cinética, etc.– es la que genera otra energía, denominada entropía, que va frenando la acción y la potencia de aquella. De esta forma el *sistema* conformado por ambos tipos de energía termina por autorregularse y equilibrarse.

Aplicado esto a todos los procesos dinámicos que suceden en el Universo –el *progreso* no es otra cosa que un proceso en constante evolución– se concluye que para todo proceso que se orienta en un sentido existirá otro de semejantes características pero con un sentido opuesto.

Como dijimos, la Segunda Ley de la Termodinámica confirma este principio y enuncia que en un "sistema cerrado" –aquel que no intercambia ni energía ni materia con otro sistema– como el Universo, la *energía utilizable* de la que depende la productividad, el crecimiento y las reparaciones, es decir todo aquello que se asocia con "movimiento", se va convirtiendo en *energía no utilizable*, a la que se denomina *entropía*. Conforme disminuye la primera, la segunda aumenta. En un sistema en el cual la materia y la energía no pueden ser creadas ni destruidas, solo modificadas, permaneciendo constante la cantidad total de energía –Primera Ley de Termodinámica– esto constituye un claro mecanismo de regulación para todo proceso que ocurra en el Universo y que utilice energía.

La naturaleza de nuestro planeta, que obviamente pertenece al Universo, adoptó estos modos de control para los procesos que ocurren en ella, fundamentalmente en lo que respecta a la biología. Se conocen como *agonismo-antagonismo* y consisten en que la acción del agonista –responsable de la acción– es la que pone en marcha al antagonista –responsable de limitar la acción– con lo cual no solo se autorregula el primero sino también el segundo ya que la función es conmutativa, es decir válida en ambos sentidos. Cabe destacar que este es el mecanismo que logra alcanzar uno de los mayores niveles de *eficiencia* –máximo efecto con mínimo gasto de energía– en cualquier contexto que se lo ponga.

---

los sistemas y a acumularse *entropía*. Progresivamente y espontáneamente las bolitas de ambos colores irán formando pares hasta que no quedará ninguna sin acoplarse. En ese momento se habla de "máximo desorden", máxima *entropía* y *energía* nula no habrá más actividad conociendo a ese estado como "equilibrio". M. Alonso y E. Finn (1967)*"Física y Termodinámica"*.Versión en español por Carlos Hernandez y Victor Latorre. Fondo Educativo Interamericano.

Si se aplican estos enunciados al proceso evolutivo denominado *progreso*, significa, de acuerdo a la Segunda Ley de la Termodinámica, que también debe existir un componente de ese sistema que se orienta en sentido opuesto, al que podemos denominar *regreso*.

Así, todo *progreso* se corresponderá con un *regreso*, siendo ambos los componentes de un mismo sistema que se encuentra inmerso en el Universo. El sentido definitivo que adoptará el "rumbo" del proceso tomado en su totalidad será el resultado del enfrentamiento entre la magnitud de ambas tendencias, *progreso* y *regreso*.

Por supuesto, cabe destacar que dada la enorme diversidad que caracteriza al Universo así como su intrincado y complejo comportamiento como sistema, ambos componentes –*progreso* y *regreso*– no necesariamente se expresarán siempre en los mismos ámbitos o aspectos de la *realidad*. Que el *regreso* no sea evidente o explícito, no significa que no exista ni mucho menos que no vaya a expresarse como "hecho de la *realidad*". La ecología nos enseña que en una colonia de cualquier especie animal que funcione como una estructura dinámica piramidal dividida en estratos de jerarquía progresiva, el orden de los niveles superiores –calificado como *progreso*– es directamente proporcional al desorden de los niveles inferiores –*regreso* o *entropía*–.[33] Si se efectuara la lectura de esa colonia a través de los niveles superiores, indudablemente podríamos hablar de *progreso* neto, ya que el *regreso* de los niveles inferiores y por ello invisible, no lo podemos percibir. Dejo a criterio del lector la extrapolación de este concepto a lo que actualmente ocurre con la humanidad.

Queda claro, no podremos considerar un *progreso* sin su respectivo *regreso* si es que queremos conocer el resultado neto de un proceso, lo cual no es otra cosa que un principio básico universal.

Esta afirmación resulta ser mucho más importante que una mera cuestión técnica o formal pues reconoce que no siempre todo lo que se denomina *progreso*, en tanto expresión de un paso evolutivo de la cultura como por ejemplo la microelectrónica, las biotecnologías o, incluso, la energía nuclear, tienen necesaria e invariablemente que representar una mejora neta de la capacidad y respuesta adaptativa del hombre en su necesidad de alcanzar/sostener una armonía con su entorno, que es el objetivo primario y a la vez final de la humanidad. Incluso, puede llegar a ser exactamente al revés.

---

[33] Ramon, Margalef. *Obra citada*.

No son pocos los casos en los cuales el *regreso* fue predominante respecto al *progreso* en el resultado final de un *acto científico* expresado como "hecho de la *realidad*", lo cual implica que en lugar de representar una "evolución" resultó ser una "involución" para la humanidad. Los adelantos tecnológicos en la carrera armamentista o el desarrollo industrial indiscriminado y su contracara de polución ambiental y ruptura de los equilibrios ecológicos o incluso los productos transgénicos que, aunque nacieron con el noble objetivo de aumentar la cantidad de alimentos básicos derivaron en graves consecuencias para la salud, el medio ambiente y la biodiversidad –valga aclarar, todos derivados de la *ciencia* – son claros ejemplos aunque, por cierto, no los únicos.

Quedan pocas dudas que si lo que se pretende es hacer un análisis racional, resulta imprescindible considerar el componente *regreso* y todo lo que representa ya que de ese balance dependerá el sentido u orientación que adopte el proceso evolutivo del hombre.

Ahora bien seamos sinceros, ¿realmente estamos sistemáticamente alertados de la potencial existencia de un *regreso*? Y si la respuesta llegara a ser afirmativa, ¿estamos dispuestos a ponderar de la misma manera al componente *progreso* y al componente *regreso* de un "hecho de la *realidad*" surgido de un "acto científico"? Dicho en otras palabras, ¿estamos dispuestos a enfrentarnos con una autocrítica?

Personalmente y a juzgar por las evidencias más cotidianas, permítaseme dudarlo.

Como dijimos, el ámbito en el que *progreso* y *regreso* se expresan puede no ser el mismo, por ello no debe extrañar que el segundo podría quedar oculto o, incluso algo peor, ocultado por diferentes razones –conveniencia, exitismo– en cuyo caso se podría disfrazar una involución para que parezca todo lo contrario.

La bomba atómica, las armas de exterminio, la contaminación ambiental y los cambios climáticos, el estrés y los hábitos de vida poco saludables que caracterizan el sistema de vida occidental, son incontrastables consecuencias directas de hechos que caracterizan a la industrialización, los que sin ninguna duda fueron definiendo lo que se conoce como *progreso*. No resulta difícil reconocer que no solo no han mejorado la calidad de la respuesta adaptativa del hombre frente a la *realidad* sino que, incluso, la han empeorado; son *regreso*, la *entropía* del proceso.

Como dijimos más arriba existen sectores de la humanidad e instancias de la cultura humana que no solo asocian estas calamidades con *progreso* sino que hasta especulan con ellas.

...cosas veredes Sancho que non crederes...

Para el caso particular de este trabajo, el punto que debe ser destacado es que muchos, quizás la mayoría, de esos "hechos de la *realidad*" que derivaron en *regresos* surgieron de acciones generadas por la *ciencia* que, como se vio, es el motor del vulgarmente denominado *progreso* de los últimos siglos, obligándonos a reconocer y aceptar que es perfectamente posible que la propia *ciencia* pueda estar escondiendo en sus "actos" cuestiones más vinculadas con un *regreso* o *entropía* que con un *progreso*.

Ahora bien, ¿cómo diferenciar una cosa de la otra? ¿Cómo definir si un acto científico pertenece al terreno del *progreso* o al del *regreso*?

Para responder de una manera racional esta pregunta, lo primero que hay que hacer es contextualizar a la *ciencia*.

Como se vio, se puede asumir a la *ciencia* como una de las modalidades que adopta el proceso de adaptación que el hombre está obligado a desarrollar para poder subsistir frente a las señales que surgen de la *realidad*.

Así queda definido su contexto.

Este necesariamente deberá abarcar la mayor cantidad posible de facetas de la vida de los seres humanos, sencillamente porque en cualquiera de ellos puede estar expresándose un "acto científico" capaz de generar un "hecho de la realidad" que derive tanto en un *progreso* como en un *regreso*. El resultado del balance quedará definido por el mejoramiento (*progreso*) o empeoramiento (*regreso*) de la "calidad" de la *respuesta adaptativa* del hombre frente a su *realidad*, poniendo en evidencia el sentido y orientación que terminó adoptando el proceso evolutivo de la humanidad a partir de ese *acto científico*.

Una forma práctica de aplicar este razonamiento consiste en evaluar a todos los "avances" que uno tras otro se fueron y van agregando a nuestra rutina diaria y definir si verdaderamente todos representan una mejoría en la "calidad" de nuestras respuestas –plasmado en lo que comúnmente llamamos "calidad de vida"– frente a las señales que nos llegan de nuestro entorno así como su repercusión fundamentalmente referida a lo que invertimos en tiempo y esfuerzo para obtener y sostener esos "avances". La mayoría de las cosas que nos rodean pueden ser evaluadas con esta sistemática, ya que la mayoría está fuertemente vinculada a la ciencia. Teléfonos celulares, vehículos cada vez más veloces, heladeras con computadoras, lavarropas con cada vez más fases de funcionamiento, armas de fuego cada vez más sofisticadas, televisores curvos, call center atendidos por máquinas, envases de plástico. Todos son componentes de nuestra *realidad*. Por supuesto que deben tener algo de bueno, algunos más que otros, pero también es cierto que paralelamente todos, de alguna u otra forma, pueden estar generando perjuicios que también deben ser considerados.

Es justamente ese balance el que definirá si realmente el resultado de su incorporación a nuestra vida cotidiana mejoró sustancialmente o no nuestra calidad de vida y si realmente nos transformó en una especie mejor adaptada a su entorno/*realidad*.

También esto permítaseme dudarlo.

Más allá de los numerosos ejemplos que se pueden encontrar y la calificación que cada uno de ellos pueda alcanzar, quizás lo más importante de este planteo sea que nos enfrenta con la circunstancia de tener que reconocer que la *ciencia* no es infalible, ni siquiera en aquellos hechos que parecieran haber sido maravillosos lo cual, muchas veces, depende más de estrategias de marketing que de lo que realmente representan en términos de evolución para el ser humano y para el planeta en donde debe vivir.

Por todo esto, así como todos los "hechos de la *realidad*" son candidatos a ser revisados a partir de un enfoque reflexivo y contextualizado, la *ciencia* en sí misma y como disciplina humana responsable de ellos, también debe serlo en tanto su contexto no es otro que la mismísima y más cotidiana *realidad* que nos rodea.

Una de las principales ventajas que implica analizar a la *ciencia* a través de los "hechos de la *realidad*" que conformaron y conforman el denominado *progreso* de la humanidad, es que facilita la detección de dos cualidades fundamentales de la disciplina a la hora de comprender su camino a través del tiempo.

Esas cualidades son la "modalidad" y la "tendencia" que fue adoptando su participación en la conformación de la *realidad* Ambos aspectos están vinculados al que se conoce como *Método Científico*, que constituye la herramienta básica y primordial de la *ciencia*. De tal manera, *progreso* y *Método Científico* quedan estrechamente vinculados con una fuerte relación y congruencia.

En el cuerpo central de este trabajo se le dedica al *Método Científico* un análisis profundo y detallado que servirá para comprender lo que aquí adelantamos más abajo, como algunos de sus rasgos más conspicuos y que se pusieron en evidencia justamente a partir del análisis del proceso evolutivo denominado *progreso*.

Así se puede notar que una de las cualidades que más se destacan en la evolución del *progreso* es su cada vez más marcado predominio de lo *material* por sobre lo *ideal*. Asociamos *progreso* con el hecho tangible, con lo que se puede ver y tocar y no con una idea o una nueva concepción sobre algún aspecto de nuestras vidas. Un nuevo estilo musical surgido de un antecesor no nos hace pensar en *progreso* pero el último modelo de smartphone o de televisor 3D por supuesto que si.

Si como vimos es la *ciencia* el "marcapasos" del *progreso* en los últimos siglos, el materialismo que lo caracteriza se encontrará claramente vinculado a aquella y en particular a su método, que es lo que aplica para generar los "actos científicos" que se transformarán en los "hechos de la *realidad*" que marcan el *progreso*.

Así, ese "materialismo" del *progreso* será congruente y a la vez demostrativo con el enfoque aplicado a partir del *Método Científico* que se basa en la jerarquización de la prueba demostrativa empírico-fáctica y en la desvalorización de la reflexión como componente de ese enfoque,[34] algo que podría resultar paradójico si se tiene en cuenta que, como se verá más aelante, ese método nació de una construcción netamente intelectual concebida por filósofos concientes de la influencia de su inevitable subjetividad humana.

A partir de esta cualidad predominantemente "materialista" de los hechos que fueron definiendo el progreso, surge como evidencia y a la vez explica cómo fue que la *ciencia* progresivamente se fue orientando hacia el *positivismo/neopositivismo* y porqué la *tecnología* fue ocupando la enorme mayoría de los escenarios científicos, al punto que hoy en día, *ciencia* y *tecnología* son sinónimos y términos conmutativos, significando en esencia lo mismo, aunque en verdad no lo sean.

La contraprueba que certifica esta afirmación es justamente la consecuencia de esta característica del *Método Científico* expresada en los "hechos de la *realidad*" y que fueron catalogados como *progreso*, principalmente desde mediados del siglo XX. El claro y abrumador predomi-

---

[34] Evandro Agazzi – *ob. cit.*

nio de los "avances" de la humanidad giran alrededor de la tecnología –informática, telecomunicaciones, cibernética, robótica, etc.– y son muy escasos y a veces incluso cuestionados, los "actos científicos" que generaron *progreso* pero que nacieron de planteos y enfoques reflexivos no materiales, como por ejemplo la racionalización del uso de recursos naturales finitos o la demostración de la relación directa entre tabaco y cáncer de pulmón, "acto científico" consumado en el "hecho de la *realidad*" denominado Convenio Marco de la OMS para el control del tabaco. Nada tecnológico hubo en ello.

En definitiva, debemos aceptar que si la *ciencia* hubiese aplicado un método no tan predominantemente "materialista", seguramente hoy podríamos enumerar una mayor cantidad de "hechos de la *realidad*" surgidos de "actos científicos" más reflexivos y conceptuales. Cosa que hoy no ocurre.

La reflexión subestimada

Pero el descrédito de la *reflexión* en el ámbito de la *ciencia* va más allá que el mero hecho de aplicar un método fáctico empírico como es el *Método Científico*. Incluso no es infrecuente que conclusiones que surgen de ese terreno, aún siendo presentadas en el ámbito de la *ciencia* sean interpretadas como obstáculos al *progreso* y hasta subversivas. Denuncias contra la contaminación ambiental y el mal uso y abuso de los recursos del planeta son muchas veces catalogados como "atentado al progreso". También así son consideradas las advertencias acerca del impacto sobre la salud humana y animal de los cada vez más numerosos *estresores* surgidos casi todos de fenómenos y procesos pertenecientes al terreno científico-tecnológico, todos ellos sintetizados en el denominado "estilo de vida occidental", los cuales, sin dudarlo y como es de esperar, son sistemáticamente considerados como *progreso*. Bastará pensar cómo es una jornada laboral de cualquiera de nosotros.

Por cierto fue tan fuerte la influencia de la *ciencia* sobre la conducta del hombre que esta desproporción entre los componentes *material* (física) e *inmaterial* (filosofía) del *Método Científico* se vieron claramente reflejados en la mismísima *cultura humana* a través de la adopción de dos enfoques que han demostrado ejercer una de las mayores improntas en el proceso evolutivo, por un lado la *concepción materialista mecanicista del mundo* y por el otro el *modelo cuantitativo del saber*, ambos fuertemente congruentes entre sí.

El *materialismo mecanicista* considera que el Universo se define predominantemente a partir de la *materia*, la cual se organiza en distintos niveles todos pertenecientes, en esencia, a una maquinaria.

Asume que esa es la única dimensión por la que se expresan los componentes del Universo, dejando a lo *inmaterial* en un flagrante segundo plano. Niega las cualidades intrínsecas de las cosas como potenciales generadores de cambios y sostiene que la única forma de modificar el estado de la *materia* es el desplazamiento generado por el contacto con otra *materia*. Así la *causalidad* se vincula casi exclusivamente con influencias físicas y no con una evolución autónoma de la materia.

El *materialismo mecanicista* acepta aislar y atomizar experimentalmente el objeto en estudio a fin de acceder a él a partir de detalles cada vez más profundos, priorizando "la parte" por sobre "el todo" aunque ello implique subestimar las "relaciones", ya sea "entre las partes" o *interrelación*, "entre la parte y el todo" o *correlación* y finalmente entre "el todo" y el "entorno" o *universo* al cual ese objeto pertenece. Sin embargo, hoy sabemos que todas estas son cualidades de la *materia compleja* que, además de encerrar en sí mismas una valiosa información, definen otras cualidades también esenciales como ser la *epigénesis* –capacidad de modificar la propia evolución– o la *teleonomía* –capacidad de orientar estructura y función hacia el objetivo a partir de la interacción dinámica con el entorno–. Son, además, las que definen la denominada *complejidad* de todos los componentes del Universo que, obviamente, trasciende a una estructura meramente mecánica.

Resulta comprensible, entonces, que para el *materialismo mecanicista* el saber científico consista en un número creciente de conocimientos parciales y fraccionados que se van acumulando como las catáfilas de una cebolla, sentando las bases para el denominado *modelo cuantitativo del saber*.

La concepción de *progreso* como la posibilidad de resolver cada vez más problemas, dio lugar a que el paradigma fuese el poseer un número cada vez mayor de conocimientos lo cual, en definitiva, no es otra cosa que la consumación la "ilusión determinista" de alcanzar la solución de *todos* los problemas humanos, algo que ya se vislumbraba con Demócrito y floreció en los siglos XVII y XVIII con Laplace, Hobbes, Descartes, Espinoza y hasta Einstein, entre muchos otros.[35]

La principal crítica al *materialismo* mecanicista y al *modelo cuantitativo del* saber que adoptó el *progreso*, radica en que el abundar en detalles gracias al aislamiento experimental de porciones cada vez más pequeñas de un fenómeno que en sí mismo es un *sistema* integrado por varias partes, si bien permite alcanzar un conocimiento más preciso de esa porción –que no es otra cosa que una "abstracción" de la *realidad* desde el mismo instante en que se está aislando– aleja cada vez más la posibilidad de comprender el *sentido* tanto del rol como del comportamiento que esa parte desarrolla dentro del sistema al cual pertenece, ya que ambos están dados por las relaciones entre las partes que desaparecen cada vez que una de ellas es aislada del resto. Obviamente eso es algo que también debería importarle al saber científico y hasta regir su rumbo y accionar, en tanto representaría una aproximación hacia una congruencia entre el conocimiento y la verdadera *realidad* del Universo que de por sí es compleja.

Concebir al fenómeno en estudio como parte de un sistema conformado por otras partes que se relacionan e interactúan, permite ponderar en su justa medida tanto los aspectos previos vinculados al proceso en cuestión –léase la verdadera *causa*– como los posteriores que derivan de él –sus *consecuencias*– lo cual para el caso específico de un *hecho científico* incluye a los inevitables "costos" implícitos, que vendrían a ser los probables representantes del *regreso* o *entropía*.

Por el contrario, para el *modelo cuantitativo* esos "hechos científicos" se van acumulando y lo hacen en una secuencia interminable ya que el efecto de uno de esos hechos deriva en la necesidad de generar un nuevo hecho, ahora para equilibrar/corregir/compensar al primero. El problema radica en que de esta forma siempre será mayor el número de "problemas

---

[35] El determinismo es una doctrina filosófica que sostiene que todo acontecimiento físico, incluyendo el pensamiento y acciones humanas, está causalmente determinado por la irrompible cadena causa-consecuencia, y por tanto, el estado actual "determina" en algún sentido el futuro.
Según Laplace "…Podemos mirar el estado presente del universo como el efecto del pasado y la causa de su futuro. Se podría condensar un intelecto que en cualquier momento dado sabría todas las fuerzas que animan la naturaleza y las posiciones de los seres que la componen. Si este intelecto fuera lo suficientemente vasto para someter los datos al análisis, podría condensarse en una simple fórmula de movimiento de los grandes cuerpos del universo y del átomo más ligero; para tal intelecto nada podría ser incierto y el futuro, así como el pasado, estaría frente sus ojos…". Wilkipedia. La enciclopedia libre, 2017.

abiertos" que el número de "problemas cerrados" o resueltos y así, en lugar de ser un *círculo virtuoso* por generar más y más conocimiento, será un *círculo vicioso* que se retroalimenta y autoperpetúa generando más y más problemas.

Como el horizonte "...cuanto más lejos voy más lejos queda..." (J M Serrat).

Para el *modelo cuantitativo* el conocimiento de un objeto de la *realidad* equivale a enumerar sus partes profundizando en detalles y precisiones, sin considerar lo suficiente los aspectos *cualitativos* de ese objeto –*significado* de su existencia, *dinámica*, *evolución*, relación con otros objetos– a los que no se podrá acceder si se lo concibe como un cúmulo de partes.

Específicamente para el caso de la *ciencia* y en particular para las disciplinas con aplicación práctica y cotidiana como la Medicina, una de las consecuencias más trascendentes que ha demostrado tener este enfoque, es el hecho que muchas veces se cree estar frente a la *causa* de un fenómeno cuando en verdad no se trata de otra cosa que uno de sus *mecanismos*.

El afán de acumular datos creyendo que eso es sinónimo de "conocimiento científico", nos lleva a cometer errores que en lugar de acercarnos a la verdad nos alejan de ella. Asumir como "causa" a las coincidencias o a los acontecimientos previos (falacia *"post hoc, ergo propter hoc"*) es algo más habitual de lo esperable.

Graficar este error será sencillo.

Sin discusión alguna se asume que la *causa* de las Enfermedades Cardiovasculares (enfermedad coronaria, enfermedad vascular cerebral, etc.) es la *ateroesclerosis*, cuya severidad, evolución y consecuentemente progresión, se relacionan en forma directa con los fenómenos biológicos conocidos como Factores de Riesgo Cardiovascular que influyen sobre ella (hipertensión arterial, colesterol elevado, diabetes, inflamación, entre otros). Lógicamente esta es la orientación que se adopta para hablar de un *tratamiento causal*.

Así, basándose en el argumento que controlando los Factores de Riesgo podremos resolver el problema sanitario mundial que representan las Enfermedades Cardiovasculares, asociado al hecho que su prevalencia –presencia de casos en una población– es elevada y sostenida, el movimiento económico que gira alrededor de este objetivo es sostenidamente creciente, al punto que se terminó transformando en un protagonista destacado del mercado mundial que, incluso por su magnitud, trasciende a lo estrictamente sanitario.

Ahora bien, ¿es esta la única opción como para encarar este problema? ¿Es solo a través del control de los Factores de Riesgo como llegaremos a controlar el perjuicio que implican las Enfermedades Cardiovasculares?

¿Termina en ellos la cadena causal?

Quizás exista una pregunta aún más importante y mucho más medular: ¿es esta lectura de la *realidad* fiel con lo que en verdad sucede en ella?

Preguntas incómodas, por cierto, pero que muestran su razonabilidad cuando nos permitimos reconocer que, quien sabe, muy probablemente todos estos factores sean en verdad los *mecanismos* a través de los cuales opera la verdadera *causa* primaria.

La racionalidad es la principal herramienta de la *ciencia* y estaría compuesta por tres aspectos, el *episteme* (saber conceptual y teórico generado a partir de factores lógicos y/o empíricos cuyo único instrumento es la inteligencia), la *phronesis* (sabiduría práctica cuyo principal instrumento es la contextualización) y la *techne* (técnica y habilidades prácticas para manipular objetos y conceptos).[36]

Evidentemente limitar la cadena causal de las Enfernedades Cardiovasculares prioritariamente a la presencia o no de los Factores de Riesgo Cardiovascular –*episteme*– y operar sobre ellos –*techne*– como principal estrategia sanitaria, constituye un planteo muy lógico y difícilmente cuestionable. Sin embargo, como veremos a juzgar por los resultados epidemiológicos, hasta ahora deja bastante que desear.

En verdad se trata de un enfoque muy habitual y hasta característico de la *ciencia*, que aplica a la *episteme* como el componente racional dominante y se apoya y complementa con la tecnología – *techne*. Pero cuando ese aparato racional científico se completa a través de la incorporación de la *phronesis*, las cosas cambian sustancialmente al punto que la "causa" se transforma en la suma total de las condiciones que, si se cumplen, determinan el acontecimiento denominado "efecto".[37]

Así, la verdadera causa de las Enfermedades Cardiovasculares bien podría no desarrollarse en ámbitos biológicos sino culturales, como por ejemplo ciertos *hábitos* que caracterizan al *sistema de vida* actual sobre todo en el mundo occidental, como el *hábito alimentario*, el *hábito laboral*

---

[36] De-Regil LM, Casanueva E. *Racionalidad científica, causalidad y metaanálisis de ensayos clínicos*. Salud Pública. México. 2008; 50: 523-529.

[37] De-Regil LM, Casanueva E. *ob. cit.*

o el *hábito sedentario*, entre muchos otros, que de una manera directa, claramente demostrado por la *ciencia*, promueven y perpetúan la aparición de los Factores de Riesgo Cardiovascular , confirmando un claro e innegable rol causal a la hora de explicar por qué en un contexto de tanto avance tecnológico (procedimientos diagnósticos y terapéuticos, medicamentos) e incluso pese a él, las Enfermedades Cardiovasculares siguen siendo uno de los problemas sanitarios más preocupantes.

También este enfoque permitiría explicar el motivo por el cual estas enfermedades siguen ocupando sistemáticamente los primeros puestos en importancia respecto a la mortalidad y morbilidad de la población mundial en las tres últimas décadas, algo que de hecho resulta más que paradójico si se tiene en cuenta que se trata del período en el que el avance tanto de la cantidad de conocimientos (*episteme*) como de la tecnología (*techno*) demostró ser más rápido y profundo.

Evidentemente resulta lógico al menos sospechar que con esta línea de pensamiento podrían surgir conclusiones de trascendencia que ayudarían a mitigar estos flagelos, aunque también cabe sospechar que probablemente resultarían algo incómodas para los que sacan provecho en el mercado mundial.

De hecho son cuestiones en los que la *ciencia* debería intervenir en forma activa pero, por no ser terreno que el dogma considera científico y por no analizar reflexivamente el problema contextualizándolo, no lo hace con la intensidad que el tema merecería.

Bastaría con ver la magnitud de los recursos que se invierten en los fármacos para la hipertensión arterial o la hipercolesterolemia o en las tecnologías para abordar en fases más tempranas enfermedades que, guste o no guste, ya están constituidas, así como el lugar que ambas temáticas ocupan en congresos y publicaciones científicas y compararlo con lo que sucede en ambos terrenos –recursos e investigación científicos– con los enfoques que abordan los aspectos verdaderamente preventivos de las Enfermedades Cardiovasculares, que sin dudas son aquellos que realmente evitarían que un individuo se enferme y que, como dijimos, están directamente vinculados con *hábitos culturales* que se adoptan espontáneamente en la vida cotidiana.

Lamentablemente en este tema no podemos dejar de considerar dos cuestiones a esta altura insoslayables y que se vinculan con un enfoque eminentemente pragmático y utilitario, que es el enfoque casi patognomónico del sistema de vida actual.

En primer lugar, cuál es el ámbito que más se beneficia con esta situación tal y como está planteada y que se apoya en un franco predominio de fármacos y tecnologías intervencionistas que inevitablemente quedan alineadas con la persistencia de hábitos del estilo de vida occidental y en segundo lugar, qué significaría para la "*ciencia* oficial" y cuáles podrían ser las consecuencias si se dedicase a desenmascarar y enfrentar a estos ámbitos de los que en gran medida depende.

Cabe preguntarse, entonces, si esta modalidad de *progreso*, basado en el *materialismo mecanicista* y en el *modelo cuantitativo del saber* esta logrando mejorar en forma neta la calidad de la respuesta adaptativa del ser humano frente a las señales de la *realidad*. Quien sabe, acaso no sea el propio hombre el que con esos actos no sea el que está generando nuevas y más complejas circunstancias en su entorno condenándolo a mantener ese ciclo sin fin.

Sencillamente evaluemos nuestras vidas cotidianas y tratemos de identificar cuáles son las circunstancias más frecuentes o más trascendentes frente a las que debemos enfrentarnos y que nos exigen acciones con el único objetivo de atenuar efectos que atentan contra una armonía con nuestro entorno. Cuántas de estas circunstancias pertenecen a la naturaleza y cuántas son consecuencia de aportes humanos surgidos muchos de ellos de la *ciencia* y que formaron parte del proceso denominado *progreso*.

Pero debo aclarar que de ninguna manera debe entenderse este planteo como un manifiesto anticientífico e irracionalista que niega a la *ciencia*. Por el contrario, en *realidad* le está otorgando una trascendencia y un protagonismo esenciales en la historia de la humanidad, mucho más esencial de lo que representa actualmente.

Sería estúpido negar la fascinación y el asombro que producen ciertos hechos científicos o no reconocer el genuino progreso que muchos de ellos han implicado e implican para el hombre como individuo y como especie animal.

Pero también sería estúpido creer que las cosas no podrían ser mejores y que ello no depende de "acumular" conocimientos sino subordinarlos a una racionalidad científica diferente que les otorgue *sentido*, una racionalidad que en lugar de fraccionar la *realidad* –la que en sí misma es unímoda– sistemáticamente y en forma indiscriminada por un mandato metodológico, reconozca que hay fenómenos e instancias en los cuales el enfoque científico para ser eficiente debe basarse también en la reflexión, la contextualización y el reconocimiento de la *complejidad* como herramientas básicas, tan básicas y esenciales como la modelización, la experimentación y la prueba empírica.

No debemos parar de soñar que podríamos ser mejores, lo cual no implica decir que lo que hacemos esta mal, pero la evolución que puede ser voraz, es inexorable.

El terreno científico es muy amplio y diverso y no todo debe ser tratado de la misma manera, si es que perseguimos el objetivo primigenio que le da sentido a la *ciencia*: buscar la verdad acerca de la *realidad*.

La ciencia

Es indudable que desde todo punto de vista lo que implica y se refiere a la palabra *ciencia* es sencillamente inconmensurable.

Ríos de tinta se han escrito y se seguirán escribiendo tratando de cubrir todos y cada uno de los aspectos de su pasado, presente y futuro y en verdad que esto suceda es absolutamente lógico. Su complejidad intrínseca genera una peculiar inconsistencia y a ello se le suma el hecho que mantiene una vinculación estrecha y dinámica con las cosas y fenómenos que componen la realidad, cuya principal característica consiste justamente en que es posible leerla desde muchos ángulos y de diferentes maneras.

Pero en verdad, las cosas son aún más complicadas.

Porque si a ese eje, digamos, formal y teórico se le agregan todos los usos y aplicaciones que se le adjudican o asocian a la *ciencia* en nuestro mundo cotidiano y que fueron transformando y deformando la concepción que se tiene de ella, se va desdibujando y alejando cada vez más lo que actualmente es y signifique la *ciencia* para el hombre. Hoy la palabra *ciencia* muchas veces se usa para referirse a cosas que en sí mismas no son científicas como por ejemplo cuando se la aplica a estrategias de marketing para vender más –alimentos, dentífricos, desodorantes, solo por nombrar algunos ejemplos– o también cuando se la aprovecha para convalidar dichos o hechos que poco tienen que ver con una esencia científica y mucho con especulaciones pragmáticas, como las que se orientan casi exclusivamente hacia la pura conveniencia y ventajismo, táctica que hoy por hoy, caracteriza a la política, también solo para dar un ejemplo.

Podemos asegurar, sin temor a equivocarnos, que aquello de "… *científicamente demostrado…*" realmente da para todo.

Pero además de representar una distorsión en sí misma y claramente utilitaria, con la cual muchos son los que aprovechan y especulan, también este fenómeno ayuda a comprender por qué siempre ha resultado difícil ofrecer una definición única que logre representar cabalmente lo que es la *ciencia* y por qué es posible que haya más de una clasificación y, por supuesto, por qué resulta tan difícil decir cuál de esas definiciones y clasificaciones es la que mejor representa lo que verdaderamente es la *ciencia*.

Cómo hacer, entonces, para no caer en parcialismos tendenciosos optando por una conceptualización y descartando el resto si, dadas la complejidad, variabilidad y contaminación del tema, no podemos estar seguros de haber elegido correctamente. Con seguridad será difícil, aunque no imposible.

De hecho existen varias versiones y si bien la mayoría comparte un eje conceptual común a todas, cada una de ellas aporta y/o descarta algún aspecto en particular que no siempre resulta ser coincidente con las otras, situación que obliga a reconocer que ninguna puede ser considerada hegemónica.

Por ello, lo más adecuado para acercarnos a lo que se podría considerar un concepto de *ciencia* aceptado y reconocido, será generar una síntesis que abarque a la mayoría de las definiciones que se pueden encontrar de una manera accesible, como puede ser en Internet.

De tal manera, en base a esta suerte de metodología no discriminativa, podemos decir que: ..."La *ciencia* es *un conjunto de conocimientos (información adquirida a través de la experiencia o de la introspección) obtenidos mediante un método previamente planeado y no errático (Método Científico). Estos conocimientos se encuentran estructurados dentro de un sistema (conocimientos sistematizados) y deben ser verificables, comunicables y haber partido de los hechos y fenómenos que componen la realidad (fácticos). Lo que esencialmente busca la ciencia es la generalización de los fenómenos particulares para poder encuadrarlos en leyes y principios a fin de explicarlos"*.

Evidentemente como definición parece impecable y completa y, por cierto, representativa de lo que en términos generales y cotidianos consideramos como *ciencia*.

Sin embargo, si se tiene en cuenta la multiplicidad de aspectos por los que ella puede destacarse y la variedad de escenarios en los que participa, surge como duda si realmente estas palabras dan cuenta de lo que verdaderamente es la *ciencia*.

Si se analiza en forma crítica y profunda a esta definición, aunque se la podría llegar a reconocer como virtuosa en su intento por esbozar de una manera completa lo que es esta disciplina, es esa virtud su propia falencia ya que en realidad lo que nos está brindando es un cúmulo de imágenes eminentemente descriptivas que surgen de un enfoque estructuralista, algo que, como se irá viendo en el presente trabajo, no solo resulta ser esperable sino, incluso, la única opción que otorga la *ciencia* tal y como es y funciona. Dicho en otras palabras, se trata de una definición que nos dice "cómo" pero no nos dice "qué" es la *ciencia*.

Cabe, entonces, preguntarse si esta definición llega a darnos una imagen verdaderamente representativa de la *ciencia* tal que nos permita siquiera esbozar su trascendencia para lo cual es esencial tener en cuenta su "sentido" y su "significación", cosas que en esta definición no aparecen.. Personalmente no creo que pueda lograrse a partir de una mera descripción estructural que presente a la *ciencia* como un "conjunto de conocimientos" de los cuales se enumeran ciertas características de "cómo" deben ser, pero poco nos dice del "por qué existe" y del "para qué existe" como disciplina humana.

Con esta definición podremos "conocer" a la *ciencia* y hasta entender su funcionamiento, pero no podremos "comprenderla" en tanto actitud del ser humano frente a la realidad con la cual interactúa desde que existe como especie animal.

Por cierto, esta suerte de asepsia y purismo, que incluso puede llegar a una clara carencia de compromiso, es justamente lo que permitió que esta definición haya terminado siendo aceptada sin demasiadas trabas hegemonizando el escenario conceptual. Prueba de ello es el hecho que prácticamente todo lo que se puede encontrar como definición de *ciencia* gira en torno a estos conceptos.

De hecho la historia confirma que así fue lo que sucedió y a tal punto llegó su aceptación que quedó instalada como fundamento de una de las clasificaciones de las *ciencia*s menos cuestionada, como la propuesta por Rudolf Carnap que, como se verá, también es estructuralista y descriptiva.

Clasificación de las ciencias

Rudolf Carnap (1891-1970) fue un filósofo alemán nacido a fines del siglo XIX. Autor e importantes obras filosóficas, dentro del ámbito de la filosofía de la ciencia su significación se vincula con la militancia que desarrolló asociado al *Círculo de Viena*, núcleo paradigmático del denominado *neopositivismo* también conocido como *positivismo lógico* o *empirismo lógico*, enfoque fuertemente alineado con una lectura materialista y mecanicista de la realidad.[38]

La clasificación de Carnap (1955) divide a las *ciencias* en tres categorías: las "formales", las "naturales o fácticas o empíricas" y las "sociales".

Las "formales" son las que se encargan de aquellas cosas de la realidad en las que la inferencia a partir de la lógica y la matemática son válidas, carecen de contenido concreto y no son tangibles (números, símbolos).

Las "naturales" o "fácticas" o "empíricas" son las que se encargan de lo tangible y concreto, como la astronomía, la biología, la química, la geología entre muchas otras. Estudian la naturaleza y todas ellas son, en definitiva, derivadas de la más básica y primordial de las *ciencias* fácticas: la física.

Finalmente están las *ciencias* "sociales" que se refieren a los aspectos del ser humano en tanto ente social generador de *cultura*. A esta última categoría pertenecen la antropología, la política, la economía, la sociología, la psicología también entre muchas otras.

No hay duda que para cualquiera que esté o haya estado vinculado a la *ciencia*, esta clasificación resultaría no solo familiar sino razonable y hasta incuestionable, algo que no debe resultar extraño en tanto toda la formación académica se apoya en ella desde hace más de un siglo. Realmente no contamos con otra imagen tan representativa de la *ciencia* como esta que, lógicamente, resulta absolutamente congruente con la definición "oficial" que se presentó más arriba.

Por cierto y como era de esperar, esta no es la única clasificación de las ciencias.

Existe otra que también está en consonancia con la definición "oficial" de *ciencia* que presentamos antes aunque, como veremos, con alguna diferencia respecto a la de Carnap. Es la que propuso Mario Bunge[39] en el año 1972.

---

[38] En 1929 el Círculo de Viena editó un manifiesto titulado *La concepción científica del mundo: el Círculo de Viena*, redactado por Neurath y firmado por Carnap y el matemático Hans Hahn, en el cual se expresaban los principios fundamentales del neopositivismo, en especial el rechazo a la metafísica como desprovista de sentido. El Círculo enfatizó la importancia del principio de verificabilidad, llegando al punto de afirmar que el sentido de un término depende de su verificación empírica. – "*Biografías y Vidas – La Enciclopedia Biográfica en Línea*" – Internet 2018.

[39] (Buenos Aires, 1919) Físico y filósofo de la ciencia argentino. Tras realizar sus estudios secundarios en el Colegio Nacional de Buenos Aires, se doctoró en física y matemáticas por la Universidad de La Plata, y estudió física nuclear en el Observatorio astronómico de Córdoba. Compaginó ya por entonces su dedicación a la ciencia con el interés por la filosofía, fundando la revista *Minerva* en 1944. Fue profesor de

Este renombrado filósofo y científico argentino divide a las ciencias en dos categorías. Por un lado aquella que estudia los procesos naturales o sociales a partir de los hechos, a la que denomina "factual" o "fáctica" y está referida a lo que ocurre con independencia de los científicos. Por otro lado, está la que estudia los procesos puramente lógicos y las formas generales del pensar humano a la que llama *ciencia* "formal" que trabaja con entes hipotéticos postulados por los científicos.

Como Carnap, Bunge reconoce como herramientas de la *ciencia* fáctica a la observación, la experimentación, y la evidencia científica empírica mientras que las correspondientes a la *ciencia* formal son la lógica y la matemática. Pero a diferencia del primero, Bunge incluye a la psicología y a la sociología dentro de la *ciencia* fáctica ya que, sostiene, están referidas a hechos que ocurren en la realidad y que no son ni hipotéticos ni ideales.

Caben pocas dudas que tanto la definición como las clasificaciones que acabamos de presentar acerca de la *ciencia* pueden ser consideradas, como se dijo, más que aceptables y hasta incluso incuestionables, lo cual, por otra parte, explica porqué ambas, definición y clasificaciones, terminaron por transformarse en algo así como la "versión oficial de la *ciencia*" y un eje sobre el cual giraron y giran su devenir, su transmisión de generación en generación y hasta su práctica cotidiana.

Pero como dijimos, si se analiza con cierto detalle la definición presentada de la *ciencia*, surge como evidencia que de hecho existen ciertos aspectos que también son importantes para la conceptualización de la disciplina pero que no están contemplados en esta versión oficial.

Una de las consecuencias de esta omisión es que ciertas disciplinas humanas legitimadas como *ciencia* en verdad puede que no lo sean. Me refiero, específicamente, a las denominadas "ciencias sociales" de Carnap y que están incorporadas a la categoría "fácticas" en la clasificación de Bunge, como podrían ser la política, la economía, el marketing, entre otras.

Con la definición "oficial" no es posible diferenciarlas y es justamente esa omisión permisiva la que habilita la validez de las clasificaciones presentadas, lo cual abre sospechas de la existencia de una verdadera funcionalidad recíproca entre definición y clasificaciones; al fin y al cabo las dos surgen del mismo lugar y deben ser congruentes.

---

física (1956-1958) y de filosofía (1957-1962) en la Universidad de Buenos Aires, y desde 1962 fue profesor de filosofía en la McGill University de Montreal. En 1982 fue galardonado con el Premio Príncipe de Asturias de Humanidades. – "*Biografías y Vidas – La Enciclopedia Biográfica en Línea*" – Internet 2018.

La base de esta funcionalidad estaría girando alrededor de ciertas características y rasgos que progresivamente la *cultura* humana le fue confiriendo a la mismísima realidad hasta que terminaron formando parte de ella independientemente de su origen y quedando ocultas dentro del complejísimo entramado que conforma justamente esa *cultura* humana. Se trata de características y rasgos a las que genéricamente se las puede denominar "sistema" –sistema de vida occidental, sistema de usos y costumbres, etc.– y son algo así como la superestructura que el hombre fue construyendo para ir conformando el entorno al cual necesariamente se fue adaptando.

De hecho es indiscutible que esas características y rasgos puedan ser consideradas como parte de la realidad porque constituyen algo con lo cual los seres humanos nos enfrentamos a diario debiendo adaptarnos, pero en sí mismas son construcciones del hombre y no previas a él, prueba de ello es que no existen en ámbitos no humanos. Si no existiera el hombre ese "sistema" muy probablemente no existiría pero si existiría la realidad.

Pues es justamente ese "sistema", totalmente "inventado" por el hombre, el que convalida la existencia de esas disciplinas cuya categoría de "científicas", al menos a mí, me genera fuertes dudas ya que no es lo mismo trabajar con la *realidad* tal y como se presenta en forma directa teniendo como meta una *versión objetiva* de ella – aquella que se circunscribe prioritariamente al *objeto* que compone la realidad – que trabajar con algo que ya desde su génesis es una producción del sujeto y por ello subjetiva.

¿Acaso es lo mismo trabajar con algo que trasciende al ser humano, que existe más allá de él y previo a él, que trabajar con "construcciones" que hacen los hombres a partir de la realidad, las cuales nunca dejan de ser *versiones* sesgadas por la subjetividad en las que el objeto como tal incluso hasta puede no existir?

En la "realidad objetiva" – aquella que se estructura exclusivamente a partir de los *objetos* que la conforman y sus relaciones– las clases sociales, los ricos, los pobres, los códigos que definen las leyes, los delitos, los derechos, los deberes, sencillamente no existen como tales.

Pues son exactamente esos los cimientos a partir de los cuales se edifican esas disciplinas que cuestiono. Para ellas la *verdad objetiva* es meramente dialéctica y lejana, muy previa a sus propios fundamentos. Se trata de disciplinas que se basan y se estructuran exclusivamente en lecturas y versiones que no solo no ven a la subjetividad como un obstáculo sino que la incorporan como uno de sus componentes esenciales.

Vale aclarar que a *prima facie* se podría decir lo mismo acerca de la categoría denominada *ciencias formales*, compartida por Carnap y Bunge, ya que trabajan con entes hipotéticos –números, funciones, símbolos– postulados por los científicos a partir de inferencias lógicas y de la matemática. Sin embargo, nada de eso implica que no trabajen en forma directa con la realidad más objetiva. De hecho el numero 2 o 3 no existe como tal en la realidad, pero esa representación logra graficar un conjunto que sí existe en la realidad de una manera absolutamente objetiva, ya que el 2 o el 3 no varían con una interpretación ni son pasibles de ser modificados por una versión subjetiva. Justamente esa cualidad es la que las transforma en *ciencias*.

En cambio, disciplinas como la economía, la política o el marketing nunca dejan de trabajar con una "versión" (subjetiva) de la realidad, devenida y expresada en "hechos" que ellas mismas catalogan como "objetivos", desde el instante en que forman parte del entorno de los seres humanos, algo que es claramente cierto pero también lo es que son ellos mismos los que los generan.

Fue esa cualidad de presentar a la *ciencia* a partir de un enfoque predominantemente estructuralista y descriptivo, por ello casi se podría decir aséptico, la principal responsable para que la definición "oficial" fuese aceptada sin demasiados cuestionamientos y a la vez para que quedaran incorporadas dentro de esa categoría, ciertas disciplinas que bien podrían ser cuestionadas como representantes de la *ciencia*.

En ese sentido no debe llamar la atención que la economía, la política y el marketing, que son justamente las que se vieron más beneficiadas por ser convalidadas como disciplinas científicas, hayan sido las actividades humanas dominantes, tanto en la conformación del "sistema" como en sus dinámica y rumbo, detrás de las cuales se encolumnan otras disciplinas, algunas de las cuales sí son *ciencia*, que funcionan como sus brazos ejecutores y herramientas (telecomunicaciones, informática, industria, ciencias médicas o de la investigación, etc.).

La definición de *ciencia* debía incluirlas, no resultaba lógico ni mucho menos conveniente que quedaran afuera.

Una versión apócrifa de la ciencia: La otra historia

Pero también dijimos que además de estos conceptos formalmente aceptados que se asocian para conformar la definición que se presentó, existen otros que, aunque no estén incorporados a la versión oficial, también describen aspectos que definieron tanto el rol de la *ciencia* en la *cultura* como su devenir en la historia del hombre. Ellos merecen ser considerados, entre otras cosas, para comprender mejor la trascendencia que tuvo, tiene y tendrá la *ciencia* para todos nosotros.

Serían algo así como los "componentes apócrifos". Aspectos de la *ciencia* que de hecho existen y son operativos pero no se nombran ni se reconocen ya sea porque se ignoran o tal vez porque no conviene hacerlo, pues podrían representar una mancha para la inmaculada disciplina.

Conceptos referidos a aspectos de la *ciencia* que no son tan asépticos o tan inocentes e inofensivos como los estructurales sino, por el contrario, de alguna manera nos hablan del sentido de la disciplina y del compromiso con la *cultura* humana y que por ello podrían resultar ser controversiales y a veces hasta inconvenientes para ser formalmente incorporados a la definición "oficial".

La pregunta es, entonces, ¿qué pasaría con la definición de *ciencia* si esos enunciados fueran considerados?

Primer enunciado apócrifo

Uno de esos enunciados es el que sostiene que gracias a la investigación científica, el ser humano ha logrado hacer una "reconstrucción conceptual" de la realidad, expresándola como "modelo".

En verdad, nada tendría de malo el tratar de generar un "modelo" que nos ayude a comprender algo tan complejo como la *realidad*.

El problema surge cuando no se toma conciencia del requisito indispensable y excluyente que se requiere para que una "reconstrucción conceptual" que se genera a partir de un modelo sea congruente con aquello que intenta representar. Ese requisito consiste en garantizar que el "anclaje" entre el representante – "modelo" – y su representado – la *realidad* – sea riguroso y sistemático y en este aspecto el punto importante es cómo lograrlo.

La "reconstrucción conceptual" es un acto humano y como tal lleva implícito el subjetivismo inherente a todo acto humano y es justamente ese subjetivismo el que de manera invariable lo expone al riesgo de estar "reconstruyendo" involuntariamente una "pseudo-realidad". Para eludir ese riesgo, la única alternativa es que el "anclaje" entre "modelo" y objeto representado sea lo suficientemente fuerte como para garantizar la congruencia entre ambos y para que eso sea posible y sistemático deberá ser metódico, es decir, deberá formar parte de la secuencia de procedimientos que aplica la *ciencia* como disciplina. Más específicamente, ese anclaje deberá formar parte del *Método Científico*.

A decir verdad, el *Método Científico* persigue como uno de sus principales objetivos neutralizar la subjetividad humana y por ello está conformado por un neto predominio de estrategias orientadas a que esa "reconstrucción conceptual" sea lo más "objetiva" posible, es decir, ligada al objeto y no al sujeto.

Sin embargo ya en la fase de ese Método Científico en la cual el sujeto toma contacto con la *realidad* –"observación del fenómeno"– se puede estar infiltrando la subjetividad y así, la *realidad* imperceptiblemente puede quedar transmutada en una "pseudo-realidad" –deformación subjetiva de la *realidad*– a partir de la cual se confeccionará el modelo a partir del cual se llegará a la "reconstrucción conceptual" que de tal forma quedará viciada ya desde una de las primeras etapas.

A tal punto llega este "riesgo", que científicos rigurosos en una de las disciplinas más objetivas que pueden existir como la mecánica cuántica, reconocen la posible interacción entre el fenómeno observado y el observador en un sentido en el cual el fenómeno se terminará "comportando" como el observador quiere, por el mero hecho de observarlo y medirlo sin que medie manipulación alguna.[40]

La pregunta es, entonces, si ese riesgo de deformación alineado con la subjetividad humana, es una condena inevitable o si existe alguna manera de enfrentarlo.

---

[40] La Mecánica o Física Cuántica sostiene que dado que los electrones de un átomo son vibraciones eléctricas alrededor de un núcleo, que se combinan y determinan la emisión de luz, en realidad lo que se conoce como particulas son ondas agrupadas en paquetes de energía que parecen puntuales en nuestra escala, por lo tanto un punto material o corpúsculo es un "paquete de ondas de probabilidad" (Schrödinger, 1926) cuya observación o medición inevitablemente determina una "reducción o colapso del paquete de ondas" ya que la propia observación, que depende de la luz que está compuesta por fotones capaces de interactuar con el electrón observado, pueden modificar su comportamiento y *(cont.)* consecuentemente el de la partícula o corpúsculo en estudio. Alonso M. y Finn E. J. (1995) *Física. Volumen III. Fundamentos cuánticos y estadísticos. Editorial Addison-Wesley Interamericana.*

Como vimos, el "anclaje a la realidad" del modelo resulta ser esencial para que la tan importante "reconstrucción conceptual" científica sea fiel y creíble con aquello que quiere representar y en este sentido la única herramienta con la que cuenta el hombre para tratar de alcanzar el mayor grado posible de ese "anclaje" es someter al fenómeno percibido a una *reflexión* que le permita contextualizarlo.

Paradójicamente, el *Método Científico*, que se apoya en la abstracción del fenómeno de su contexto, aislándolo para optimizar su estudio con detalles y especificidad (hablamos de la *modelización*) efectúa exactamente lo opuesto a lo que se busca con la *reflexión*.

Como se verá en detalle en el capítulo correspondiente al *Método Científico*, el motivo de esta carencia que existe en las primeras fases del procedimiento y que son durante las cuales se produce el contacto directo con la *realidad*, no surge de un error sino que simplemente dependió del hecho que quienes pergeñaron el *Método Científico,* tanto como aquellos que los precedieron, también eran filósofos, para quienes la *reflexión* es su herramienta básica y cotidiana y esencialmente metodológica, razón por la cual la consideraban naturalmente incorporada y sin necesidad de explicitarla. No se percataron que quienes utilizarían y participarían de la evolución del *Método Científico,* podrían no ser filósofos y por ello no contarían con la *reflexión* tal y como ellos lo hacían de una manera espontánea y natural. Muy probablemente ese fue el motivo por el que no creyeron necesario incorporar a la *reflexión* a la plantilla operativa del *Método*.

En definitiva, reconocer que la validez de los enfoques y enunciados científicos en gran medida depende del "anclaje" que ellos mantengan con la realidad, es reconocer por un lado, que la *reflexión* es una etapa fundamental del *Método Científico* y, por el otro lado, que no siempre la *ciencia* debe aislar al fenómeno que pretende estudiar sino todo lo contrario, debe respetar las relaciones que éste mantiene con su contexto.

Reflexión y *contextualización* pueden no ser, por cierto, aspectos muy simpáticos para el "sistema *cultural*" que sustenta a la *ciencia* , ya que se correría el riesgo que quedara desenmascarada alguna vinculación pragmática o utilitaria que muchas veces pudieron ligar a ambos.

Quien sabe ese sea el motivo por el cual ninguno de los dos conceptos son incluidos en la "definición oficial" de *ciencia*.

Segundo enunciado apócrifo

El enunciado anterior nos deriva a otro quizás aún más controversial.

Muchos son los que sostienen que a través de la *ciencia* "...el hombre domina y moldea la naturaleza sometiéndola a sus propias necesidades, reconstruyendo la sociedad y en definitiva creando *cultura*...".

Más allá de la evidente soberbia y sobreestimación de sí mismo que estos conceptos ponen al descubierto, en verdad no deberían llamar la atención pues son absolutamente congruentes con la mismísima historia de la actitud que el hombre adoptó en los últimos siglos frente al conocimiento acerca de los fenómenos que componen la realidad.

Pero, ¿cómo llegamos a esta situación? En forma resumida y muy simplificada, esa historia se puede resumir en tres fases.

Una primera etapa que podría considerarse predominantemente "contemplativa-mágica", en la que todo era adjudicado a los dioses, ellos hacían y deshacían y eran la única fuente de conocimiento y acción. En ese contexto, el hombre era absolutamente pasivo frente a este poder, solamente le cabía preguntar y ni se le ocurría responder. Se podría considerar a esta etapa algo así como la "prehistoria" de la *ciencia*.

En la siguiente etapa, el hombre ya empieza a participar de una manera activa en la generación de conocimientos, pero principalmente como vector o brazo ejecutor de una instancia superior y todopoderosa que lo inspiraba para responder sus preguntas y aunque empezaba a percibir su capacidad y potencialidad, seguía dominado por el temor a enfrentarse con ese creador y controlador de todo. Esta segunda etapa duró muchos siglos y en Occidente abarcó desde el politeísmo de la *episteme griega* hasta el monoteísmo excluyente y dominante de la Iglesia católica.

Finalmente una tercera etapa, en la cual el hombre se va animando a responder por sí solo sus propias preguntas. Es el período en que nace la *Ciencia Moderna* y con ella la sensación que todo lo que acontece en la realidad puede ser abordado sin otra ayuda más que la propia capacidad del hombre. A partir de esta estructura él se sentirá capaz de controlar y dominar absolutamente todo y hasta incluso, competir con Dios. Es en este contexto de autoconfianza en el que progresivamente se van corriendo cada vez más los límites de lo posible, en el que el hombre se convence a sí mismo de su omnipotencia para dominar y hasta para crear, posibilidad que no solamente involucra a sus propias producciones, como la "sociedad" y la "*cultura*" sino incluso, a la mismísima *Naturaleza*.

Caben pocas dudas que actualmente nos encontramos transitando esta etapa que, más allá de fascinarnos y entusiasmarnos, pone en evidencia la "fantasía de dominio" del hombre, en este caso vehiculizada a través de una herramienta llamada *ciencia*.

Es obvio y no resulta difícil comprender que se trata de algo poco conveniente para andar mostrando, sobre todo por parte de los verdaderos factores de poder que rigen desde hace siglos los caminos de la humanidad y que pueden asociarse dentro del concepto de lo que se denomina "mercado". A esos factores no les interesa ni les conviene destacar la existencia de una instancia con tanto poder como la *ciencia*. La someten y dominan poniéndola a su servicio para obtener objetivos que muchas veces nada tienen que ver con aquel que le dio, da y dará sentido a su existencia y que no es otro que el de mejorar la adaptación del hombre a su realidad.

Por cierto, hay que reconocer que tampoco a la *ciencia* le conviene mostrar esa faceta, mucho menos frente a aquel del cual en definitiva depende.

Por todo esto, muy probablemente este pretendido rol "dominador" de la *ciencia* no figure en su "definición oficial".

Resultará interesante ver qué ocurre cuando los dos enunciados apócrifos presentados hasta aquí se asocian.

En ese caso, la "reconstrucción conceptual" a partir de una pseudo-realidad conveniente para el "sistema", que como vimos es el riesgo potencial que se puede concluir a partir del primer enunciado, se suma a la "fantasía de dominio" de la Naturaleza, a la "reconstrucción de la sociedad" y a la "creación de *cultura*", que son conclusiones del segundo enunciado. Se trata de una verdadera asociación que abre fuertes sospechas de la existencia de una funcionalidad recíproca entre la *cultura* y la *ciencia* la cual, no por casualidad, coincide con el rasgo de pragmatismo o utilitarismo –"... *lo único que vale es lo que sirve*..."– que caracterizó desde su inicio al sistema de vida moderno.

Dicho más claramente, la asociación de estos dos enunciados apócrifos permite explicar por qué a veces la *ciencia* "reconstruye conceptualmente" una realidad que, más que buscar la *verdad* para optimizar el proceso de adaptación de la humanidad, persigue como objetivo principal que le sea funcional y útil para que la *cultura* vigente pueda seguir sosteniendo tanto al "sistema" como a la propia *ciencia*.

Tercer enunciado apócrifo

Otro aspecto que frecuentemente se asocia a la *ciencia* pero que tampoco figura en la "definición oficial", es el que se vincula con una pretendida "cualidad predictiva" de la disciplina y que se proyecta tanto al pasado como al futuro hasta quedar transformado en verdadero objetivo disciplinario.

La *ciencia* aspira poder predecir fenómenos, ya sea para evitarlos o para estar mejor preparada ante su desarrollo y consecuencias y, ya vimos antes, si es posible también para dominarlos, todo lo cual pone en evidencia una clara raíz "determinista". [41]

El *determinismo* sostiene que todos los fenómenos de la naturaleza están alineados en una cadena causal, así el presente es consecuencia del pasado y causa del futuro de una manera predeterminada e invariable.

Una de las principales cuestiones que desenmascara la intencionalidad predictiva de la *ciencia*, que a su vez es un fuerte motivo de cuestionamiento, es el poco espacio y la pobre consideración que, en muchos ámbitos del terreno científico, se le adjudica el hecho que un fenómeno pueda ser aleatorio (azar), caótico (sistemas no lineales) o emergente (depende de una evolución), argumentos que surgen, entre otros, de la mecánica cuántica, la teoría del caos y de la física de los sistemas alejados. Todas estas cualidades son características de la denominada *complejidad* que explicaría el comportamiento del Universo desde un enfoque necesariamente sistémico y no particionado o atomizado, que es como lo hace el método que aplica la *ciencia*.

No es casual, entonces, que uno de los principales terrenos de la *ciencia* referido a los aspectos biológicos de la naturaleza, se desarrolle en torno

---

[41] El determinismo es una doctrina filosófica que sostiene que todo acontecimiento físico, incluyendo el pensamiento y acciones humanas, está causalmente determinado por la irrompible cadena causa-consecuencia, y por tanto, el estado actual "determina" en algún sentido el futuro. En lo referente a las leyes físicas, el determinismo fue dominante durante siglos, siendo algunos de sus principales defensores Pierre Simon Laplace y Albert Einstein. Fue Laplace, quien afirmó: "...Hemos de considerar el estado actual del universo como el efecto de su estado anterior y como la causa del que ha de seguirle. Una inteligencia que un momento determinado conociera todas las fuerzas que animan la naturaleza, así como la situación respectiva de los seres que la componen, si además fuera lo suficientemente amplia como para someter a análisis tales datos, podría abarcar en una sola fórmula los movimientos de los cuerpos más grandes del universo y los del átomo más ligero; *(cont.)* nada le resultaría incierto y tanto el futuro como el pasado estarían presentes ante sus ojos..." Wikipedia. La enciclopedia libre, 2017.

al "código genético" tratando de transformarlo en "causa suficiente" para poder explicar tanto el pasado como el futuro de los seres vivos.

Sin embargo en ese sentido la gran pregunta que debería hacerse es cómo fue que el código genético llegó a ser lo que es. Seguramente no habrá sido a partir de una matriz invariable sino el producto de un proceso complejo en el cual resultó tan importante la necesidad de emitir respuestas adaptativas a señales muy probablemente azarosas provenientes del entorno/realidad como la capacidad de desarrollar sistemas cada vez más eficientes, lo cual depende de una elevada variabilidad en las respuestas y de la posibilidad de ir modificándose conforme varían las necesidades, cualidad que se conoce como "evolución".

Cuarto enunciado apócrifo

Finalmente es imposible obviar un enunciado que más que definir conceptualmente a la *ciencia* directamente la encajona en todos y cada uno de los ámbitos en los cuales actualmente interviene.

Este enunciado no es otro que la "subordinación de la *ciencia* a la tecnología" al punto que ambos términos se transformaron en sinónimos cuando en verdad la segunda no es otra cosa que una herramienta, entre otras más, de la primera.

Prueba de ello es que lejos de formar parte de la "esencia" y "significado" de la *ciencia*, que son los conceptos que sí la definen, la tecnología no es otra cosa que un derivado metodológico que surgió gracias a un enfoque mecanicista apoyado por la matematización y modelización.

De hecho podemos hacer *ciencia* sin tecnología pero no podremos encontrarle un sentido a la tecnología en términos culturales o como componente de una respuesta adaptativa humana a su realidad cuando se la saca del terreno científico.

Si bien la trascendencia de este concepto es tan significativa que será tratado en profundidad en el capítulo correspondiente al *Método Científico*, aquí cabe aclarar que en lo que respecta a los motivos por los cuales no convendría incluir este enunciado en el "core" de la definición de *ciencia*, tienen que ver con cierta resistencia a reconocer que la disciplina dejó de ser independiente para pasar a ser dependiente de la tecnología y por carácter transitivo del denominado "mercado". Esto significaría aceptar a la *ciencia* como una mera herramienta que termina por responder a principios y objetivos que muchas veces poco tienen que ver con los propios.

En conclusión, existen características inherentes a la *ciencia* que deberían al menos ser consideradas a la hora de definirla, sobre todo si lo que se pretende es alcanzar una versión más cabal: 1) el riesgo de quedar atrapada en una "pseudo-realidad" construida por ella misma, 2) la "fantasía de dominio" no solo respecto a la *cultura* y a la sociedad sino también a la mismísima naturaleza, 3) el "paradigma determinista" que le confiere poder predictivo y con ello la convalidación de sus actos sin obstáculos, 4) la "subordinación a la tecnología" como síntesis de un enfoque materialista-mecanicista basado en la matematización y la modelización y 5) la "significación pragmática" que rige como premisa para el "hecho científico". Ninguna de ellas debería ser obviada si lo que se pretende es alcanzar una definición que nos permita encuadrar a la *ciencia* dentro de su verdadero contexto, la realidad.

Ensayemos, entonces, una definición de *ciencia* que también incluya a los enunciados apócrifos que acabamos de mencionar, aunque ello implique transformarla en más controversial:

> …La ciencia es un conjunto de conocimientos –información adquirida a través de la experiencia o de la introspección– obtenidos mediante un método, denominado Método Científico, previamente planeado y no errático y cada vez más dependiente de la tecnología. Esos conocimientos se encuentran estructurados dentro de un sistema –conocimientos sistematizados– y deben ser verificables, comunicables y haber partido de los hechos y fenómenos que componen la realidad –fácticos– a fin de permitir la creación de una reconstrucción conceptual de ella, sobre la que se desarrollan y efectúan los actos científicos. La ciencia busca la generalización de los fenómenos particulares, encuadrándolos en leyes y principios para explicarlos y predecirlos con el objetivo de dominar y someter a la naturaleza a fin de ponerla al servicio de las necesidades del hombre…

No hace falta decir que de presentarse así, la *ciencia* y los científicos entre otras cosas dejarían de ser tan inmaculados y libres de sospecha en cuanto al grado de funcionalidad y connivencia con aquellos sectores del "sistema *cultural*" que, a veces con elocuencia y otras con eufemismos, adquieren investiduras de aparente "progreso" para ocultar sus verdaderos objetivos de ganancias económicas y poder que logran a través del control y la dominación de la realidad. Un desenmascaramiento poco conveniente, por cierto.

Ahora bien, si la primera definición nos describía a la *ciencia* desde una visión demasiado ideal y alejada de la realidad, y la segunda definición nos describía una *ciencia* cooptada por el "sistema" *cultural* actual y funcional a él, lo cual como se dijo, resulta ser muy controversial y discutible ¿cómo debería, entonces, ser una definición que nos describa a la *ciencia* con algo más de objetividad, al menos meramente como una disciplina humana que existe desde que el hombre camina por la faz de la tierra y toma conciencia de la necesidad vital de alcanzar y sostener un grado suficiente de adaptación a lo que le rodea?

Una definición que nos permitiera comprender realmente de qué se trata la *ciencia* en su aspecto más esencial y primigenio, es decir aquel que sigue siendo vigente con independencia de la época y coyuntura históricas e incluso de la lectura y postura que se adopten. Una conceptualización de *ciencia* que trascienda a los límites impuestos por el espacio y el tiempo y que por ello pueda ser aplicada como generalización válida.

Como siempre, lo mejor y lo que más se acerca a la verdad es lo más sencillo.

En tanto lo que intentamos definir es un "acto humano", quizás sea útil aplicar una metodología común y casi cotidiana, como la que usamos consciente o inconscientemente toda vez que pretendemos definir y comprender algo a lo cual nos enfrentamos.

La misma consiste en responder unas pocas y por demás conocidas preguntas: ¿qué es?, ¿por qué existe?, ¿para qué sirve?, ¿cómo lo hace?

Son cuatro preguntas que con sencillez nos pueden brindar una imagen bastante completa de, casi podríamos decir, cualquier cosa que aparezca en nuestra realidad.

La primera pregunta –*¿qué es?*– nos habla del concepto de lo que queremos definir y comprender. La segunda – *¿por qué existe?* - nos remite al origen. La tercera –*¿para qué sirve?*– nos permite conocer el objetivo y el sentido de su existencia y finalmente la cuarta y última pregunta –*¿cómo lo hace?*– da cuenta de su método.

De hecho existen muchas otras preguntas que nos podrían ayudar a encontrar los marcos a partir de los cuales podemos definir a la *ciencia* pero, insisto, la mayoría de las veces lo simple es lo que más nos puede ayudar a acercarnos a la verdad.

Antes de introducirnos de lleno en este esquema de pensamiento, es necesario destacar dos cuestiones que, a mi criterio, resultan básicas y sin las cuales correríamos riesgos de caer en distorsiones.

La primera de esas cuestiones consiste en reconocer que todos y cada uno de los aspectos de la *ciencia* definidos por esta suerte de algoritmo (concepto, origen, objetivo, sentido, método) siempre estarán sujetos a una influencia recíproca - interacción - con los múltiples factores que conforman el entorno o medio ambiente. Dicho en otras palabras, *ciencia* y "entorno" no son disociables.

La *ciencia* como disciplina y acto humanos es uno de los tantos modos a través de los cuales se expresa la *cultura* humana, la cual en sí misma constituye la síntesis de las múltiples y diversas respuestas que el hombre puede generar ante las señales que recibe del entorno que lo rodea. El objetivo básico y primordial de ese cúmulo de respuestas, denominado *cultura*, es el mantenimiento de la *armonía Individuo-Entorno*, lo cual dicho en términos de Biología se denomina *adaptación*. Así, desde un punto de vista teleonómico -sentido de la existencia otorgado por la función-, la *ciencia* puede considerarse como una respuesta adaptativa frente a las señales de la realidad.

De tal forma, *ciencia*, *cultura* y realidad, conforman un sistema dinámico indisoluble al punto que si lo que queremos alcanzar es una imagen cabal de la *ciencia*, no podemos obviar ni el proceso cultural en el que se desarrolla ni la porción de realidad en la que transcurre.

La otra cuestión básica se refiere al "desarrollo" y "evolución" de la *ciencia* como disciplina y, consiguientemente, del pensamiento científico y sus respectivas escuelas en particular.

Queda claro que los conceptos obtenidos a partir de las cuatro preguntas arriba mencionadas son los que a mi criterio pueden definir a la *ciencia* como disciplina humana con absoluta independencia del momento histórico, tanto en lo estructural como en lo dinámico.

Pero con su "desarrollo" y "evolución" pasa algo totalmente diferente ya que son absolutamente indisociables del tiempo y del espacio por el que se encuentren transitando.

En otras palabras, las diferentes escuelas científicas que se sucedieron a lo largo de la historia y por supuesto sus enfoques, siempre e inevitablemente estuvieron vinculadas al momento histórico y al sitio en donde nacieron y se desarrollaron, su situación social y política, su realidad económica y hasta su geografía. Todos aspectos que en definitiva definen con particularidad a la *cultura* de ese grupo de seres, en ese momento y en ese lugar.

De tal forma, tanto el "desarrollo" de cada fase por la que transitó la *ciencia,* así como la "evolución" que sufrió, pertenecen a la historia *cultural* de la humanidad, pero poco nos dicen acerca de la *ciencia* como disciplina en sí misma.

Se trata de aspectos brillantemente analizados por la epistemología, que en este trabajo no será abordados en términos históricos ni cronológicos.

Presentadas las dos aclaraciones, respondamos nuestras preguntas y tratemos de definir a la *ciencia*.

¿Qué es la *ciencia*? (concepto).

La respuesta a esta pregunta implica, como dijimos, una caracterización conceptual. En este sentido se puede decir que la *ciencia* es una "disciplina" o también una acción o un acto humano que no es motivado por una circunstancia azarosa o casual sino que responde a un estímulo, es decir es causal y que persigue un objetivo aplicando un método.

¿Por qué existe la *ciencia*? (origen).

Como toda disciplina la *ciencia* tiene un origen o, lo que es lo mismo un porqué, es decir un motivo por el cual se justifica su existencia.

El contexto fue, es y será siempre el mismo, una *señal del entorno* que es recepcionada por un hombre y que se traduce en una pregunta que muchas veces funciona como un detonante de una *necesidad* que termina demandando una *respuesta* con el objetivo de mantenerse adaptado a ese entorno. Por otro lado, esa "señal-necesidad" confronta a ese ser humano con su ineluctable *soledad*, que por ser esencial y primigenia se la puede considerar *ontológica*.

En ese contexto se encuadra la *ciencia,* cuya respuesta específica será o no satisfactoria en función de la calidad que ella alcance según ciertos requisitos exigidos en tanto pertenece a un cuerpo disciplinario. Esa respuesta se denomina "hecho o acto científico" y se apoya en un conocimiento, tanto más útil cuanto más profundo sea, que está referido a aquello en lo cual el hombre vive inmerso, de lo cual forma parte y con lo cual está obligado a convivir. De tal forma, a expensas de un nuevo conocimiento que obtuvo mediante su metodología disciplinaria – conocimiento científico– generará una respuesta más efectiva que le permita acercarse al mayor grado de armonía posible que un individuo puede alcanzar con su entorno y además, intentar mitigar su soledad ontológica.

En definitiva, la *ciencia* existe porque el hombre la necesita.

¿Para qué sirve la *ciencia*? (objetivo y sentido).

Quedó claro que la *ciencia* está conformada por actos enrolados en una disciplina que genera "hechos científicos" los que, en última instancia, están guiados por la necesidad de sostener la armonía entre el individuo y su entorno a partir de un nuevo y más profundo conocimiento acerca de él.

Ahora bien, sería muy necio creer que la *ciencia* es la única disciplina que cumple con estas premisas o también dejar de reconocer que existen más de una disciplina y más de una respuesta adaptativa con la misma orientación.

Evidentemente debe haber algo que caracterice y distinga al "hecho científico" de los productos generados por las otras disciplinas y, muy probablemente, ese aspecto tenga que ver con el sentido mismo de su existencia.

Podríamos definir como el objetivo y sentido de un "acto científico" a la búsqueda de la descripción y comprensión que más se acerque al fenómeno observado en sí mismo, es decir que más se acerque a una lectura "objetiva", que es aquella en la que predominan las cualidades del "objeto" por sobre los enfoques subjetivos – "sujeto" – de quien la emite. Esto se grafica y sintetiza en el concepto de "*verdad*".

Así, el objetivo y sentido de la *ciencia*, en definitiva "para qué sirve", no es otro que la "búsqueda de la *verdad* acerca de la realidad". Obviamente, vale aclarar, con absoluta independencia que lo logre o no.

Podremos dudar del resultado de un "acto científico" pero jamás podremos dudar de su sentido y su objetivo.

¿Cómo trabaja la *ciencia*? (método).

La respuesta a esta pregunta es conocida. La *ciencia* tiene un *método* específicamente orientado a la obtención de versiones lo más objetivas posible –priorizar el "objeto" por sobre el "sujeto"– lo cual, por otra parte, es otro aspecto que la destaca entre las disciplinas que también se involucran con la realidad.

Dicha herramienta se denomina *Método Científico* y de él hablaremos extensamente en un capítulo aparte, pero aquí veamos que representa.

Como vimos, una de las principales diferencias entre la *ciencia* y las otras disciplinas humanas que también se involucran con la realidad, es que el objetivo que esta persigue apunta ni más ni menos que a la *verdad*, precepto no negociable aunque no siempre alcanzable.

Podemos afirmar que la *ciencia* pretende que el conocimiento que genera se apoye en una versión que presenta el fenómeno de la realidad en sí mismo. A esa versión se la puede denominar "objetiva" en tanto trata de priorizar predominantemente los atributos del objeto abordado.

El punto es cómo lo logra porque más allá de esta buena intención, una cosa es lo que se quiere y otra muy distinta es lo que se puede.

Al margen de la meta de la *ciencia*, absolutamente incuestionable y valiosísima, el hombre nunca dejó de percibir que cualquier cosa que él dijese o hiciese vinculado a la realidad, en definitiva cualquier cosa que viviese, inevitablemente estaría influenciado por él mismo como sujeto, generando, como mucho, apenas una "versión".

Esta cualidad es conocida como "subjetividad" y está conformada por cuestiones personalísimas que se gatillan a partir del mismo instante en que se produce el contacto entre ese ser humano y el fenómeno que esta transcurriendo en ese instante. Son cuestiones vinculadas con el pasado evocado y el futuro representado por expectativas y proyecciones que quedan instaladas como contaminantes muchas veces difícil de detectar tanto en el contacto con el fenómeno como en la versión con la que ese sujeto se refiere a este.

Muy probablemente no sea lo mismo "la realidad" como verdaderamente es y "lo que conocemos como realidad", en tanto esto último depende de una versión que inevitablemente es generada por un sujeto (subjetivismo).

Sin entrar a analizar las circunstancias históricas, en un momento en que el hombre se encontraba atrapado en una visión científica de la realidad dominada por dogmas - aristotélico y posteriormente católico - en los cuales tanto el sujeto como el objeto quedaban relegados y subordinados a una versión impuesta e indiscutible –la "subjetividad" era condenada y la "objetividad" no era algo que importara–, empieza a aceptar que aquella actitud pasiva y obediente ya le resultaba insuficiente. Así frente al permiso que se había otorgado a sí mismo de creer en su propia y autónoma potencialidad, la única posibilidad que le quedaba para reemplazar a esa visión dogmática no cuestionada, resultaba ser a través de un método que intentara ubicar a la propia realidad y no al dogma, en un plano central y protagónico, y al hombre en otro de contingencia.

Así nació el *Método Científico*, cuya principal motivación fue obtener versiones de la realidad lo más objetivas posibles, minimizando disciplinariamente las distorsiones que inevitablemente surgen a partir de la subjetividad del científico. Obviamente, una manera de acercarse a la *verdad*.

Si se sintetiza lo dicho en cada una de las respuestas, quizás podamos lograr una definición que exprese con suficiente aproximación de qué se trata cuando hablamos de *ciencia*.

Podríamos decir:

> ...la ciencia es la disciplina humana que tiene como objetivo la búsqueda de la verdad acerca de la realidad. Para que esa verdad sea lo menos subjetiva posible aplica un método propio y exclusivo denominado Método Científico, el que cuando se asocia con la "capacidad heurística" propia del ser humano, es capaz de generar "actos o hechos científicos" orientados a lograr nuevos y más profundos "conocimientos" acerca de la realidad. Entre esos "conocimientos científicos" y la realidad inexorablemente debe existir congruencia, lo cual depende de una suficiente contextualización que se logra a expensas de la "reflexión"...

Obviamente se trata de una definición mucho menos erudita y pretenciosa que la anterior pero, a mi juicio, más real e independiente de las influencias pragmáticas que tanto la *cultura como* el sistema vigentes ejercen sobre todas y cada una de las acciones humanas. Es aplicable a cualquier período de la historia y permite diferenciar a la *ciencia* de todas aquellas disciplinas que en lugar de buscar la verdad objetiva acerca de la realidad, persiguen imponer una versión propia, por ello subjetiva, o bien trabajan prioritariamente con la superestructura de la realidad creada por el hombre, inevitablemente sesgada de subjetividad como toda producción humana.

Como se habrá notado, no solo prescinde de algunos argumentos de la definición "oficial" y de la "apócrifa" sino también incluye conceptos que las anteriores no tuvieron en cuenta. Específicamente la mencionada "capacidad heurística" del hombre y la trascendencia otorgada a la "contextualización" y a la "*reflexión*", conceptos que, a mi juicio, han demostrado ser unas de las características más distintivas del ser humano y por ello imprescindibles que deben ser consideradas a la hora de definir una de sus principales disciplinas, como lo es la *ciencia*.

"Capacidad heurística" y "Contextualización" (reflexión)

La importancia de la "capacidad heurística",[42] condición inherente al ser humano, se relaciona con la posibilidad de poder reconocer a aquellos *científicos* capaces de incorporar conceptos y prácticas a partir de su propia creatividad, elaborando medios, reglas y estrategias auxiliares – heurística– que pueden ir más allá de la rigurosidad dogmática. Es esta condición la que los distingue de los *técnicos* u operadores de tecnología, que se limitan a repetir una y otra vez su rutina –algoritmos– y cuyo horizonte se define en cómo ejecutarla cada vez mejor.

La "heurística" es una de las cosas que garantiza que *ciencia* (instancia humana) y *realidad* (instancia más allá de lo humano) se retroalimenten y mantengan vinculadas estrechamente de una manera dinámica.

Resultaría muy difícil generar respuestas adaptativas eficientes frente a señales tan variables como las que caracterizan a la *realidad*, si no existiera la posibilidad de crear. Lisa y llanamente resultaría imposible generar un listado de respuestas predeterminadas frente a las infinitas y azarosas señales del entorno. No podemos ni deberíamos pretenderlo.

Es evidente y la historia de la humanidad lo demuestra con contundencia, sin su capacidad heurística el hombre no hubiese podido generar muchos de los hechos que le permitieron evolucionar, sobre todo los denominados "hechos científicos".

Por ello quedan pocas dudas que se trata de un concepto imposible de obviar en una definición que pretenda dar una idea cabal de lo que es *ciencia*.

En este sentido no debe considerarse una casualidad el hecho que la *ciencia* declare como su objetivo destacable la búsqueda de la generalización de los fenómenos particulares, encuadrándolos en leyes y principios. Este párrafo de la definición "oficial" de *ciencia* en parte pone en evidencia, por un lado la resistencia a aceptar la heurística como aspecto fundamental de la disciplina en tanto de ella depende que un "acto científico" sea capaz de captar una particularidad que siempre y sistemáticamente caracteriza a todo fenómeno, poniendo a la disciplina y su método al servicio de la *realidad*. Desde otra perspectiva también revela la trascendencia casi excluyente que se le otorgó a la tecnología y sus algoritmos – cuarto

---

[42] La "heurística" se puede definir como el arte y la ciencia del descubrimiento y de la invención o también como la condición de resolver problemas mediante la creatividad y el pensamiento lateral o pensamiento divergente.

enunciado apócrifo – que lo que verdaderamente buscan es generalizar los fenómenos tratando de homogeneizar sus cualidades a fin de poder enrolarlos en grupos con comportamientos y evoluciones uniformes y así convalidar la generación de leyes que los expliquen, proceso cuyo costo no es otro que el avasallamiento de la particularidad que caracteriza a cada uno de ellos. A la inversa de lo que logra la heurística, de esta manera es la *realidad* la que queda al servicio de la disciplina y su método, lo cual, tal como se comentó, resulta muy conveniente para aquellas instancias que pretenden controlarla y manipularla.

Esto explica por qué son cada vez más frecuentes los intentos de aplicar "modelos" teóricos económicos o estrategias de marketing (comercio, política, etc.) basados en algoritmos informáticos que se nutren de datos estadísticos que no consideran las particularidades espaciales, temporales, culturales, entre otras, de cada grupo abordado. Por el contrario, los homogeneizan, los enrolan y encuadran según sus propias conclusiones lo cual permite que esos comportamientos sean guiados y condicionados y, en definitiva, manipulados.

El otro aspecto importante a destacar es, como vimos, la *contextualización*, que es producto de la *reflexión*.[43]

Quedó claro que todo "acto científico", tal como lo propone y concibe el *Método Científico*, gira en torno a un "modelo construido a partir de una abstracción de una porción de la *realidad* que por metodología se aísla y se particiona. Es decir, en rigor lo único que podemos asegurar de ese "modelo" es que en lugar de ser la *realidad* misma, es una "representación"

---

[43] La "contextualización" es el acto mediante el cual se toman en análisis las circunstancias de una situación, un evento o un hecho. Entiende un conjunto de aspectos relacionadas entre sí. En este sentido, para entender un fenómeno aislado es necesario explicarlo dentro de una esfera más global. Comprende todo aquello que rodea a un hecho, el espacio y el tiempo en el cual ese hecho, evento, situación suceden. Dado que una misma situación nunca es igual en dos contextos diferentes, la contextualización resulta ser fundamental. Si ella no ha sido propiamente desarrollada, puede fácilmente dar lugar a malos entendidos y confusiones, así como también a errores científicos. Cuando hablamos de contextualizar, nos estamos refiriendo a la acción de poner algo o alguien en un contexto específico. Esto significa rodearlo de un entorno y de un conjunto de elementos que han sido combinados de una manera única y probablemente irrepetible a fin de permitir que se obtenga una mejor comprensión del todo. La contextualización es una herramienta característica de las ciencias sociales que suponen que los individuos nunca pueden ser aislados de su entorno como sucede con las ciencias naturales y que, por tanto, deben ser analizados siempre en relación con el conjunto de *(continuación)* fenómenos que los rodean. *ABC https://www.definicionabc.com/general/contextualizar.php*

de ella. Para aceptar que ese "modelo", en el cual se basa el "acto científico" , pertenece verdaderamente al ámbito de la *realidad*, debe cumplir como requisito excluyente que sea congruente con ella, es decir que el anclaje entre ese "modelo" y la *realidad* sea suficientemente fuerte como para aceptar que aquella esta bien representada y para poder evaluar esa congruencia, la única manera es mediante la "contextualización".

Por supuesto que en no todos los "actos científicos" la "contextualización" será necesaria para reconocer su validez. Para aquellos "actos" referidos a porciones muy específicas y puntuales de la *realidad*, la "contextualización" no será imprescindible. Pero cuando hablamos de "actos científicos" referidos a escenarios más complejos debido a la participación de un mayor número de factores que potencialmente tienen capacidad de interactuar, modificando tanto el comportamiento como la evolución de ese "modelo", la "contextualización" se transforma en un paso obligado e inevitable para siquiera considerar su validez. Tal es el caso de "actos científicos" en el ámbito de la Salud Pública, la Ecología o los referidos al medio ambiente, solo por nombrar algunos.

En conclusión, la "contextualización" es lo que nos permite decir si un "modelo" realmente expresa lo que ocurre con el fenómeno y si su anclaje a la *realidad* es sólido. Aspectos más que fundamentales para la *ciencia* y para la validez de sus conclusiones.

En definitiva, sobre esta sencilla y poco pretenciosa definición pivoteará este trabajo crítico destacando, además, que a diferencia de la catalogada como versión "oficial" de la *ciencia*, su simpleza no le impide dejar en claro y hasta enfatizar que tan incuestionable como la mismísima realidad es la intencionalidad y motivación que llevan a un ser humano a querer transformarse en científico y comprometerse con la búsqueda incansable de la verdad.

Cabe destacar que es esta, también, otra de las cualidades que diferencia a la *ciencia* de muchas otras disciplinas humanas que no pueden decir lo mismo respecto a su razón de existir o a su objetivo.

Así queda al menos esbozado a qué me estoy refiriendo cuando hablo de *ciencia*.

El verdadero origen de la ciencia: racionalidad y creatividad

Hasta aquí quedó aclarado a qué cosa llamamos *ciencia* y que será el objeto de análisis del presente trabajo.

Ahora bien, si bien resulta importante tener la definición de aquello sobre lo cual se desarrollará un trabajo de análisis y sobre todo crítica, también lo es conocer sus orígenes y cuáles fueron aquellos factores gracias a los cuales es posible explicar la trascendencia que en particular la *ciencia* ha demostrado tener desde siempre.

A todo esto se debe agregar que se trata, ni más ni menos, que de aquellos aspectos que obligaron a incorporar las condiciones *heurística* y *reflexiva* al concepto de *ciencia* que vimos unos párrafos más arriba.

La *ciencia* es una actividad exclusivamente humana, no se conoce hoy en día una disciplina científica generada por otro ser vivo que no sea el hombre.

Si bien se podrían mencionar múltiples factores estrictamente biológicos y evolutivos que pueden explicar este estado de cosas, existen dos cualidades exclusivas y distintivas de los seres humanos que por sí mismas podrían hacerlo. Ellas son la "racionalidad" y la "capacidad de crear".

El concepto de "racionalidad" puede ser muy amplio y ha sido enfocado desde múltiples aspectos. De hecho existen muchas maneras de conceptualizar la "racionalidad" y muy variados enfoques desde los cuales diferentes disciplinas la abordan. Uno de esos aspectos a mi juicio particularmente trascendente, es el que se refiere a la "funcionalidad biológica", es decir la utilidad que puede ofrecer una cualidad, en este caso la "racionalidad" y que, a su vez, le otorga sentido a su existencia (cualidad teleológica). En este sentido, se puede definir la "racionalidad" como la condición para aplicar una "discriminación reflexiva" frente a un fenómeno que se nos presenta con el objeto de obtener una mejoría continua o la mejor manera de alcanzar un objetivo, como por ejemplo podría ser la supervivencia. Dicho de otro modo, distinguir o diferenciar un fenómeno de la *realidad* mediante la *reflexión* con el objetivo final de obtener el máximo beneficio o el mínimo perjuicio posibles.

La otra modalidad mediante la cual un ser vivo puede discriminar acerca de las diferentes modalidades con las que puede presentarse un fenómeno y que terminará por definir su posicionamiento frente a él, es la denominada "discriminación instintiva" compuesta fundamentalmente por los instintos de supervivencia (individuo) y de conservación (especie) propia de todos los animales tanto humanos como no humanos. A diferencia de la "reflexiva", la "instintiva" no se nutrirá de la experiencia previa -pasado- y de una evaluación prospectiva -futuro- para definir una acción en el presente sino que se estructurará en torno a la "reactividad" inmediata cuyo único y excluyente objetivo es seguir estando vivo sin medir los costos que ello podría implicar.

La "discriminación reflexiva" en tanto es una síntesis del pasado y del futuro personalísimos a partir de la cual un individuo humano se define a sí mismo tanto en su contexto como en su acción en el presente, si considera los costos como componente activo en las conclusiones que definirán su accionar.

La otra cualidad primigenia para la *ciencia*, también exclusiva del hombre, es la "creatividad".

Ella también se nutre del pasado (experiencias) y del futuro (expectativas) del individuo y es la que posibilita la concepción de "hechos" (fácticos o ideales) que no precisan antecedentes o referentes para ser concebidos, es decir, la "creatividad" es la que muchas veces alimenta la realidad con cosas nuevas, cosas que hasta ese momento no existían, ejemplos sencillos son un cuadro, una melodía –por cierto no son las artes las únicas disciplinas en las que puede manifestarse esta capacidad humana– o un "hecho científico" innovador y sin precedentes como un un invento.

Como ninguna de las dos cualidades pudieron hasta ahora ser descriptas en seres vivos no humanos, es posible considerarlas como exclusivas del hombre.

Pero más allá de esta cuestiones descriptivas y conceptuales, quizás el aspecto de mayor trascendencia de la "racionalidad" y la "capacidad de crear" es el hecho que ambas asociadas son las mayores responsables de una de las máximas obras adjudicables, también con exclusividad al hombre, como es *la cultura* y por añadidura, la *ciencia*.

Difícil concebir a la *cultura* y a la *ciencia* sin "racionalidad" –discriminación reflexiva de los fenómenos de la realidad– y sin "creatividad" –generación de cosas nuevas–.

"Racionalidad" y "capacidad de crear" no solo son factores originarios de la *ciencia* y la *cultura* en tanto expresiones humanas, sino que además son las principales responsables tanto del comportamiento dinámico y evolutivo de estas últimas como de la reciprocidad y congruencia entre ellas basada en una dinámica de retroalimentación estrecha y constante.

No resulta fácil imaginar una *cultura* sin *ciencia* o una *ciencia* sin *cultura*.

Quedan pocas dudas, tanto la "racionalidad" como la "capacidad de crear" han demostrado ser dos cualidades excluyentes de los seres humanos y enormemente trascendentes para su evolución. Gracias a ambas, la modalidad de respuesta alcanzada frente a la realidad, cuyo único objetivo es lograr una armonía, logra ser de altísima calidad y eficiencia lo cual explica, entre otras cosas, por qué somos la especie con mayor desarrollo.

Medio ambiente y código genético: adaptación y evolución

Referido a la relación entre un individuo y su entorno –léase *realidad*– expresado a través de las señales que surgen de él, a diferencia de los seres humanos el resto de los animales solo son capaces de respuestas instintivas, las cuales si bien también están presentes en los hombres y forman parte de la respuesta final, se ubican en niveles más profundos y habitualmente menos dominantes.

Mientras que los animales no humanos intentan alcanzar la "armonía" con todo aquello que los rodea exclusivamente a partir de sus respuestas instintivas, los animales humanos agregan las que derivan de la "racionalidad" y la "capacidad de crear", que son las cualidades que le confieren a esa respuesta mayor efectividad, mayor eficacia y mayor e*ficiencia*.

Se trata, verdaderamente de "funciones superiores" que deben ser reconocidas como los principales aspectos que podrían explicar las diferencias tanto evolutivas como adaptativas entre ambos grupos.

Desde su mismo origen el hombre siempre estuvo inmerso en un entorno que, de hecho, reunía las condiciones indispensables para que él surja y perdure como especie animal. Pero una de las principales cualidades de esas condiciones, quizás la más importante y distintiva, es que se fueron transformando de una manera ininterrumpida obligándolo a adecuarse, si lo que pretendía era seguir viviendo.

En ese proceso de *señal-respuesta* el hombre se fue desarrollando gracias a la adquisición de nuevas cualidades y a la modificación, a veces perdida, de otras.

Todos y cada uno de esos eventos y cambios fueron el resultado de un proceso dinámico en el que se pueden reconocer como protagonistas excluyentes, por un lado al "medio ambiente", emitiendo señales que sistemáticamente ponían a prueba a individuos y especies y por el otro al "código genético", que era y es el encargado de darle forma y continuidad a esas modificaciones que le permitirían al hombre mantenerse adaptado.

A este proceso lo conocemos como "evolución".[44]

Queda claro, entonces, que la evolución siempre tuvo como paso previo y obligado a la "adaptación" a esas nuevas y cambiantes circunstancias.

Dicho de otro modo, no hay evolución si no hay adaptación.

En la historia de los seres vivos sobran ejemplos de especies que, por no adaptarse a los cambios, desaparecieron en lugar de evolucionar, mientras que las que si lograron evolucionar son aquellas que resistieron al impacto que conlleva todo proceso de adaptación.

Pues bien, en este circuito, el "código genético" y el "medio ambiente" interactuaron sin pausas, transformándose en el verdadero motor de la constante adaptación del individuo/especie a las condiciones que lo rodeaban, lo cual, en definitiva, terminó conformando el denominado *proceso evolutivo* que, obviamente, continúa.

"Adaptación" y "evolución" son, en definitiva, los términos de una misma cosa, cuya dinámica invariablemente es unidireccional: la "adaptación" siempre implica "evolución", la primera es el sustrato de la segunda y si aquella no existe, al menos desde la biología no se puede hablar de fenómeno evolutivo que represente un avance en algún aspecto del individuo/especie.

Debe quedar claro que lo inverso no necesariamente es cierto.

No siempre un cambio o una modificación en el tipo de respuesta, que muchas veces es asumida como *salto evolutivo*, representa una mejoría neta en la adaptación que un individuo puede lograr ante las señales que recibe del entorno. De hecho existe más de un ejemplo en nuestra vida cotidiana en los cuales adoptamos conductas que se consideran parte de la evolución y el progreso humanos, aunque en realidad lejos de optimizar la adaptación al entorno la empeoran. En lugar de mejorar nuestra calidad de vida atentan contra ella.

---

[44] El "neodarwinismo" o "teoría sintética de la evolución" fusiona el darwinismo clásico (Charles Darwin (1809/1882) *El origen de las especies*, 1889) con la genética moderna (Gregor Mendel (1822/1884) *Experimentos sobre hibridación de plantas*, 1866) y sostiene que los fenómenos evolutivos se pueden *(cont.)* explicar por las mutaciones aleatorias –variaciones genéticas accidentales y azarosas– sumado a la acción de la selección natural –medio ambiente– y la herencia genética.

Enumerarlos sería una tarea demasiado ardua dado que son verdaderamente frecuentes, por ello lo mejor será dar una sencilla pauta que permita reconocer estos casos a partir de la discriminación reflexiva, para lo cual bastará con preguntar si ese cambio, modificación o novedad, teniendo en cuenta no solo el beneficio sino los costos que inexorablemente conlleva, representa verdaderamente una mejoría en la calidad de vida.

En este sentido cabe aclarar que calidad no es cantidad, aunque muchas veces se confunde. Hacer las cosas con más velocidad, hacer mayor número de cosas o hacerlas simultáneamente, son logros cuantitativos que no siempre ni necesariamente representan una mayor calidad.

Desechamos por obsoletos artefactos que hasta hace poco tiempo considerábamos maravillosos e hipereficientes, porque en lugar de darnos una respuesta en medio segundo tarda dos segundos. ¿Acaso se puede considerar a esa reacción como sinónimo de evolución... o más bien de estupidez?

En el ámbito de la *ciencia*, que en este aspecto siempre ha tenido mucho que ver, la pregunta podría parecer una ridícula paradoja: ¿acaso dispositivos cada vez más veloces, como computadoras o teléfonos celulares o incluso automóviles, entre muchos otros elementos habitualmente considerados como vectores de adaptación y progreso, representan verdaderamente un salto evolutivo que nos sitúa un peldaño más arriba que los seres humanos de hace cien años? ¿Acaso estos "avances" nos habilitan a afirmar que el espécimen actual es mejor que aquel, que es más feliz, que disfruta más o que produce cosas que logran impactar en una mejor calidad de la especie y profundizan la armonía entre este y su medio ambiente?

La historia del hombre desde sus comienzos se inscribe en términos de respuesta a estímulos o señales que, aunque podrían ser de las más variadas clases, todos sin excepción provienen de su entorno, ya sea natural o artificial, cuando está generado por el propio hombre.

Como vimos la *cultura* constituye la máxima expresión que puede adquirir una respuesta adaptativa y surge de las dos cualidades humanas por excelencia, la *racionalidad* basada en la *reflexión* a través de la cual el hombre es capaz de generar una conclusión que vincula a modo de síntesis su historia (pasado) y sus perspectivas y proyecciones (futuro) para actuar en su presente, y la *creatividad* que le ofrece la posibilidad de concebir una acción fuera de los límites de dogmas y paradigmas siendo la única consecuencia probable de ambas el movimiento y los saltos evolutivos.

Absolutamente todas las disciplinas y subdisciplinas que conforman la *cultura*, entre ellas la *ciencia*, comparten el hecho de ser modalidades particulares de vincularse con todo aquello que rodea al hombre, dicho en su justo término, *la realidad*. Cada una de ellas enfocará aspectos peculiares de esa realidad para lo cual se capacitarán de una manera específica y aplicando la *racionalidad* y la *creatividad* conformarán un método.

La *ciencia* es una de esas disciplinas y como tal enfoca un aspecto particular de la realidad, que en su caso específico es *la verdad* acerca de los fenómenos que ocurren en ella, su origen y sus causas, su desarrollo y su desenlace y consecuencias así como los factores de índole temporal y espacial que pueden ejercer alguna influencia. Para ello aplica una metodología adecuada a tal fin que actualmente se denomina *Método Científico*.

Así se cierra el círculo y caemos nuevamente en nuestra definición a la que con toda franqueza no podemos negarle cierta precisión semántica: *"la disciplina humana cuyo objetivo es la búsqueda de la verdad acerca de la realidad"*, lo hará aplicando su natural y humana *heurística* y el *Método Científico,* el cual respetando sus principios, intentará garantizar que se cumpla el objetivo propuesto.

Tanto en su forma como en su significado la frase no puede ser mejor y de hecho refleja satisfactoriamente la idea que en general se tiene acerca de la *ciencia,* invitando a ver en ella una de las disciplinas más fuertes, definitorias y hasta confiables de la actividad humana. Casi se podría aseverar que lo que nos ha mostrado la *ciencia* acerca de la realidad nunca fue otra cosa que la verdad y que difícilmente las cosas sean diferentes, a tal punto que toda vez que se quiere validar una opinión, un hecho o cualquier producción o evento no es casual que se intenta vincularlo al ámbito científico y en particular al de investigación como para darle un marco de garantía.

Sin embargo, nuevamente la realidad arrasa con la fantasía, pues nos guste o no nos guste debemos reconocer que desde que existe la *ciencia* como actividad humana, lo que significa decir varios miles de años, sus conclusiones acerca de la realidad no han sido siempre las mismas, por el contrario fueron cambiando muchas veces en un sentido que incluso excluía la validez de la versión previa que hasta ese momento se había proclamado como "la verdad acerca de la realidad".

Tampoco podemos negar que a través de su historia la *ciencia* atravesó períodos con diferentes matices en su relación con el resto de las disciplinas humanas, en particular con aquellas que representaban los factores de poder imperantes, como por ejemplo gobiernos, religión o el que actualmente esta vigente, el "mercado", lo cual en definitiva también, de alguna manera, relativiza su apego aséptico a la verdad.

Se trata de relaciones en las que podemos ver que la influencia positiva o negativa se hizo notar de diversas maneras, apoyando o impidiendo, oficializando o condenando, muchas veces obligando a la clandestinidad, ayudando o expulsando, poniendo límites punitorios e inquisidores o premiando. La variedad vuelve a ser enorme pero la historia no nos deja mentir, no fueron pocas las ocasiones en las que en forma manifiesta o disimulada primó la conveniencia y funcionalidad para intentar consolidar objetivos que poco tuvieron que ver con el que da sentido a la *ciencia,* en tanto disciplina orientada a mejorar las condiciones de vida de los seres humanos en forma irrestricta y fundamentalmente indiscriminada.

Dicho de otro modo, no podemos estar absolutamente seguros que en algunas ocasiones lo que la *ciencia* nos muestra como verdad no esté exenta de cierta intencionalidad incluso oculta para los propios científicos que la sostienen y sustentan lo cual, aunque parezca un juego de palabras, relativiza la veracidad de la propia verdad.

Si en las diferentes épocas de la historia de la humanidad le hubiésemos preguntado a los científicos "oficiales" –aquellos que fueron aceptados y apoyados por los factores de poder de turno– si en algún momento sospecharon que tal aceptación estaba fuertemente ligada a la congruencia entre su trabajo y las pautas y objetivos a los que esos factores de poder se orientaban y que de no ser así, es decir haber cuestionado esas pautas y objetivos, no contarían con ese apoyo, con seguridad lo hubiesen negado y quizás hasta afirmarían una indiscutible independencia intelectual.

Sin embargo, hoy sabemos que la evolución de la cultura y en particular de la *ciencias* humanas, dependió más de un cuestionamiento y un enfrentamiento con los paradigmas vigentes y dominantes que de una convalidación y apoyo aquellos. [45]

¿Por qué no puede estar sucediendo eso ahora?

---

[45] Thomas S. Kuhn (1962) *La estructura de las revoluciones científicas*. Fondo de Cultura Económica. Argentina.

Si la cultura vigente esta tan íntimamente entrelazada con el denominado "mercado", escenario natural y propicio del consumo y el poder expresado a través del dinero, ambos transformados en objetivos paradigmáticos del hombre actual, ¿por qué no considerar la posibilidad que a la *ciencia*, que es una de las tantas formas a través de las cuales se expresa la cultura, no le esté sucediendo algo parecido y en definitiva congruente con lo que acontece con la propia cultura?

No es posible descartar a priori la posibilidad que ese sesgo de pragmatismo, materialismo e inmediatez, que caracteriza al "mercado", no haya sometido a la *ciencia* obligándola a olvidar y mucho peor, menospreciar, aquello que le da su sentido de existir, no solo a la *ciencia* sino a la cultura misma. Ambas lo que persiguen desde sus orígenes es siempre tratar de mejorar en términos de eficiencia las respuestas adaptativas que el hombre se ve obligado a emitir frente a las señales de su entorno/realidad y cuyo objetivo excluyente es el de mantener una armonía entre ambos.

Pues a esta queridísima *ciencia* es a la que voy a criticar.

La realidad

> *"... el objetivo de la ciencia es la búsqueda de la verdad acerca de la realidad..."*

Son muchos los aspectos a través de los cuales una disciplina humana podría ser analizada.

Entre todos esos aspectos, quizás los más accesibles y por ello los más utilizados hayan sido y sean el "método" que se aplica con sus variaciones a lo largo de la historia y los "resultados" –éxitos y fracasos– que esa disciplina fue obteniendo en su desarrollo y evolución. Para el caso específico de la *ciencia*, la Epistemología y la caracterización de las diferentes etapas de la historia según los avances científicos respectivamente, son claros ejemplos.

Se trata de aspectos concretos y relativamente fáciles de delimitar y, por ello, aplicables a la hora de hacer comparaciones que permitan delinear con mayor claridad una u otra escuela así como la participación de cada una de ellas en el devenir de la humanidad.

Pero "método" y "resultados" de hecho no son los únicos aspectos por los cuales se puede analizar una disciplina, existen otros que también lo permiten. No son tan usados por varias razones, pero una de ellas más de una vez tiene que ver con el hecho que a través de esos aspectos podrían quedar desenmascaradas algunas características de esas disciplinas que no siempre resultan sencillas de explicar o comprender. Evidentemente cualidades en las que muchas veces subyace el subjetivismo o directamente una intencionalidad pragmática; ambas cuestiones que, en general, conviene no mostrar.

Dentro de esos aspectos, digamos especiales, se pueden enumerar por un lado, al "objetivo" que persigue la disciplina en cuestión y por el otro lado al "objeto de estudio" al cual se dedica su accionar y que, en definitiva, le otorga el sentido a su existencia.

No hay dudas que se trata de dos características muy importantes y que ayudarán a precisar no solo una disciplina, sino cualquier actividad.

Sin embargo, como veremos, en estos terrenos las cosas no son tan sencillas como con el "método" y los "resultados".

No son pocas las disciplinas humanas en las que tanto su "objetivo" como su "objeto de estudio" tienen límites difusos y difíciles de definir, siendo ésta una razón clara de por qué muchas veces estos criterios terminan por ser eludidos. En este sentido los ejemplos más demostrativos se pueden encontrar en aquellas disciplinas a las cuales resulta cuestionable calificar como *ciencia* y que Carnap denominó "sociales", como vimos en el capítulo anterior. En general son las que se encargan de cuestiones vinculadas al denominado "sistema", que resulta ser la superestructura edificada por el hombre y su cultura y que por ser una construcción exclusivamente humana (la naturaleza no participa en la creación de la política, el marketing o el derecho) tiene en sus raíces a la "subjetividad" que es una condición propia del hombre.

Incluso la característica de "subjetividad" inevitablemente deja abierta la sospecha acerca de la probable existencia de una verdadera "funcionalidad" recíproca entre algunos componentes de ese "sistema" y la disciplina específica, con el único fin de convalidarse mutuamente.

Demos un ejemplo.

Si uno de los pilares que sustenta al "sistema" es el *poder*, la acumulación de éste último queda instalada como requisito prioritario y necesario para alcanzar el éxito en ese "sistema". Una de las maneras que existen para acumular *poder* es a través del *dinero*, instancias que se relacionan de una manera directamente proporcional, es decir, a mayor cantidad de *dinero* mayor cantidad de *poder* y con ello mayor chance de alcanzar el éxito.

Ahora bien, en su origen ese *dinero* estaba vinculado con el esquema de "trueque" –un objeto a cambio de otro objeto– el cual en el proceso evolutivo del hombre se fue transformando en nuestro viejo conocido sistema de "compra-venta" –un objeto a cambio de *dinero*– cuyo verdadero motor lo constituye el "consumo": aquel que logre incrementar el "consumo" de lo que produce ganará más dinero y si gana más *dinero* automáticamente acumulará más *poder*. Aquel objetivo primario que sustenta al "sistema" queda así cumplido.

En este contexto se comprende fácilmente que haya surgido la necesidad de crear una disciplina que logre desarrollar un método para alcanzar el objetivo de incrementar el "consumo", llave de la "compra-venta" de lo cual depende la acumulación de *dinero* y *poder*, sustento del "sistema".

El "consumo" en sí mismo es la variable definitoria de este proceso, con absoluta independencia del producto que se trate de hacer consumir y más allá de lo que verdaderamente represente para aquel que lo consume. Ya no importa si el producto es realmente útil, bueno o malo o si mejorará la calidad de vida de la gente, ni siquiera si es necesario, lo más importante es que se "consuma" porque de ello depende el éxito.

En este contexto era lógico que más temprano que tarde surgiera el *marketing*, disciplina que no solo adquirió la categoría de "académica" sino que además se terminó transformando en un componente indispensable para la construcción y desarrollo del denominado *mercado*, actual esqueleto estructural del "sistema" que, de tal forma, ve convalidado, legitimado y en pleno desarrollo su objetivo primario, más allá de lo que en sí mismo él represente para la adaptación y calidad de vida de los seres humanos.

La *política* como un vector representativo de poder diferente al *marketing*, aunque claramente complementario, es otro ejemplo.

En definitiva, se puede reconocer que al "sistema" no siempre le conviene estimular una definición de las disciplinas humanas basada en el "objetivo" (consumo) y "objeto de estudio" (poder=éxito), sencillamente porque podría quedar expuesto a un cuestionamiento difícil de soslayar cuando se lo analiza en términos de adaptación del hombre a su entorno, con el objetivo de mejorar la calidad de vida de toda la especie y no solamente de aquellos individuos que son "exitosos" (según los criterios del propio sistema, es decir dinero y poder).

Pero por suerte nosotros no tenemos esa dificultad porque si estamos hablando de *ciencia*, cuyo "objetivo" de *buscar la verdad* nunca fue ni será cuestionado y cuyo "objeto de estudio" no solo es previo y trasciende al "sistema" sino también al mismísimo hombre: la *realidad*.

Evidentemente lo que cada uno de los hombres "viven" como *realidad* puede ser muy diferente según la época y según el lugar del que se esté hablando, ya que tanto el tiempo como el espacio son factores con fuerte influencia en la *cultura* de la cual depende por entero la intelección y vivencia de esa *realidad*. Lo mismo ocurrirá con lo que se entiende como *verdad* y por supuesto con el *método* que se aplique para llegar a ella en tanto ambos – verdad y método - están fuertemente alineados con su respectiva *realidad*.

Resultaría un error imperdonable pretender que sea sistemáticamente aceptada y sin cuestionamiento alguno la validez del *Método Científico* actual o el "criterio de verdad" que persigue o también la "concepción de *realidad*" que crea y presenta en todas las épocas y etapas por las que transitó la humanidad. Nuestro "método" y "verdad" pueden ser adecuados y congruentes con nuestra *realidad* pero no necesariamente con la que está por venir.

Cuando se habló del objeto que motiva este trabajo, la *ciencia*, se dejó entrever que así como no todo lo que brilla es oro, no siempre la versión que nos muestra la *ciencia* acerca de la *realidad* tiene por qué ser la verdadera y mucho menos la única. Aquella definición "oficialmente propuesta y aceptada" de *ciencia*, ya no tan inmaculada, empieza a mostrar fisuras.

Resultaría, entonces, una obviedad reconocer que ni siquiera la mismísima *realidad* se nos está presentando como un terreno seguro.

¿Es la realidad como la vemos o vemos la realidad tal como es?

Aunque parezcan ser lo mismo y diferenciarse solo por el orden de las palabras, ambas posturas planteadas en el subtítulo resultan ser profundamente antagónicas.

En la primera, "...la *realidad* es como la vemos...", nos arrogamos una posición activa y hasta definitoria de la *realidad*, circunscribiéndola a lo que nosotros vemos. No se admite otra versión de la *realidad* más que la nuestra, sencillamente porque si nosotros no la vemos es porque no existe. En definitiva, somos nosotros quienes definimos la *realidad*.

Se trata de una postura tan absolutista como casi fundamentalista y que resulta muy funcional para aquellos planteos con pretensiones de transformarse en versión "unímoda" descalificando cualquier otra, algo muy frecuente en ciertos ámbitos como por ejemplo la política.

Una manera sencilla de detectar esta postura es cuando ante una afirmación, sentimos que quien la emite nos esta tomando por tontos.

En el segundo planteo, "...vemos la *realidad* tal como es...", en cambio, es la *realidad* la que marca las pautas porque es previa a nosotros y consecuentemente rige nuestra visión de ella. Esta afirmación habilita la posibilidad que quizás la *realidad* no sea como la vemos o también que exista otra *realidad* además de la que vemos.

Evidentemente parte de una actitud más humilde y menos egocéntrica – léase antropocéntrica – pero fundamentalmente más valiente porque nos expone a la necesidad de tener que confrontar de una manera sistemática nuestra versión con la *realidad* aceptando que el factor que nunca esta falseado es la propia *realidad* que es la que, en definitiva, marca nuestros pasos.

Esta es la postura que adopta la verdadera *ciencia*.

No hay dudas que no es tan simple ni tan lineal esta cuestión de la *realidad* y que ya su concepto tiene aspectos cuestionables y, como veremos, sucederá lo mismo tanto con el *Método Científico* como estrategia de búsqueda como con la *verdad* como objetivo de esta disciplina. Por cierto hasta nosotros mismos como militantes de la *ciencia* deberíamos ponernos en duda, aún desde nuestras más elementales bases académicas.

La realidad y la soledad ontológica

Más allá de los conceptos que nos permitirían, a lo sumo con aproximación, encuadrar racionalmente las características de lo que denominamos *realidad*, existe una cualidad primaria de ella que resulta insoslayable y que no solo por su trascendencia sino también por su influencia sobre todos y cada uno de los seres humanos desde su mismísimo origen, debe ser destacada y enfatizada, al punto que cualquier análisis que se intente hacer acerca de la *realidad* que no considere esta cualidad, está condenado a quedar incompleto. Por ello en este trabajo se incluye.

Se trata, ni más ni menos, del efecto que produce en un individuo el solo hecho de percibir que a lo que se está enfrentando es la *realidad*.

En verdad es algo esperable, ya que todo aquel que pretende acceder a algo tan variable, tan multifacético y tan imprevisible y además omnipresente y permanente como es la *realidad*, lo primero que experimenta es una sensación muy profunda de "soledad" que, por supuesto, va más allá de quién se tenga al lado. Es una "soledad" tan primaria que se involucra con la propia esencia del sujeto. Un estado del ser mismo que por ello se puede denominar *"soledad ontológica"*.

Es tan esencial y tantas las circunstancias cotidianas que la pueden ocultar o disimular o tan variados los disfraces que esa "soledad" puede adoptar, que muchas veces resulta difícil reconocerla. Quizás las circunstancias en las cuales se ponga más en evidencia, sean aquellas en las cuales sentimos que el desenlace de una situación depende fundamentalmente de nosotros, independientemente de con quien estemos o también cuando nos está pasando algo y tenemos la sensación que somos los únicos seres humanos que nos encontramos en esa situación.

Pero aún en este contexto de incertidumbre y casi confusión, lo cierto es que esa *soledad ontológica* es el verdadero punto de partida y a la vez motor para que podamos convivir con la *realidad*. Atenuar y superar nuestra soledad es lo que definirá no solo nuestros objetivos sino y fundamentalmente nuestros caminos, entre los cuales, por supuesto, está la *ciencia* como disciplina que lo intenta.

Nunca podremos hacer desaparecer por completo a nuestra *soledad ontológica* ya que aquello que la genera es la propia *realidad* que, como dijimos, es omnipresente y permanente y siempre nos puede sorprender expresándose con modalidades variadas que no respetan un patrón fijo y mucho menos previsible, que no tiene límite al cual podamos acceder, que seguimos sin saber si tiene principio o final y que, en definitiva, estamos condenados a relacionarnos eternamente con ella.

Esto mismo les pasó a todos nuestros antepasados, tanto a los recientes como a los más remotos. Desde aquellos que transitaron el principio de los tiempos, todos sintieron la misma *soledad ontológica* el enfrentarse con la *realidad*.

Nótese que cuando hablamos de nuestros antepasados en su vínculo con aquello en lo cual estaban inmersos, nos estamos refiriendo a "la" *realidad* y no a "su" *realidad*, es decir no establecemos diferencias entre las realidades correspondientes a escenarios o épocas particulares y eso se debe sencillamente al hecho que, en esencia, la *realidad* para el hombre siempre "significó" lo mismo.

Podría perfectamente parecer un delirio hacer caso omiso de las obvias diferencias que se han manifestado en los distintos tiempos. Sin embargo, desde un punto de vista conceptual, en tanto entidad dinámica y funcional cuya característica esencial es que acontecen fenómenos y sucesos que muchas veces impactan en los seres que existen dentro de ella con los que interactúa generando procesos de cambio, a veces evolutivos y otras involutivos, la *realidad* fue, es y será siempre de una misma manera.

Podrá cambiar su aspecto (es claramente diferente una *realidad* transitada por dinosaurios o otra surcada por veloces automóviles) o incluso su ritmo (no es lo mismo una paloma mensajera que un smartphone) pero aún diferencias extremas no son más que cambios de forma a través de los cuales el fondo o esencia, que siguen siendo los mismos, se expresan.

Es con esa esencia con la que el hombre se conecta e interactúa para brindarle una *significación* a la *realidad*, siendo esa *significación* la que le otorga a la *realidad* la trascendencia del detalle y de la forma que ella adoptará.

Un grupo de árboles es siempre un bosque pero según qué especie de árboles componen ese bosque *significará* cosas distintas para los hombres, lo cual condicionará sus actos. Así un bosque podrá *significar* la posibilidad de construir casas, tener buena reserva de leña o disponibilidad de durmientes para prolongar el ferrocarril o bien un reservorio de animales peligrosos.

Es claro, ninguna etapa de la historia es comparable con otra, fundamentalmente por las múltiples circunstancias que caracterizan a cada una de ellas como por ejemplo factores predisponentes y desencadenantes, consecuencias y mucho más si hablamos de escenarios y paisajes.

Sin embargo, aún la época más remota comparte con la más actual aspectos intervinientes que les son comunes a ambas y que, no por casualidad, son justamente esos aspectos los que marcaron y marcan tanto el ritmo como el sentido del proceso que el ser humano transita desde que levantó la vista para mirar a su alrededor.

Esos aspectos que se repiten una y otra vez, constituyen la esencia que caracteriza a la *realidad* y que la transformó en factor determinante en la historia de la humanidad, me refiero puntualmente a su *variabilidad* y al vínculo absolutamente dialéctico con aquellos que se encuentran inmersos en ella, en particular el hombre.

La *variabilidad* de la *realidad* esta referida a una de las principales características de los fenómenos que la componen, su casi absoluta impredecibilidad con certeza. Esta característica se apoya en dos factores que por ahora son inmodificables, por un lado un comportamiento de estos fenómenos extremadamente complejo y muchas veces, incluso, estocástico o azaroso – no determinista – y por el otro lado la imposibilidad del hombre, al menos por ahora, de poder predecir el futuro con exactitud. Todas las predicciones que podamos hacer, no son más que aproximaciones basadas en un análisis de probabilidades.

Por su parte, el vínculo se apoya en una relación de influencia recíproca y retroalimentación, que se vehiculiza a través de *señales* de la *realidad* y *respuestas* del hombre, estableciendo un circuito dinámico que representa, ni más ni menos, la fuerza motriz del proceso evolutivo de los seres vivos.

En definitiva, la esencia de la *realidad* es una *evolución* constante e ininterrumpida. Dicha *evolución* siempre dependió y dependerá tanto de la "variabilidad" de los fenómenos que componen la *realidad* como el "vínculo" con el hombre a través del cual se vehiculizan las "señales" que emite la *realidad* y las "respuestas" que el hombre genera que a su vez puede modificar la *realidad*.

Ese patrón dinámico es la esencia de la *realidad* que nunca cambió.

Como puede notarse, la base estructural de este "sistema" está conformada por dos componentes, por un lado la *realidad* y por el otro lado los seres vivos, en particular el hombre.

El vínculo entre los dos componentes se basa en la *complementariedad*, que es la que explica y garantiza la congruencia entre ambos para cada porción de tiempo -época- y para cada porción de espacio-lugar que conforman la historia.

Así, cada entorno – particularidad temporo espacial de la *realidad* – quedará estrechamente ligado a los seres vivos que viven en él y no a los que no viven en él. Pensemos en los distintos períodos de la historia, en los distintos climas o en las distintas regiones del planeta y comprenderemos porqué no resultaría congruente con un clima tropical una vestimenta, costumbres y tipo de alimentación esquimal.

Este patrón de *complementariedad* está directamente relacionado con el *proceso de adaptación* que desarrollan los seres vivos frente a las señales que reciben de su entorno (*realidad*) y que se expresa a través de sus actos, los cuales cuando corresponden a los seres humanos, potencialmente pueden ejercer influencia en la propia *realidad*, lo cual transforma a ambos componentes en congruentes.

Ya vimos que desde que el hombre transita por la faz de la tierra y sin chances de quejarse, estuvo obligado a reconocer su soledad –*soledad ontológica*– en esa relación inescindible con la *realidad*. De a poco caía en la cuenta que estaba condenado eternamente a vivir sumergido en ella, manteniendo una peculiar relación basada en una interacción permanente y fundamentalmente dialéctica.

Es por intermedio de esa "relación dialéctica" cómo se vinculan los dos componentes de este *sistema*.

Por un lado la *realidad* expresada a través del "entorno" con un patrón de comportamiento de máxima complejidad y por ello muy cercano al azar y que se manifiesta vehiculizado por "señales" de una variedad temporo-espacial casi infinita y por el otro lado el *hombre* emitiendo "respuestas" articuladas en dos niveles. Como un componente más del Reino Animal a través de sus "instintos" más básicos, *supervivencia* como individuo y *conservación* como especie y como el componente biológicamente más evolucionado de ese Reino a expensas de la *racionalidad* y la *capacidad de crear,* a las que, como se vio, se pueden denominar *funciones superiores*.

A partir de esas cuatro instancias, con predominio de alguna sobre las demás según las circunstancias pero siempre alineadas en la relación con la *realidad*, el hombre buscó sistemáticamente alcanzar su objetivo más primario y básico que no es otro que la *armonía* con su entorno y cuya expresión biológica se denomina *adaptación*, que es el verdadero motor del proceso evolutivo de la humanidad.

La trascendencia y el peso de la *relación realidad-hombre* en la historia y evolución humanas, se pueden dimensionar a través de la más compleja respuesta adaptativa que pudiera haberse generado frente a las señales del entorno, la *cultura*, que no es otra cosa que una respuesta sistematizada en base a la *racionalidad* y la *capacidad de crear*.

En síntesis, es gracias a la *realidad* y a nuestra necesidad de adaptarnos a ella, que fuimos lo que fuimos, somos lo que somos y seremos lo que seremos.

¿Cómo definir a la realidad?

Absolutamente todo ocurre en la *realidad*, desde las incesantes señales del medio ambiente hasta los condicionamientos derivados de recuerdos y aprendizajes que residen en el mundo interior del sujeto. Nada puede escapar o quedar afuera.

Se podría afirmar que la *realidad* es sencillamente todo.

No es habitual, por cierto, encontrar un análisis referido específicamente a la *realidad* abordada como instancia concreta y objeto de estudio, que no sea desde un enfoque filosófico o religioso. Mucho menos habitual cuando se trata de la *ciencia* (disciplina que se caracteriza por ponerle límites y contornos a su objeto de análisis) aunque hasta su propio sentido esté otorgado por la *realidad*.

En general lo clásico para la *ciencia* es que a algo tan vasto e inconmensurable como la *realidad*, le otorgue el rol de mero escenario y que nunca lo asuma como un "todo", ni mucho menos como un objeto a estudiar en sí mismo. Por cierto, insisto, no deja de llamar la atención que esto haya sido así, desde el momento en que para la *ciencia* la *realidad* constituye tanto la fuente de donde se nutre y alimenta como aquello que le otorga sentido a su existencia.

Pero más allá de todo lo que podamos decir, lo que no podemos es dejar de reconocer que es al menos raro tratar de definir algo tan omnisciente y omnipresente como la *realidad*. Raro y a la vez difícil.

¿Cómo hacerlo, entonces?, ¿Por dónde empezar?

Una de las metodologías más sencilla, útil y por ello aplicada casi sin restricciones para esbozar una definición de algo en sí mismo difícil de definir, es lo que se denomina *delimitación por oposición*.

La táctica consiste en que solo mostrando uno de los términos queda definido el opuesto sin que sea necesario explicitarlo desde un principio. Es sencillo comprender el color blanco cuando se lo define como lo opuesto al negro, lo corto a lo largo, el bien al mal y así podríamos seguir dando ejemplos. La aplicabilidad de esta metodología fue y seguirá siendo enorme e incluso alcanzó a aspectos tan trascendentes como la *salud* que durante mucho tiempo se definió sencillamente como la *no enfermedad* ya que lo único que podíamos identificar a partir de las evidencias fácticas y concretas eran los signos y síntomas de las patologías. Así se llegaba a la conclusión que una persona estaba "sana" cuando no se lograban encontrar signos de enfermedad, aunque a decir verdad nunca quedábamos demasiado satisfechos, mucho menos seguros, ya que nada nos garantizaba que lo que no se encontraba era porque realmente no estaba o porque nosotros no éramos capaces de encontrarlo.

Pero aún con esas limitaciones, la definición de "salud" por oposición resultó útil durante mucho tiempo.

Cuando intentamos aplicar esta metodología para que nos ayude a definir la *realidad*, nos encontramos con una limitación que de una manera inapelable la invalida y la transforma en inaplicable. El punto es que, sencillamente, la *realidad* no tiene opuesto.

No existe en términos absolutos la *no realidad* y lo que podría parecer su opuesto, la "fantasía", que vulgarmente se conoce como lo que no es real, rigurosamente no pertenece a la misma categoría que aquella. La explicación de esta circunstancia es que mientras la *realidad* existe más allá del sujeto (caben muy pocas dudas que esto es así) la fantasía surge inexorable y exclusivamente a partir de la construcción mental de éste. Pero hay más, porque esa construcción mental es una instancia en la que *realidad* y fantasía pueden no solo coexistir sino incluso mezclarse e intercambiarse de una manera dinámica lo cual confirma que *realidad* y fantasía no son ni opuestos ni excluyentes.

Parece que con la fantasía como opuesto no podremos definir la *realidad*.

Si lo *real* existe más allá del sujeto, su opuesto debería tener igual categoría, por lo tanto lo *no real* también debería existir más allá del sujeto, en ese sentido pensemos en algo que verdaderamente exista más allá del sujeto, que no haya sido creado por su fantasía y que no sea real. En este sentido resulta obvio que es tan difícil definir lo *real* como lo *no real*.

Evidentemente la "delimitación por oposición" no es aplicable en este caso y por ello no queda más remedio que intentar definir la *realidad* por sí misma.

Intentémoslo.

> ...la realidad es todo lo que existe con total independencia de la conciencia del hombre, lo cual implica incluir a lo no accesible, lo no perceptible o lo no entendible por cualquiera de las disciplinas o sistemas de análisis sean humanos o no humanos...

A partir de esta proposición, resulta razonable concebir la *realidad* como absolutamente todo lo que nos rodea incluyendo, por supuesto, lo que está más allá de nosotros y nuestros propios límites.

Sin embargo si se observa bien, existe un detalle que relativiza la validez práctica de esta definición y que la presenta más como metafísica e ideal que real y por ello poco aplicable a nuestra vida cotidiana. Un aspecto esencial e ineludible que no está contemplado en la definición que acabamos de presentar pero que resulta imprescindible para que lo real se transforme en *real*, aunque parezca un juego de palabras.

El punto crítico es, a mi juicio, que no hay manera alguna de acceder a la *realidad* si no es a través de la intelección de un ser humano. Todo lo que quede por fuera de ese abordaje, que como vimos también en sí mismo ocupa un lugar en la *realidad*, representa un cúmulo de probabilidades que si bien de hecho existen, solo se transformarán en certeza –léase *reales*– si un sujeto al menos intenta acceder a ellas, lo cual obliga a reconocer que en ese acto ese sujeto, de una manera invariable, otorgará a esas probabilidades su propio límite y su propio sesgo.

Dicho de otra forma, estamos en presencia de una cualidad obligada de la *realidad*: a saber, que únicamente la conoceremos por intermedio de la lectura que hace alguien, como por ejemplo nosotros mismos.

No podemos conocer la *realidad* si no es a través de un sujeto.

A tal punto llega esta premisa, que muchas escuelas filosóficas sostienen que no existe otra *realidad* más que aquella que ve el ser humano - *"...lo que no se ve no existe..."* - o incluso que es el propio hombre el que da origen a la *realidad*.[46]

Es evidente que *realidad* y *sujeto* son conceptos que se encuentran íntimamente ligados y que una definición ajustada de la primera necesariamente no puede omitir al segundo.

Podrá existir la *realidad* más allá del sujeto y es algo difícil de negar pero también es difícil negar que la única manera de acceder a ella es a través de él.

La dependencia hacia el sujeto de lo que podemos conocer como *realidad* plantea de una manera absolutamente racional interrogantes y cuestiones nada fáciles de dilucidar.

Por ejemplo, obliga a reconsiderar constante y sistemáticamente los "aspectos espaciales" de lo que se presenta ante nuestros sentidos, es decir aquello que se ve, se huele, se oye, se toca y se degusta. Todo lo que podemos percibir y que termina por definir la *realidad* se limita a nuestros cinco sentidos, por lo cual no podemos descartar que existan otras cosas que actualmente son imperceptibles para nosotros, ya sea por carecer del sentido necesario o bien por falta de desarrollo de alguno de los cinco que ya tenemos. De una u otra manera desconoceremos su existencia.

También deben considerarse los "aspectos temporales" en tanto también son condiciones inherentes al propio sujeto. El "presente" no es el

---

[46] Las escuelas filosóficas que proponen estos planteos van desde el *solipsismo* (... lo único de lo que estoy seguro es de la existencia de mi propia mente y la realidad que me rodea es incognoscible y puede ser un estado mental de mi propio yo...) pasando por el *idealismo* o *subjetivismo trascendental* propuesto por Immanuel Kant en el siglo XVIII ("...todo conocimiento exige la existencia de un elemento externo al sujeto –lo dado o principio material– y de un elemento propio del sujeto –lo puesto o principio formal– es decir el sujeto mismo, que es quien pone las condiciones de todo conocimiento...") hasta el *constructivismo* de mediados del siglo XX que sostiene que "...la realidad es una construcción en cierto grado "inventada" por quien la observa y que nunca se podrá conocer la realidad tal como es, ni siquiera la ciencia que solo podrá ofrecer una aproximación a la verdad...", Juan Carlos Gonzalez Garcia (2000). *Diccionario de Filososofía*. Madrid: Biblioteca Edaf (vol. 252). Mario Bunge, (2007). *Diccionario de Filosofía*. Madrid: Siglo XXI Editores. ISBN 968-23-2276-6.

único "tiempo" que existe ni mucho menos puede definir por sí solo a la *realidad*. El "pasado" –recuerdos, evocaciones– y el "futuro" –expectativas, proyecciones– también forman parte de ella.

Reintentemos ahora una nueva definición de la *realidad* agregando estos últimos conceptos referidos al sujeto.

> ... la realidad es todo lo que existe con total independencia de la conciencia del hombre, lo cual implica incluir a lo no accesible, lo no perceptible o lo no entendible por cualquiera de las disciplinas o sistemas de análisis, sean humanos o no humanos. Sin embargo, dado que la única manera de acceder a la realidad ella es a través de un sujeto, lo que se puede conocer acerca de ella esta ineluctablemente sesgado por subjetividad...

A excepción de las "ideales", que no necesariamente trabajan con la *realidad*, no existe disciplina humana alguna que no caiga dentro de estos conceptos, por supuesto ni siquiera la *ciencia*.

Por ello, afirmar que el conocimiento científico es sinónimo y garantía de una visión objetiva de la *realidad* no solamente es una mentira sino una flagrante entelequia.

Pero más allá de la evidente dificultad que plantea definir a la *realidad*, intentemos describirla.

Desde un punto de vista, si se quiere descriptivo. podemos asegurar que la *realidad* está conformada por acontecimientos o fenómenos.

Son algo así como las "unidades estructurales" y "unidades funcionales" que pueden sucederse, acumularse o superponerse, siguiendo muy diferentes y variados patrones dinámicos. Pero sea como fuere, nunca escapan a la premisa que sostiene que solamente nos enteraremos de su existencia si impactan en un sujeto.

A partir del momento en que se produce el contacto entre el fenómeno y el sujeto, la *realidad* adquiere su cualidad funcional debido a que dicha asociación da lugar a la "señal" (fenómeno de la *realidad* con sujeto = señal).

Por el contrario, un fenómeno o acontecimiento que no impacte sobre un sujeto nunca llegará a ser "señal" y por ello, si bien de hecho existe, no formará parte de nuestra *realidad* conformada por todo aquello que es descripto por un sujeto. Será una "probabilidad" (fenómeno de la *realidad* sin sujeto = probabilidad).

En ese proceso de recepción e intelección de la "señal", como vimos antes, inexorablemente intervendrán aspectos propios del sujeto como su pasado a través de la evocación de recuerdos vinculados a esa señal y el futuro a través de la proyección que el sujeto hace de sí mismo sobre esa "señal" lo cual hace inevitable que todo esto influya en mayor o menor medida en la versión de la *realidad* que ese sujeto nos presentará.

Absolutamente ningún acontecimiento o fenómeno que conformen la *realidad* escapa a esta descripción, ya sea los que dependen por entero de la Naturaleza como también aquellos en los cuales interviene el hombre en su génesis.

La imposibilidad de disociar, por un lado, la descripción de la *realidad* y por el otro, el sujeto que la efectúa no hace más que confirmar la existencia de una "matriz estructural de subjetividad" que sistemáticamente niega a la objetividad de cualquier versión de la *realidad*, transformando a esa pretensión, tal como dijimos antes, en una verdadera quimera.

Uno de los principales riesgos de esta circunstancia es que en la base de esa subjetividad, los límites y validez de la versión generada, como es esperable, se estructurarán alrededor de los enunciados, principios y metodologías disciplinarias que aplica ese sujeto en particular y por ello toda proposición que haya surgido y precise ser comprobada estará invariablemente incluida, implícita o explícitamente, entre las premisas originales que sustentan a esa metodología. Esto constituye en definitiva, una falacia lógica -autoengaño involuntario- que termina afectando la percepción de la *realidad* sesgando o contaminando la información, lo cual en lógica se denomina *petición de principio*.[47]

La consecuencia es que esa proposición se validará a sí misma siempre de acuerdo a las premisas que sustentan a la propia metodología con la cual se efectúa la evaluación, sin dejar espacio ni conceptual ni metodológico para otra opción, lo cual limita en forma directa la posibilidad de otorgar validez a otras versiones de la *realidad* que parten de marcos conceptuales y utilizan metodologías diferentes, pero que son consideradas como no válidas para la versión dominante.

La subjetividad estructural de la versión y una validación apoyada en una falacia lógica confirman, entre otras cosas, que la versión objetiva y absoluta de la *realidad* que pretende presentarnos la "*ciencia* oficial"

---

[47] La "petición de principio" es una falacia que se produce cuando la proposición por ser probada se incluye implícita o explícitamente, entre las premisas.. La primera definición conocida en Occidente de esta falacia fue acuñada por Aristóteles en su obra "Primeros analíticos". *Encyclopedia of Philosophy* – *Bradley Dowden y James Fresser (editores generales)*.

difícilmente exista, lo cual claro está, no quiere decir que la *realidad* de hecho no sea objetiva y absoluta.

La subjetividad resulta ser un factor que atenta en forma sistemática contra una validez objetiva de cualquier versión de la *realidad* sea en el ámbito o aspecto que fuere.

Si bien la metodología que utiliza la disciplina en cuestión para inteligir la *realidad*, en el caso de la *ciencia* es el *Método Científico*, en principio debería tener como fundamento esencial el minimizar los efectos de este subjetivismo estructural. Siempre debemos estar alertas ya que, como vimos, es por este aspecto por donde se puede infiltrar una manipulación que resulte como mínimo funcional ya sea a disciplinas que pretenden instaurarse como verdades absolutas devenidos en dogmas dominantes, o bien a factores de poder que persiguen objetivos que tengan poco que ver con los propios de la disciplina, muchas veces sin que ella misma se percate de ello.

Por ello debemos aceptar que es muy probable que lo que conocemos como *realidad*, incluso desde un punto de vista científico, sea mucho más amplio y quien sabe hasta diferente si tenemos la amplitud de tener en cuenta aquellos aspectos que no fueron considerados por la versión en la que forjamos nuestros conocimientos.

Deberíamos enfrentar, sin temor ni vergüenza, la posibilidad que existan otras versiones de la *realidad*, tan respetuosas de principios científicos como la nuestra pero que parten de premisas diferentes, desconocidas o incluso desechadas por nosotros aunque no por ello menos válidas. Lo contrario, por cierto lo que hoy sucede en general en el mundo occidental, constituye una necedad y un fundamentalismo.

La cuestión de la subjetividad en la lectura de la *realidad* o incluso la existencia de *realidades* más allá de la que nosotros podemos concebir, no es una producción de la modernidad o algo vinculado con la historia reciente de la humanidad. En verdad, si se busca entre los antecedentes se notará que nunca *la realidad*, en particular la relación del hombre con ella, fue un tema menor y esto explica por qué la discusión ya estuviera presente entre los filósofos presocráticos quienes tomaban posición, por ejemplo frente a la disyuntiva entre "apariencia" y "*realidad*" o frente al hecho que es el propio sujeto que se enfrenta a ellas quien las define.

Fueron dos los filósofos griegos que quizás hayan iniciado un verdadero debate que aún hoy continúa. Ambos se destacan en que fueron los primeros que en sus elucubraciones acerca de la *realidad* incluyeron al ser humano.

Heráclito (siglo VI a C) observó que todo en la *realidad* está en perpetuo cambio, al punto que toda definición se verá dificultada sencillamente porque aquello que se querrá definir se modifica, dejando de ser lo que era para ser otra cosa. Para Heráclito el devenir es constante y por ello no existe dos veces la misma experiencia, lo que existe es un Ser en constante movimiento y transformación, lo único que sí existe es el cambio, la *realidad* es movimiento y el movimiento es la *realidad*. El Universo de Heráclito está conformado por contrarios en perpetua oposición y lo único que logra una síntesis armónica entre ellos es el *logo o razón*. En definitiva, la *realidad* no es otra cosa que la unidad de los opuestos cuya tensión posibilita el devenir. Es justamente esta afirmación la que explica por qué se considera a este filósofo como el fundador de la *dialéctica* y su aplicación como método para inteligir la *realidad*.[48]

Como era de esperar hubo alguien que pensaba diferente e incluso notó una contradicción en esta teoría. En lugar de aceptar que la *realidad* puede ser una cosa y luego otra propone que cada cosa es igual a sí misma y dado que el *Ser* no puede ser igual al *no Ser*, el *Ser es* y el *no Ser no es*. Esto se considera como la primera definición de un *principio de identidad* y quien lo describió fue Parménides (siglo VI a C) quien de esta forma comenzó su obra refutando la teoría de Heráclito.

La concepción de Parménides se basa en tres puntos, primero: la *realidad* no puede ser una cosa y luego otra; segundo: todo lo que nos muestran nuestros sentidos no es lógico; tercero: la *realidad* no se puede comprender con la inteligencia.

Sostuvo que el Ser no puede nunca no ser, concluyendo que el Ser es uno solo, que nunca comenzó ni terminará jamás porque no pudo ni llegará alguna vez a no ser, que es único y esférico y por ello perfecto pues no tiene fin, que no puede cambiar, que es imperecedero e imperturbable, homogéneo y continuo. Sin embargo, no tuvo otra opción que reconocer que la *realidad* era muy diferente a esta descripción metodológicamente lógica que él hacía y que el mundo de hecho se caracterizaba por la diversidad, los cambios y el movimiento. Para resolver esta disyuntiva propone la existencia de dos mundos, uno que se entiende con el inte-

---

[48] Graham, Daniel. "Heráclito". La Encyclopedia de Filosofía de Stanford (Edición Otoño 2015), Edward N. Zalta (ed.). URL = <https://plato.stanford.edu/archives/fal/2015/entries/heraclitus/>

lecto en donde el Ser es exactamente idéntico al del pensamiento lógico y otro que se siente con los sentidos que es ilusorio y que no se puede comprender con la razón.[49]

Más allá de la diferencia entre ambas visiones y de la innegable trascendencia que han tenido y siguen teniendo Heráclito y Parménides en el terreno de la filosofía, algo que por cierto escapa a los objetivos de este trabajo, para el tema específico que estamos tratando quizás uno de los aspectos más destacables de estos fabulosos observadores sea el hecho que dieron cuenta de la trascendencia que tiene la *realidad* como entidad en sí misma y no solo como mero escenario pasivo y que ello no depende exclusivamente del fenómeno a través del cual esta se expresa sino también de quien lo esta viviendo y en definitiva describiendo, es decir el *sujeto*, confirmando la inescindibilidad de la dupla o *sistema* que este conforma con aquella (*Individuo-realidad* o también *Individuo-Entorno*).

Como queda claro, es algo lógico y comprensible que exista tanta controversia cuando nos enfrentamos con la dicotomía entre *apariencia* y *realidad* y el rol exacto que le cabe al *sujeto* en esa circunstancia, dificultad que se proyecta en forma directa sobre la compleja relación que existe entre *ciencia* y *realidad*. Por ello, para tratar de comprender esta complicada relación, resulta indispensable ver qué sucede en una primera instancia cuando la *realidad* impacta en el individuo.

El proceso de intelección de la realidad. La adaptación

De hecho existe una verdadera "interface" en la cual ambos, *realidad* y sujeto, hasta ese momento dos entidades independientes, se funden para ya nunca volver a separarse. La relación es interactiva y dinámica y de tanta trascendencia que de ella depende, ni más ni menos, la subsistencia y evolución de muchos seres vivos, en particular el hombre.

Esta interface consiste en el vínculo "activo" que el sujeto entabla con la *realidad* y se denomina *proceso de intelección*. En ese proceso se pueden describir tres etapas que pueden sucederse de una manera lineal o bien pueden intercalarse, pero siempre estarán sujetas a una interacción mutua y a una influencia recíproca con el resultado final del proceso.

---

[49] Palmer, John. "Parménides". La Enciclopedia de Filosofía de Stanford (Edición Invierno 2016), Edwrard N Zalta (ed.). URL= <https://plato.stanford.edu/archives/win2016/entries/parmenides/>

La primera etapa es la "percepción" del fenómeno o señal que impacta sobre el sujeto, la segunda etapa es la "reflexión" con la cual el sujeto procesa la señal percibida y la tercera etapa es la "interpretación" mediante la cual se le otorga significado a esa porción particular de la *realidad*.

Si bien el *proceso de intelección*, eminentemente humano, es de tal trascendencia que constituye el eje a partir del cual surgirán los diferentes enfoques acerca de la *realidad*, su importancia va mucho más allá de una cuestión meramente académica, como pueden ser un enfoque o una escuela, ya que se vincula directamente con aspectos biológicos y evolutivos del hombre en tanto único componente del Reino Animal con capacidad reflexiva.

Por un lado, influye en forma directa en el desarrollo de cada uno de nosotros como individuos, pues de él depende el éxito o fracaso de nuestra "lucha intraespecífica" —entre individuos de la misma especie— que disputamos a diario con nuestros pares desde el mismo instante en que nacemos (el que mejor se relacione con la *realidad* a partir de la intelección que se haga de ella es el que tendrá más chances de evolucionar y crecer).

Por otro lado, fue el que posibilitó al hombre su mismísima viabilidad como especie ya que la intelección de la *realidad* constituye la etapa inicial obligada del propio "proceso básico de adaptación" al entorno y sus señales en la búsqueda de la armonía, cualidad inherente a todo ser vivo.

Desde las formas de vida más elementales y primitivas hasta las más desarrolladas y sofisticadas están obligadas a alcanzar y mantener vigente un nivel suficiente de adaptación a su entorno que se expresa a través de un *estado de armonía*. Sin ese nivel umbral mínimo, ni la *supervivencia* (que define la viabilidad de cada individuo) ni la *conservación* (que define la viabilidad de la especie) serían posibles.

Queda muy claro, entonces, que *adaptación* y *armonía* son instancias previas a los instintos de supervivencia y conservación y además necesarias, ya que sin aquellas ninguno de los dos últimos serían posibles.

Como dijimos más arriba, todas las especies y sus individuos sin excepción se encuentran sometidos al "proceso de adaptación" como componente obligado de su ciclo de vida, sencillamente porque todos están inmersos en un entorno y por ende en la *realidad* que lo sustenta.

Lo que diferencia e incluso identifica a la especie humana dentro del Reino Animal es que en ese "proceso de adaptación" interviene *la racionalidad* que se construye a partir de la capacidad de "reflexionar" y "crear" y que es la responsable que el hombre haya alcanzado uno de los niveles más elevados de adaptación desde un punto de vista biológico.

Cabe destacar que la cualidad "reflexión" aún no se logra describir en el resto de las especies, que, en cambio, llevan adelante su adaptación exclusivamente a partir de su *esfera instintiva*.

En el caso particular de la especie humana *instinto* y *racionalidad* se encuentran asociadas y lejos de ser excluyentes resultan ser complementarias, predominando una u otra según las circunstancias a las que el individuo se ve expuesto.

La *racionalidad* permitirá generar respuestas más elaboradas y sofisticadas y por ello más "eficientes" de acuerdo con el criterio de "economía biológica" (máximo efecto con mínimo gasto) aunque más lentas. En cambio el *instinto* priorizará la rapidez de la respuesta sin tener en cuenta ni su calidad ni su eficiencia.

Según cómo se nos esté presentando la *realidad*, el ser humano está capacitado para responder de una u otra manera, *instintiva* o *racional*. Si se nos viene un automóvil encima, la mejor solución dependerá de nuestros *instintos* que priorizan la rapidez en la respuesta vehiculizada a través de nuestros reflejos, pero frente a una discusión la mejor solución surgirá de nuestra *racionalidad* que aplica la contextualización de la situación junto a una evaluación en términos de costo/resultado (criterio de eficiencia) para definir cuál será la mejor respuesta. Si se diera a la inversa no serían respuestas adecuadas propias de un buen nivel de adaptación.

El equilibrio y la proporción entre *instinto* y *racionalidad* definirá el patrón de comportamiento y consecuentemente también el grado de primitividad o de desarrollo de la respuesta.

Pero lo que debe quedar en claro es que, sea como fuere, todo se inicia con la *intelección* que el individuo haga acerca de la *realidad* con la que se enfrenta. Será a partir de la *intelección* del fenómeno que se nos presenta la evaluación que hagamos de él y la esfera – *instintiva* o *racional* – dentro de la cual deberá desarrollarse nuestra respuesta.

Sin embargo, cabe destacar que no todo es tan sencillo y de hecho la historia demuestra que los resultados quizás no hayan sido los esperados y así hoy por hoy se plantean dudas acerca de varias cuestiones vinculadas al nivel de adaptación humana y el grado de armonía que mantiene con su entorno.

No resulta difícil graficar esta suerte de paradoja que se pone en evidencia en el nivel de *adaptación* que actualmente detenta el ser humano y lo haremos a partir de algunas pocas preguntas.

¿Sigue el hombre emitiendo respuestas racionales y vinculándose con su medio ambiente priorizando la búsqueda de armonía o en verdad lo que pretende es someterlo?

¿El actual uso que hacemos como individuos y como especie (malo y abusivo) del medio ambiente, el único que tenemos y del que no hay repuesto, acaso puede ser considerado "racional"?

¿Siguen siendo las respuestas de los seres humanos frente a las "señales" del entorno más racionales que instintivas?

Las guerras por religiones, poder o dinero, así como las diferencias que esos factores producen en la raza humana, difícilmente puedan ser consideradas respuestas racionales.

¿Nuestra supuesta "racionalidad", realmente nos acerca a un estado de armonía cada vez mayor con nuestro entorno?

Ya no podemos asegurar que absolutamente todos los aportes que se califican como "progreso" nos han otorgado una vida de mejor calidad.

¿Tal vez verdaderamente en lo que respecta a la relación que mantenemos con nuestro medio ambiente, no estemos viviendo mejor que hace 100 años y esa relación sea mejor y más armónica?

Son muchísimas más las preguntas que podrían surgir y muy variadas las temáticas, pero todas sin excepción giran en torno a una circunstancia que subyace en cada uno de nosotros: quien sabe en nuestra principal virtud radique nuestra condena como individuos y como especie. Sería prudente que estuviéramos alertas.

De lo expuesto hasta aquí, surge como evidencia incontrastable el hecho que existen dos aspectos de suma importancia que a esta altura deben considerarse estructurales y esenciales de todo *proceso de intelección*, sea del enfoque o escuela que sea. Ellos son el reconocimiento como *acto filosófico* y su inescindibilidad con el *sujeto*.

El primero de esos aspectos, vinculación con la filosofía, se fundamenta en que en todo *proceso de intelección* de la *realidad* necesariamente siempre debe intervenir la *reflexión* como componente obligado o premisa básica, que es el método que aplica la filosofía. Ello implica que todo abordaje de la *realidad* es en esencia un *acto filosófico*, con absoluta independencia del conocimiento técnico y del arsenal tecnológico que se apliquen. Cualquiera que reflexione estará ejerciendo en esencia un *acto filosófico*.

Para el caso particular de la *ciencia* actual, que como vimos se apoya en conceptos materialista, empírico y positivista, esta premisa de considerar al *proceso de intelección* como *acto filosófico* es muy excepcionalmente tenida en cuenta, incluso desde la misma formación académica que, como es esperable, también tiene una marcada tendencia hacia el materialismo, el empirismo y el positivismo, así como a la hora de aplicar sus hipótesis y propuestas en la práctica.

Esta cualidad de la *ciencia* no es gratuita, por el contrario resulta ser preocupante y hasta peligrosa, en tanto expone a esas hipótesis y propuestas a que no sean congruentes con la *realidad* que se intenta conocer ya que el "grado de congruencia" entre la *realidad* y la versión que puede generar el sujeto acerca de ella, en este caso el científico, depende por entero de la *reflexión*.

Una *ciencia* que prescinda del abordaje filosófico de la *realidad* y subestime la necesidad de ese sustento para poder convalidarse como generadora de hechos trascendentales, corre el serio riesgo de terminar involucrada con una *realidad* manipulada y por ello potencialmente parcializada e intencionada (verdadera pseudo realidad) que nada tiene que ver con la verdadera *realidad*. ...Como decía el catalán Joan Manuel Serrat "... *chupando un palo, sentado sobre una calabaza...*" quizás creyendo estar reposando sobre un trono real saboreando el mejor de los postres...

El segundo aspecto, también esencial y estructural de todo *proceso de intelección* y tan fundamental como el anterior, se inscribe en la premisa que sostiene que el *sujeto* está ineluctablemente ligado con la porción de *realidad* que le toca vivir y esto incluye, obviamente, al acto de percibirla, conocerla y describirla. [50]

Desde los filósofos sofistas de la antigüedad en adelante, nadie pudo negar la absoluta imposibilidad que un *sujeto* pueda disociarse de la *realidad* a la que pertenece tiene implicancias básicas para la concepción que él pueda generar. No existe descripción alguna en la cual el *sujeto* no participe de una u otra forma o que esté absolutamente exenta de los sesgos que aquel voluntaria o involuntariamente le imprima.

---

[50] Rivera de Rosales, Jacinto (1994) "Sujeto y Realidad. Del Yo analítico substante al Yo sintético trascendental". *Daimon* Revista Internacional de Filosofía, Nro 9.

Aunque la *realidad* en sí misma muy probablemente sea de una sola manera, hasta ahora seguimos sin saberlo y solo contamos con la posibilidad de conocer "versiones" que nacen de un sujeto particular. Por ello, así como ninguna de esas "versiones" puede ser descartada a priori, tampoco ninguna podrá ser única y absoluta.

La condición de "acto filosófico reflexivo" y la "inescindibilidad con el sujeto" que lo efectúa son dos aspectos tan inherentes y constitutivos de todo *proceso de intelección* de la *realidad*, que desconocerlos expone a cualquier escuela de pensamiento o disciplina a caer en trampas que ponen en peligro su integridad intelectual y moral así como también la precisión y utilidad de sus conclusiones.

En este sentido, hoy por hoy, quizás los ejemplos más demostrativos sean la política y el periodismo. Ambos pretenden mostrar su "versión" como la única *realidad*. Aunque nunca se independizan de su subjetivismo, tampoco les interesa, lo niegan ocultándolo detrás de datos, imágenes y estadísticas que son funcionales y avalan su versión. Así alejan la posibilidad que se pongan en evidencia sus verdaderos intereses. Jamás utilizarán la *reflexión* para corroborar si su versión es congruente con la verdadera *realidad*, porque ello podría relativizarla y hasta negarla.

Para el caso particular de la *ciencia*, el reconocimiento del *proceso de intelección de la realidad* como *acto filosófico* dependiente de la "reflexión" y su "inescindibilidad del sujeto", significa hablar de condiciones primordiales en tanto es la disciplina dedicada por principio a descubrir y conocer nada menos que la *verdad* acerca de la *realidad*.

Mientras eso no suceda, la denominada "verdad científica" no solamente debe ser considerada potencialmente incompleta sino también acotada, ya que sus límites podrían expandirse en la medida en que lo reconozcamos y aceptemos. La historia y evolución de la *ciencia* así lo demuestran.

Enfoques de la realidad

La variedad de enfoques acerca de la *realidad* es enorme y merecen ser presentados, sobre todo para tener idea de la complejidad que encierra aquello que, en definitiva, es el objeto de estudio de la *ciencia*. Así quedará más claro que la buena práctica de esta disciplina no es una tarea sencilla y exige una actitud constante y sistemática de duda, cuestionamiento y crítica.

Por cierto existen diversos enfoques acerca de la realidad que, como era esperable, girarán en torno a un eje definido por el *proceso de intelección* y serán diferentes entre sí según prioricen las etapas básicas de donde se parte para poner en marcha dicho proceso (percepción, reflexión, interpretación) o bien la metodología que se aplica para llevarlo a cabo.

Si bien todos los enfoques (muchos de ellos derivarán en escuelas) comparten el hecho que acceden a la *realidad* mediante el *proceso de intelección*, se diferencian entre sí en que mientras algunos consideran que lo que garantiza que el proceso sea o no sea apropiado depende fundamentalmente de las etapas básicas de donde se parte, otros consideran que esa garantía se relaciona con el método que se aplica. Finalmente todos comparten el mismo objetivo, que sus conclusiones representen la "verdad acerca de la *realidad*" para comprenderla y explicarla.

Uno de los más básicos entre esos enfoques, es el que propone que la *realidad* existe independientemente del sujeto quien, en definitiva, pertenece a ella como un componente más. Podemos conocer a la *realidad* en forma pasiva solo describiendo aquello que resulta ser accesible sin poder negar la existencia de aquello que no lo es. En este caso hablamos de *realismo* y podríamos afirmar que es la manera más sencilla y lineal de acceder a la *realidad*. Para el *realismo*, las cosas son en sí mismas y con independencia de todo factor, lo cual incluye al sujeto.

Sobre esta base esencialmente descriptiva, cuando la percepción del sujeto no es objeto de reflexión y por ende de interpretación hablamos de *realismo ingenuo* que es contemplativo, propio de los niños y a veces de algunos pueblos primitivos o primitivizados, que valga aclarar, no es lo mismo. Acepta la *realidad* tal como se le presenta sin considerar cuál es el rol del observador frente a ella, ni su influencia a través de la interacción entre ambos, sujeto y *realidad*.

La contrapartida de este *realismo ingenuo* surge de otorgarle un rol, ahora participativo, al sujeto en los diferentes aspectos involucrados en su vinculación con la *realidad* que, como vimos, era una circunstancia ya presente en los primeros filósofos griegos.

Como es lógico sospechar, toda vez que el sujeto con su singularidad participa en una acción, las cosas se hacen más y más complejas y por ello para comprender mejor esta cuestión de los enfoques que puede tener la *realidad* será útil proponer una suerte de modelización muy esquemática del propio *proceso de intelección* basada en sus etapas básicas y en su método.

En este "modelo" se pueden describir tres componentes, a saber, un *OBJETO* de la *realidad* que constituye un componente obligado de la "dupla *realidad*-sujeto", un *SUJETO* que es sensible y responde al enfrentarse a ese objeto (resulta ser el otro componente obligado de la "dupla") y un *MÉTODO* que se aplica a esa respuesta. Las conclusiones se cristalizarán en la *VERDAD*, a partir de la cual se generará la versión final. La particularidad y énfasis que se otorgue a uno u otro de estos componentes definirá el enfoque.

Cuando la variable definitoria es el *OBJETO*, como ya vimos hablamos de realismo ingenuo o inmediato. Para esta clase de *realismo* las cosas son en sí mismas y despojadas de toda interpretación u opinión. En este enfoque decimos, entonces, que lo que predomina es la "percepción".

Ahora bien, cuando lo que se aplica es prioritariamente la "reflexión" del sujeto, aparece lo que se denomina realismo crítico que llega a una de sus máximas expresiones en el criticismo, cuyo precursor fue Emmanuel Kant, que sostiene que nada es porque si y que toda la *realidad* debe ser tamizada mediante la razón y la crítica del sujeto.[51]

A partir de aquí, en todos los enfoques de la realidad que se presentan participarán las tres "etapas básicas" del *proceso de intelección* (percepción, reflexión, interpretación) aunque con mayor o menor predominio de una sobre la otra según el enfoque de que se trate.

Dentro de los enfoques que también se definen por el *OBJETO* está el denominado materialismo que sostiene que lo que existe no está determinado ni depende de una instancia superior sino que el "ser" de todas las cosas de la *realidad* está determinado por algo "material" y que incluso eso que existe se comporta en términos de "causalidad eficiente", es decir un comportamiento que exprese el efecto de una causa que se orienta hacia la efi*ciencia*. En este sentido niega a Dios y a la metafísica y a toda la lógica física, matemática y biológica en tanto sostiene que la *realidad* está únicamente en lo tangible, que los objetos materiales son más operativos asumiendo, por ello, a la tecnología como su paradigma y propio triunfo.[52]

---

[51] Hessen, J. (1981). *"Teoría del conocimiento"*. Madrid: Ed. Espasa Calpe. Colección Austral, Nro 107.

[52] Bunge, Mario. (2002). *"Crisis y reconstrucción de la filosofía"*.Barcelona: Gedisa.

Vinculado al *materialismo* en que descree de la existencia de una verdad absoluta y en que en el proceso de intelección de la *realidad* hace foco en el OBJETO está el relativismo, que sostiene que la cualidad de un enunciado como verdadero depende de la influencia de factores externos, temporales y culturales, como los vinculados al medio ambiente, Algo "es" porque es relativo a otra cosa. [53]

Cuando la variable más hegemónica es el SUJETO y hacemos depender únicamente de él al carácter de la verdad acerca de la *realidad* hablamos de subjetivismo, cuya principal premisa es la negación de una verdad absoluta que sea previa al sujeto, dicho de otro modo, no existe *realidad* sin sujeto o también que lo que existe es gracias al sujeto. Avanzando en este terreno que prioriza al SUJETO encontramos al idealismo para el que la *realidad* es la idea que el sujeto tiene de ella a partir de la forma o *apariencia* del objeto (lo que según Kant define a ese hecho de la *realidad* como "fenómeno" para diferenciarlo del "noúmeno" que vendría a ser la esencia del objeto), todo este proceso está regido por nuestros conocimientos que surgen a partir de nuestra con*ciencia* y sensibilidad. [54]

También priorizando al SUJETO pero en este caso a partir de otra cualidad diferente a la que destaca el idealismo, surgió el racionalismo cuya intelección de la *realidad* se apoya en el predominio del espíritu, de la mente y del entendimiento a partir de la *reflexión* y la lógica lo cual en términos generales se conoce como *razón* o *racionalidad*. Para este enfoque un concepto ya define una *realidad* sin que sea preciso constatarla con la experiencia. No fueron pocos ni menores los que apoyaron sus hipótesis sobre estas bases, Platón, San Agustín, Descartes, Leibniz, entre muchos otros, reconocían implícita o explícitamente a la razón como la cualidad excluyente que le otorga su especificidad al Hombre (referido a especie) y sobre la cual este construye su relación con su Universo. [55]

Finalmente tenemos los enfoques que fundamentan sus procesos de intelección de la *realidad* en el METODO que aplican. Así encontramos el empirismo que en su expresión más ortodoxa sostiene que el único método válido de conocimiento es la "experiencia" (en clara oposición al *racionalismo* que defiende a la "razón") a la que accedemos por la sensibilidad (aquí se vincula con el idealismo) de nuestras capacidades sensoriales.

[53] Abbagnano, Nicola (1993) *"Diccionario de filosofía"*. México: Fondo de Cultura Económica.
[54] Kant, Immanuel (2007). *"Crítica de la razón pura"*. Buenos Aires: Ed. Colihue.
[55] Barroso, A. G. (2012). *"El racionalismo"*. Santa Fe, Argentina: El Cid Editor.

Para el empirismo lo único importante son los hechos y lo que define el conocimiento es el objeto (aquí se toca con el materialismo). En base a este esquema el hombre es autodidacta y la única dimensión temporal válida es el presente ya que la experiencia previa tiene una validez relativa desde el momento en que no fue propia. [56]

Esto define algunas de las principales características del *empirismo*, a saber, su omnipotencia, la subestimación de la historia y el desconocimiento de Dios y de la metafísica como fuentes de conocimiento. Sin embargo, en tanto base filosófica de las *ciencias* duras, una parte del *empirismo* se vio obligado a aceptar la validez de la lógica y la matemática (que no son fácticas). A este enfoque se lo conoce como *empirismo lógico* y fue, quizás, el aporte más importante del empirismo clásico.

No cabe ninguna duda que el *empirismo* resultó ser un verdadero pivote para la *ciencia* que terminó por asimilarlo como su eje fundacional y así, a partir de él es que surge el *positivismo* que se basa en la experiencia y el conocimiento empírico de los fenómenos (léase hechos de la *realidad*) únicamente a través de la aplicación rigurosa del *Método Científico* - monismo metodológico - lo cual implica desconocer a la *razón* como probable fuente de conocimientos y a la vez rechazar todo aquello que no pueda comprobarse, asumiendo en consecuencia como premisa básica, que *"lo único aceptado y creíble es lo comprobable por un proceso positivo"*. [57]

Se debe enfatizar la trascendencia que tuvo el *positivismo* para definir el rumbo que adoptaría la *ciencia*.

Tanto la incorporación de la matemática - disciplina ideal y abstracta pero exacta - a su *corpus* como la negación de la *razón* como parte de él, no solamente da origen al denominado *neopositivismo*, base de la *ciencia* actual, sino que además explica cómo se desarrolla el contexto favorable para el surgimiento y preponderancia de la *tecnología* que terminaría por ser dominante frente al alejamiento progresivo de la *actitud reflexiva* que hasta ese momento participaba del quehacer científico. [58]

Finalmente y siempre en el terreno de los enfoques que en el proceso de intelección de la *realidad* priorizan al METODO y que incluso no cos-

---

[56]Garcia González, Juan A. (2014)"El empirismo y la filosofía hoy". *Revista Internacional de Filosofía*. Supp. 19, pp 159-177. Universidad de Málaga. España.

[57]Carnap, Rudolf. (1988). *"La construcción lógica del mundo"*. México: Ed. Universidad Nacional Autónoma de México.

[58]Fabro, Cornelio (1965) *"Historia de la Filosofía"*. Manuales de la biblioteca del pensamiento actual. RIALP.

tará vincularlo con los dos anteriores, debemos nombrar al _pragmatismo_, surgido en Inglaterra y expandido en EE. UU. Para este enfoque lo único verdadero no solo es lo "verificable" con los hechos sino que además debe cumplimentar el requisito de ser "útil". Se trata de una lectura muy común de la _realidad_ que nos rodea y fácil de identificar en la actualidad en tanto está vinculada a un sentido práctico del saber, en clara sintonía con uno de los principales objetivos propuestos por el sistema de vida actual, el éxito individual y cuya expresión paradigmática podría ser "... *el único saber válido es aquel que sea útil para lograr el éxito...*". [59]

Es evidente que son múltiples las aristas a partir de las cuales un individuo puede acceder a la _realidad_ y cada una, más tarde o más temprano, definirá una clase particular de enfoque, lo cual permite comprender por qué las cosas no son tan simples como parece en la relación entre la _ciencia_ como disciplina y su objeto de estudio, la _realidad_.

Partiendo de estas bases y despojándonos de una natural soberbia y omnipotencia, por cierto muy propia de los seres humanos y aunque a algunos colegas les cueste, deberíamos reconocer que aquello que la _ciencia_ llama "_realidad_" no es más que la porción a la cual podemos tener acceso. Los límites de esa porción están circunscriptos a las propias limitaciones de la _ciencia_ como disciplina humana, límites que definen el terreno en el que _ella_ está capacitada para percibir y reconocer en base a una metodología que también será adecuada con exclusividad para esos aspectos que le dieron su origen y razón de ser y sin los cuales no se hubiera desarrollado.

Algo así como un perro persiguiendo su propia cola, veo lo que puedo y puedo lo que veo que, por cierto, no es todo.

Los que a diario transitamos estos terrenos, ya sea por omisión involuntaria y otras veces voluntaria, nos quedamos y conformamos con esta premisa de incompletud en nuestra formación. Con ella desarrollamos nuestra tarea y nuestros proyectos ignorando conceptos básicos y autocríticos expuestos ya desde las cimientes de la _ciencia_ tal como la conocemos.

Bastará con decir que fue Emmanuel Kant quien planteó, como ya se vio, que los objetos de la _realidad_ no son unívocos, por el contrario están conformados por dos instancias subyacentes en su seno mismo, _fenómeno_ y _noúmeno_ y que el hecho que la _ciencia_ se aboque con exclusividad al primero implica en forma directa que puede existir otra _realidad_ más allá

---

[59] Sini, Carlo *(1999)*. *"El pragmatismo"*. España: Ediciones Akal.

de la que describe la *ciencia* y que el gran filósofo alemán denominó "*la realidad de las cosas*". [60]

Sin embargo debemos aceptar que no son muchos los que se comportan con esta amplitud y humildad, algo que por cierto, sobre todo teniendo en cuenta la trascendencia que tiene la *ciencia* como disciplina humana, resulta ser algo preocupante.

En otras palabras, quienes estamos vinculados con la *ciencia* como cultores somos ignorantes y carentes de formación responsable en un aspecto cuya trascendencia lo hace básico y primordial. Nuestro rol en la sociedad lejos de ser menor, circunstancial o periférico es en verdad central, permanente y hasta definitorio.

Desde hace varios siglos el hombre esté convencido que la forma más verdadera y cierta de descubrir la *realidad* es a través de la *ciencia* y tan cierto es esto que, como sostiene Xavier Zubiri, explica el "auge del ciencismo". [61]

Formalmente el *ciencismo* o *cientificismo* se puede describir como la multiplicación de disciplinas científicas y su participación en cada vez más actividades humanas, así como un prestigio excluyente que explica la absolutización de la versión de la *ciencia* acerca de la *realidad*.

De tal forma, esa versión "científica" asume la categoría de *única versión válida* y solo existirá la posibilidad que aparezca otra versión si esta última surge a partir de una intuición irracional, lo cual *per se* automáticamente la invalida frente a la "racionalidad científica" dejándola definitivamente fuera de competencia. Algo así como aceptar jugar solo si puedo imponer mis propias reglas.

En lo cotidiano, la impronta del "ciencismo" es fácil de detectar. Por ejemplo cuando se apela a él para otorgarle verosimilitud, seriedad y hasta una quimérica condición de "certeza" a cualquier cosa, acontecimiento, hipótesis, versión y hasta una opinión, que autoproclamándose "científicas" logran esquivar, atenuar o incluso invalidar toda duda, discusión o disenso que pudieran surgir de otras versiones, sencillamente diciendo que se trata de intentos sin sustento racional.

Pocos son los que dudan de un *hecho científico* y eso está bien, pero también son pocos los que se preguntan si ese hecho es realmente científico, eso está mal.

[60] Kant, Immanuel. *Ob. cit.*
[61] Zubiri, Xavier (1941). "*Ciencia y realidad*". Bibliografía Oficial //40, pp 177-210. Escorial 10.

Una visión diferente de la realidad. La episteme griega

Más allá de todas estas cuestiones, digamos formales, si hay algo que queda fuera de toda discusión es que de hecho existe la probabilidad que la versión científica de la *realidad* puede no ser la única, probabilidad que permanece abierta y que implica que pueda existir otra lectura.

Ahora bien, si bien el solo hecho de aceptar que pueda existir otra versión de la *realidad* que no sea como la vivimos cotidianamente, plantea una dificultad, también resulta difícil concebir de qué manera podríamos buscar ese potencial candidato.

El objetivo consistiría en detectar y mensurar la magnitud de la probable desviación o justeza en la concepción e imagen de la *realidad* forjada por la *ciencia actual* y ello podría lograrse mediante la comparación con otra "estructura de conocimientos" que haya existido y que también se haya ocupado de la *realidad*.

En este sentido, cabe reconocer que "estructuras de conocimiento" que permitan construir una concepción de la *realidad*, las hubo, las hay y las habrá a lo largo de la historia de la humanidad, en número y variedad considerable, por ello para encontrar la candidata que merezca ser comparada con la *ciencia actual* será necesario que cumpla con ciertas condiciones que debemos definir, algo así como "criterios de inclusión":

- deberá demostrar que sus conclusiones fueron trascendentes no solo porque sus contenidos resultaban ser congruentes con la *realidad* cotidiana y fáctica de su presente sino también por haberse podido sostener en el tiempo.
- deberá demostrar haber sido sólida de una manera conceptual y no coyuntural, teniendo participación en la vida de los hombres y en los saltos evolutivos que se fueron dando mientras estuvo vigente.
- deberá demostrar haber servido de base para el surgimiento de una nueva estructura de conocimientos que haya representado una superación y actualización, acorde a la evolución de la mismísima *realidad*.

Es obvio que no son muchas las "estructuras de conocimiento" que lograrían pasar esta prueba, pero lo que no cabe duda alguna es que la que si logra reunir todos estos requisitos es la *episteme griega*.

No solo se ocupó de la *realidad* durante varios siglos y en todos sus aspectos, también fue capaz de generar escenarios propicios para que surgieran disciplinas más específicas que profundizaran el saber en cada uno de ellos, permitió el progreso y desarrollo en la vida cotidiana de los hombres siendo un formidable vehículo del proceso evolutivo y finalmente, sentó las bases para que un nuevo paradigma –la *ciencia moderna*– la superara en su intelección de la *realidad* permitiendo la generación de una estructura de conocimientos que aún hoy sigue vigente.

La relación que existe entre la *episteme griega* y la *ciencia moderna* es más que obvia. Ya desde una óptica cronológica e incluso evolutiva la primera sería la clara antecesora de la segunda y hasta podría llegar a pensarse que la *ciencia* moderna representa una "episteme actualizada". En este sentido no es casual que exista la "epistemología" como disciplina dedicada al estudio de los fundamentos y métodos del conocimiento científico constituyéndose en una verdadera teoría de la *ciencia*.

Sin embargo y más allá de todos los vínculos que se puedan enumerar, puestas en el plano de disciplinas que intentan comprender y conocer la *realidad*, veremos que la *episteme griega* y la *ciencia moderna* claramente terminaron por no ser lo mismo.

Obviamente no será en el terreno de la metodología aplicada en donde se intentará explicar esa diferencia, sería sencillamente absurdo comparar la tecnología de la antigua Grecia con la actual.

Por cierto no será preciso apelar a esa treta, la diferencia ya se puede encontrar en algo mucho más esencial y que incluso tanto como su metodología, define a cualquier estructura de conocimiento. Por un lado la mismísima "concepción de la *realidad*", es decir qué son, qué representan y qué significan los hechos y cosas a través de las cuales ésta se manifiesta, lo cual no es otra cosa que el "objeto" que le da sentido a la necesidad de alcanzar el conocimiento y por el otro lado la "actitud del sujeto" que es el responsable tanto de obtener ese conocimiento como de articularlo en una estructura.

Como vemos, seguimos girando en torno al eje central constituido por el *proceso de intelección* que vehiculiza la "relación *realidad- sujeto*".

La episteme griega

El epistemólogo español Xavier Zubiri ubica el nacimiento del vocablo *episteme* en tiempos de Socrates y su desarrollo como problema conceptual en épocas de Platón y Aristóteles. [62]

El término *episteme* se puede relacionar con la figura de un "conocimiento organizado, riguroso y metódico" y por ello es que hoy en día se lo asume como muy representativo y hasta sinónimo de *ciencia*.

Lo anecdótico es que para Platón este conocimiento estaba circunscripto al mundo de las ideas y por ello si se extrapolara esta restricción a la actualidad, la única disciplina que cumple con ella son las matemáticas.

Pero para los griegos *episteme* no era la única posibilidad de conocimiento, también existía lo que ellos denominaban *doxa*, que expresa un tipo de conocimiento adquirido circunstancialmente a partir de vivencias (fenoménico) y por ello parcial y limitado además de superficial, en tanto se apoya en las apariencias por lo que se podría asociar a lo que nosotros denominaríamos *opinión* o *saber vulgar*.

Sería de alguna manera razonable que *episteme* y *doxa* fueran considerados como dos categorías diferentes de un concepto superior que los engloba denominado "saber" y que en verdad estarían justificando sus diferencias a partir del método por el que llegan a aquel. El de la *episteme* riguroso y metódico y el de la *doxa* fundamentalmente vivencial.

Sin embargo, aun cuando los griegos se referían al saber como el objeto y conclusión al que arribaban a través tanto de la *episteme* como de la *doxa*, no contaban con un término genérico que abarcara todas las formas de saber.

Por el contrario, poseían vocablos que indicaban modos diferentes de ese saber por estar referidos a aspectos que, si bien correspondían a la misma cosa, eran suficientemente distintos como para ser representados de una manera unímoda.

Así cuando los griegos hablaban de *"gignóskein"* (asociable a vocablos actuales como gnosis, knowledge, iluminación, conocimiento) se referían a un saber adquirido principalmente con la vista, percibiendo las cosas tal y como se presentan en la vida práctica y cotidiana. Esa forma de presentación o figura se denomina *"eidos"* y está constituida por el cuadro de sus rasgos o *notas*. Será a partir de las *notas* cómo se forma este tipo de saber acerca del objeto o fenómeno de la *realidad*, teniendo como

[62] Zubiri, Xavier. *Ob. cit.*

característica distintiva que esa percepción lleva implícito un "modo de sentir del sujeto" que se enfrenta a ella, lo cual pone en evidencia que los griegos tenían muy en claro la participación de la *subjetividad* en la construcción del conocimiento de la *realidad*.

Esto nos ayuda a entender lo que nos hace notar Xubiri, que cuando la "notoriedad" de una cosa a partir de una *nota* destacable se relaciona con la *doxa* u opinión pública, ese sentir implícito sienta las bases para una *sentencia*, es decir un conocimiento basado en las apariencias y por ello superficial, parcial y limitado, pasible de manipulación intencionada y muchas veces mezclado con una sensación y hasta un sentimiento que poco tiene que ver con un saber profundo y objetivo de esa cosa. Algo peligroso por cierto y lamentablemente no poco frecuente.

El otro tipo de saber que reconocían los griegos es el *"synienai"* (vinculable a comprender) y que se basa en la producción de pensamientos, proposiciones y expresiones referentes a esa cosa de la *realidad* lo cual actualmente se acercaría a los conceptos actuales de *"entendimiento"* e *"intelección"*.

Para los griegos el saber o conocimiento que podía surgir a partir de un fenómeno o cosa de la *realidad* estaba conformado ya sea por la forma de presentación o figura (*eidos*) expresada a partir de las *notas* (*gignóskein*) o bien por la comprensión y entendimiento de ese fenómeno o cosa (*synienai*).

La *episteme* sería una forma de acceder a un tipo de saber que se ubica entre el *gignóskein* y el *synienai*, ni se basa en una simple noticia ni es solo un conjunto de pensamientos. Podríamos definirlo como un modo de intelección a partir de la estructura interna de las cosas o también "un cuerpo total de verdades sobre las que se articulan los rasgos constitutivos del *eidos*" (Xubiri).

La *episteme* penetra en la cosa para explicarla.

En este contexto de la *episteme*, *eidos* implica una "unidad" que en lugar de estar formada por adición sucesiva de las *notas*, es ella misma la que se expresa en ellas haciendo posible encontrar una *esencia* de esa cosa.

Aristóteles grafica con simpleza y elocuencia la diferencia entre una *nota* como expresión del aspecto de la cosa a través de su diversidad y detalles, todo lo cual conforma un *esquema* y esa misma *nota* como expresión de la esencia y unidad o sea *eidos*. Para ello compara un cadáver con un hombre dormido, ambos tendrán el mismo *esquema* pero el cadáver carece de *eidos*.

La interpretación de la *realidad* que se esconde detrás de los conceptos de *eidos-unidad-esencia* y *notas* como canales de expresión, por cierto no fue exclusiva de los griegos ni murió con ellos. Leibniz hablaba de "la *realidad* como una unidad dotada de detalles" [63] o incluso Kant sostenía que a través de los fenómenos jamás se accederá al *noúmeno* de una cosa de la *realidad*, instancia en donde residiría su esencia. [64] La *teoría de los sistemas* nos enfatiza que el funcionamiento dinámico y evolutivo de una unidad depende en gran medida del criterio de *correlación* referido a la relación entre cada una de las partes y el todo [65] [66] o la autosimilaridad en la geometría fractálica en la cual la expansión de una pequeña parte semeja a todo el sistema del cual forma parte. [67]

En síntesis, los griegos concebían a las cosas de la *realidad* en una doble dimensión: su "ser fenómeno" y su "ser en sí".

Para la *episteme griega* la única manera de jerarquizar algo de la *realidad* como para que tuviera sentido conocerla era "coligiendo" o refiriendo cada *nota* a un conjunto de otras pertenecientes al Universo y por ello "reales", con la precaución de hacerlo fuera de la "disciplinas ideales" y absolutas como la matemática o la metafísica, en las cuales el concepto puede ser único y aislable.

Por el contrario, para llegar a conocer a la *realidad*, los griegos aplicaban las "disciplinas reales" que son las que precisan del *Universo* para acceder a las cosas que lo componen, en tanto es ese mismo Universo el que les otorga su sentido a través de las relaciones y referencias establecidas entre ellas (enfoque claramente sistémico).

Así llegamos a la *idea de la realidad desde la episteme griega*.

Si se acepta que la *realidad* como instancia -*eidos* - cobra sentido por el "todo" -*Universo*- en el que se inscriben cada una de las cosas o fenó-

---

[63] Leibniz, Gottfrid W. (1981). *"Monadología"*. Traducción y notas por Julián Velarde Lombraria. Clásicos El Basilisco. Pentalfa Ediciones. Oviedo.

[64] Kant. Immanuel. *Ob. cit.*

[65] Von Bertalanfy, Ludwig. (1995). *"Teoría general de los sistemas"*. México: Fondo de Cultura Económica.

[66] Prigogine, Illia; Stengers, Isabelle. (1995). *"Entre el tiempo y la eternidad"*. Argentina:Alianza Ed.

[67] Kaplan, D; Glas, L. (1995)*"Understanding nonlinear dynammics"*. Springer Science + Bisiness Media. New York.

menos que la conforman –*notas* a través de las cuales se expresa– , para los griegos algo es *real* por el solo hecho de poseer un puesto entre las cosas que existen en el cosmos, con independencia que se manifieste o no como fenómeno y por ello que acontezca o no y fundamentalmente sin que sea preciso un sujeto como referente.

Según la *episteme* griega para que algo sea real es suficiente con que sea y exista.

Por cierto se trata de una postura fundamentalmente humilde, que desplaza al hombre del centro de la escena desde el momento en que acepta la posibilidad de que una cosa exista en la *realidad* más allá de la capacidad de nuestros sentidos para detectarla a través de su "ser fenómeno". Pero también es amplia y abierta porque reconoce que esa existencia jamás puede disociarse del Universo al que inexorablemente pertenece y del cual depende ya que es ese mismo Universo el que, en definitiva, le otorga su razón de ser y existir.

Caben pocas dudas que la estructura y el alcance de los conocimientos forjados a partir de la *episteme* fue más que trascendente y hasta esencial como para que la cultura griega llegara a ser lo que fue, no solo como vanguardia de su época sino también como eje conductor casi hasta la edad moderna, transformándose en el pivote referencial de la nueva concepción científica renacentista que de la mano de Galileo Galilei, entre muchos otros, nace en sus inicios por oposición a la doctrina aristotélica.

En un contexto como el que acabamos de describir, no sería descabellado elucubrar entonces, que si a esa trama de sensibilidad, pensamientos, razonamientos, enfoques y en definitiva actitud frente a las cosas de la *realidad* se le sumara toda la tecnología actual y a eso llamáramos *ciencia*, la calidad de los conocimientos alcanzados no solamente serían profundos y detallados (aporte de la tecnología actual) sino que además nunca dejarían de ser congruentes con el Universo en el cual se inscriben ya que es justamente el Universo quien le otorga el sentido necesario a un fenómeno como para que la *ciencia* se ocupe de él (aporte de la *episteme*).

Estaríamos hablando de las dos miradas esenciales e imprescindibles que la *episteme* reconoció como necesarias para poder acercarse a "la verdad acerca de la *realidad*", una "mirada reflexiva" que podemos asociar a la filosofía y una "mirada técnica" que podemos vincular con la física (en tanto disciplina básica que estudia las propiedades e interacciones del espacio, el movimiento, el tiempo, la materia y la energía incluyendo dentro de su campo a la química, la biología y la electrónica entre muchas otras subdisciplinas).

Ambos enfoques podrían acoplarse de una manera interdependiente siendo en esencia dos aspectos de la misma cosa.

Sin embargo, si las cosas fuesen así jamás un ser humano terminaría siendo para la *ciencia* casi exclusivamente un número o un dato estadístico, jamás se dejaría de tener en cuenta y priorizar su singularidad y la calidad sería al menos tan importante como la cantidad. La generalización nunca podría llevarse por delante a la particularidad.

Caben pocas dudas, esto no es lo que pasa actualmente y para ser sinceros, la relación de la *ciencia moderna* con la *realidad* está lejos de ser la que sugeriría una *episteme actualizada*.

Muy por el contrario, las bases y fundamentos de la intelección que ambas aplican son, a decir verdad, claramente distintos.

Más adelante veremos cuándo y cómo ocurrió esta desviación, cuestiones que serán fundamentales para ayudarnos a reconocer con humildad que quizás esta nuestra *ciencia* no sea más que una de las varias opciones evolutivas por las que pudo haber transitado el conocimiento humano pero claramente, en absoluto la única.

La ciencia moderna como negación de la episteme griega

Tomando los mismos parámetros utilizados para hablar de la *episteme*, Xubiri analiza la *ciencia moderna*.

En lo referente a una cualidad de un fenómeno de la *realidad*, "noticia" ya no se relaciona con el *eidos* griego vinculado a los conceptos de "unidad" y "esencia" sino con impresiones sensoriales provenientes del sujeto que van a ser sometidas a la búsqueda de coincidencias y regularidades que es posible percibir en otras cosas de la *realidad* a partir de lo cual se podría generar el denominado "conocimiento".

Esta conceptualización necesariamente se articula sobre aspectos que claramente se diferencian de la *episteme* griega, ya que incorpora por un lado, a la subjetividad del observador como componente primario en el proceso de generación de conocimiento y por el otro, en lugar de respetar la singularidad de esa *nota* como expresión del *eidos* de un fenómeno en particular, necesita englobarla en una categoría definida por similitud con otros fenómenos, es decir, generaliza.

No solo la "noticia" deja de pertenecer al fenómeno de la *realidad* en sí mismo pasando a ser algo que proviene del sujeto sino que su significación deja de ser otorgada por el Universo al que pertenece para depender, como se dijo, de las coincidencias y regularidades que el sujeto busca para generar conocimiento.

El protagonista y eje deja de ser el Universo y ese rol pasa a pertenecer al *sujeto*.

Evidentemente para la *ciencia*, "noticia" es sinónimo de conocimiento empírico ya que no es posible generar una "noticia" de un fenómeno con el que no haya existido una experiencia sensorial (*"...la realidad es como la vemos..."*).

Si a todo esto se le agrega el requerimiento metodológico científico de medición y precisión objetivas (matematización), se comprende que para alcanzar conocimiento científico a partir de una "noticia", esas cosas empíricas de la vida corriente deberán ser sustituidas por otras que tendrán que comportarse de una manera relativa a aquellas tal que las representen pero de una manera más precisa y fundamentalmente mensurable (modelización).

El hecho que los conocimientos surjan a partir de coincidencias y regularidades entre las experiencias, ya sea en los aspectos estructural, funcional y evolutivo, pone en evidencia la preponderancia que se le otorga al "ordenamiento" de las cosas y fenómenos de la *realidad* según "leyes y principios" que los englobe por sobre la particularidad que cada una de ellas pueda expresar en los aspectos antes mencionados.

Mientras, como vimos, la *episteme griega* penetraba en las cosas para explicarlas, la *ciencia moderna* trata de sustituirlas por otras más precisas y sobre todo manipulables y accesibles a un ordenamiento, con lo cual queda claro que el concepto *eidos-unidad-esencia* sugerido a través de las *notas* no tiene la misma trascendencia para uno y otro enfoque.

Las implicancias y consecuencias de esta actitud no resultaron ser inocentes ni poco riesgosas y son la más clara evidencia que lo que en verdad la *ciencia* estuvo haciendo hasta ahora es efectuar la lectura de la *realidad* priorizando su método encuadrando a la que en principio es la *variable independiente* (*realidad*) dentro de los preceptos de lo que inexorablemente debería constituir la *variable dependiente* (*Método Científico*).

En este sentido aparece como necesario enfatizar que la *realidad* siempre es previa al método y debiera ser éste el que se adecúe a ella, no al revés.

De los aspectos básicos que la *ciencia moderna* aplica para generar conocimientos acerca de la *realidad*, a saber, *empirismo, matematización, modelización, ordenamiento según leyes y principios*, una de ellas, *modelización*, merece un comentario aparte.

La modelización en la ciencia moderna [68] [69]

La utilización de abstracciones de la *realidad* y creación de *modelos* a partir de ellas persigue como objetivo la optimización del proceso de intelección a expensas de una mayor precisión en las mediciones.

Sin embargo, si bien desde un punto de vista metodológico esto evidentemente representa una clara mejoría en el rendimiento del estudio, posiblemente no sea verdad para todos los aspectos y porciones de la *realidad*. Muy probablemente aplicar este último principio de una manera indiscriminada derivará en un serio problema e incluso un riesgo.

Si lo que se pretende es conocer la verdad acerca de un fenómeno a partir de profundizar los conocimientos referidos a su estructura y funcionamiento, el primer paso, casi se diría más intuitivo que disciplinario, será aislar ese sistema que se está manifestando no solamente para minimizar los "ruidos" provenientes del entorno que pudieran ensuciar o contaminar la información sino también para permitir una concentración más específica en él.

El "aislamiento" del *modelo* constituye un paso metodológico incuestionable para obtener datos más detallados y precisos. Sin embargo no se puede obviar que este procedimiento inevitablemente implica sacar a ese fenómeno de su contexto natural, y es justamente este aspecto que no es factible con todos los fenómenos que componen la *realidad* ya que en muchos de ellos, quizás más de lo que creamos, su comportamiento, su evolución y su significación están estrechamente ligados a la relación dinámica que mantienen con los otros fenómenos de su entorno y que también componen la *realidad*.

De forma tal que aislando al fenómeno inevitablemente estaremos interviniendo y modificando esos comportamientos, evolución y signifi-

---

[68] Fernández González, Rodolfo. *"Metodología de la modelización"*. Unidad Docente de Lógica y Filosofía de la Ciencia. Facultad de Psicología. Universidad Complutense. webs.ucn.es

[69] Cobelli C, Carson E R, Finkelstein L, Leaning M S. (1984) *"Validation of simple and complex models in physiology and medicine"*. Am. J. Physiol. 246; R 259- R 266.

cación, al punto que, en algunos casos, a partir de esos *modelos* podríamos terminar hablando de fenómenos diferentes a los que motivaron el estudio o, incluso, de fenómenos que directamente no existen.

Un ejemplo a mi criterio claro de esta limitación y que sin dudas podría generar polémica, es el asumir como responsables primarios de la enfermedad vascular coronaria o de la cerebral a los Factores de Riesgo Cardiovascular (hipertensión arterial, dislipidemia, tabaquismo, diabetes, sobrepeso, sedentarismo) aislándolos del verdadero contexto que los genera, alimenta y perpetúa, a saber el "sistema de vida occidental". O también creer que el progresivo y sistemático incremento en la resistencia bacteriana a los antibióticos se relaciona casi exclusivamente con el mal uso en el ámbito médico, sin tener en cuenta el abuso en su aplicación para "engorde" en animales de granja (representa más del 50 % del consumo global de antibióticos [70]) o adjudicar casi con exclusividad a la genética la incidencia, en algunos casos creciente, de enfermedades oncológicas sin considerar con justeza el escenario conformado por la polución ambiental, la predación del medio ambiente, el estilo de vida o la proporción de conservantes, suplementos químicos y la manipulación de nutrientes en el tipo de alimentación de gran parte de la población mundial.

Podremos "modelizar" la enfermedad vascular ateromatosa, la resistencia bacteriana o la predisposición genética para contraer cáncer y enterarnos de detalles casi asombrosos pero, ¿estamos seguros que hablamos de los fenómenos que ocurren en la *realidad* y que los comprendemos en su verdadera dimensión como para encontrar la mejor estrategia para combatirlos?

Otro aspecto también controversial de la *modelización* se refiere a que un *modelo* no es otra cosa que una creación representativa de una porción de la *realidad,* que permite no solo medirla con precisión sino también descomponerla en un conjunto de subsistemas de progresivo menor grado de complejidad, haciéndolos más accesibles para comprenderlos con mayor detalle e incluso pudiendo manipularlos cuando se los presenta ante situaciones virtuales.

El riesgo de todo este procedimiento es claro y consiste ni más ni menos en que a partir de ese *modelo*, el fenómeno quede transformado en otro diferente del real que lo inspiró debido a que, ya sea por limitaciones

---

[70] *"Dejemos de administrar antibióticos a animales sanos para prevenir la propagación de la resistencia a los antibióticos"*. OMS. Comunicado de Prensa. Ginebra (7/11/2017).

propias de los procedimientos de estudio que se aplican o bien por no poder contar con todas las variables con las que se vincula el fenómeno investigado – aún no existe manera de recrear experimentalmente la *complejidad* casi azarosa que resulta ser una característica de la *realidad*– no siempre quedan respetadas las relaciones entre las partes o los parámetros de funcionamiento como unidad involucrada con un entorno con el cual invariablemente interactúa ya sea a través del intercambio de energía –sistemas cerrados– o de energía y materia –sistemas abiertos– con una modalidad y dinámica peculiares.

De tal forma y con absoluta independencia de precisiones estructurales, las conclusiones y descripciones de los comportamientos pueden no siempre ser los del fenómeno o sistema en cuestión o también podrían no estar vinculados a las variaciones e influencias del entorno real sino a otras aplicadas al *modelo* que no siempre son las mismas.

Así la *ciencia* puede quedar fácilmente encerrada en una especie de trampa generada por ella misma, una encrucijada de difícil solución. Llegará a conclusiones que obtiene gracias a *modelos* que no siempre son correlativos y congruentes con los fenómenos que pretenden representar, conclusiones que extrapolará y aplicará a esos fenómenos de la *realidad* para explicarlos, comprenderlos y clasificarlos, generando, de tal forma, el denominado *conocimiento científico* el cual en esos casos puede no estar expresando una verdad.

Está de más afirmar que cuando las conclusiones obtenidas a partir del *modelo* abstracto resultan ser congruentes con la *realidad*, es decir aplicables a ella, por cierto no existirá problema alguno dado que no solo quedará convalidado ese *modelo* en particular sino también la propia *ciencia* con su propio método, algo de lo cual también depende su prestigio que, vale reconocer, lamentablemente para muchos se transforma en objetivo casi prioritario y un fin en sí mismo.

El problema surge cuando falla el intento de reinsertar el *modelo* en la *realidad*, es decir aplicar al genuino fenómeno de la *realidad* lo aprendido a partir de su *modelo* abstracto.

Se trata de una de las más difíciles situaciones a las que se puede enfrentar la *ciencia* ya que cualquiera sea la decisión llevará implícitos costos que inexorablemente deberán ser asumidos. Costos que muchas veces reflejan un verdadero "conflicto de intereses".

La primera opción es, por supuesto, desechar el *modelo* que no demuestra ser congruente con aquella *realidad* que aspiraba representar. Se trata de una actitud sencilla y lineal, ni más ni menos que lo correcto en tanto expresa fidelidad y apego hacia los principios que rigen toda disciplina que busca un conocimiento verdadero y sin sesgos. Por cierto, no es exclusivo de la *ciencia* sino que se aplica a cualquier actividad humana.

Sin embargo, se debe reconocer que una actitud como esa no carece de costos pues condiciona al científico a comenzar todo nuevamente, debiendo hacerlo desde el mismísimo principio, es decir desde el propio *proceso de intelección*, revisando y reformulando la percepción y lectura de la *realidad* con el objetivo de reintentar la creación de un nuevo *modelo* diferente que esta vez sí logre representarla mejor que aquel que hubo que desechar.

Es justo destacar que la mayoría que transitamos el terreno de la *ciencia* naturalmente adoptamos esta postura, una verdadera actitud espontánea que no requiere ni siquiera ser programada y que surge de la mismísima esencia que nos llevó a tomar la decisión de dedicarnos a la *ciencia* para tratar de encontrar *la verdad acerca de la realidad*.

Pero también cabe destacar que "mayoría no siempre implica hegemonía" y que "lo ideal no siempre es lo real", sobre todo en un escenario científico tan involucrado con el sistema cultural actual, pragmático y fuertemente influenciado por las denominadas *leyes del mercado* que, en definitiva, terminan rigiendo tanto rumbo como evolución, incluso de la *ciencia*.

Por ello la segunda opción que se describe a continuación también forma parte de lo que sucede actualmente y resulta imposible negarla.

Es una circunstancia que surge a consecuencia del desacople entre creación metodológica y *realidad* que, obviamente, tiene una significación muy diferente y que aparece cuando en lugar de descartar el *modelo* por defectuoso e incongruente con la *realidad*, el investigador se aferra a él debiendo, por ello, aceptar como condición indispensable que la *realidad* sea manipulada en tanto es la única manera de lograr que los resultados obtenidos queden convalidados. No existe otra forma de hacerlo que no sea operando sobre la *realidad*. Así, más de una vez los datos sin ser modificados ni mucho menos violados, son manipulados lo suficiente como para que las interpretaciones que se puedan elaborar terminen por convalidar las conclusiones obtenidas a partir del modelo... "si la montaña no va a Mahoma, Mahoma va a la montaña"... Si no estoy dispuesto a cambiar mi "creación", entonces cambio la *realidad*.

Pero hay un aspecto que también debe ser destacado fundamentalmente y casi con especificidad en el ámbito de la *ciencia* y no en otras disciplinas.

Salvo en aquellos casos en los cuales la investigación o el estudio surja de un interés comercial o mercantil específico, que puede ser manifiesto como por ejemplo estimular el consumo de un producto determinado o también oculto como son los casos en los cuales lo que se pretende es reforzar una industria o avalar políticas y estrategias del denominado "mercado, nunca estas conductas están vinculadas con intencionalidades o caprichos sino que nacen de bases rigurosamente metodológicas convalidadas por el propio método que aplica la *ciencia* (*Método Científico*).

Por cierto, son aspectos que se vinculan con el déficit estructural que arrastra la *ciencia* en lo que respecta a las herramientas y estrategias que resultan ser necesarias para garantizar que todo su quehacer jamás quede disociado y descontextualizado de la *realidad*, herramientas y estrategias que surgen de la necesidad de una permanente evaluación *reflexiva* y por ello *filosófica* del *hecho científico*.

Me suena hasta absurdo creer que aquellos que eligen subordinar la *realidad* al *modelo* lo hacen por conveniencia o por perseguir un fin que escapa al propio interés científico.

Pensar así es minimizar el problema y lo que es peor distorsionarlo, ya que adjudica al sujeto toda la responsabilidad en lugar de reconocer una falla en los mismísimos cimientos de la *ciencia* en tanto disciplina, a la vez que invalida toda posibilidad de autocrítica y en definitiva de evolución.

Pero esto no es lo único preocupante de esta postura. Existe otro aspecto también destacable, que se relaciona con el evidente éxito del "ciencismo", como describe Xubiri.

En tanto versión proclamada como "verdadera" acerca de la *realidad*, todos los planteos y enfoques de la *"ciencia oficial"* fueron quedando en sí mismos convalidados sin demasiado lugar para dudas y sospechas, lo cual le otorgó la categoría de "referente" para otras disciplinas y conductas humanas (..."*científicamente demostrado*"...).

Así el diseño de la *realidad* propuesto por la *ciencia oficial* terminó por ser funcional a los fines que el método no quede descolocado, instalándose por si mismo como base y fundamento a partir de los cuales surge toda una trama de desarrollos que nos fueron envolviendo hasta en lo más cotidiano de nuestras vidas y que comparten el hecho de asumirse como científicos. A su vez, estos desarrollos fueron de a poco instalando sus versiones, aquí si muchas veces intencionadas y especulativas, como "las verdaderas", desde *modelo*s "científicos" de economía política hasta desarrollos tecnológicos absolutamente prescindibles o incluso enfoques sanitarios epidemiológicos y hasta intervencionistas.

La funcionalidad de este esquema fue tal que no dejo de considerar las maneras por las cuales se podría defender de planteos peligrosos y así todo intento de cuestionamiento o de intelección de la *realidad* que se apoye en una metodología diferente, irremisiblemente quedaría condenado al oscuro terreno de lo "alternativo" o lo "no ortodoxo" dejándolo automáticamente invalidado y consecuentemente anulada toda posibilidad de discusión.

Finalmente y más allá de toda teorización al respecto, lo cierto es que lamentablemente hoy por hoy es muy difícil ponderar estadísticamente cuál de las dos posturas, subordinar el método a la *realidad* o la *realidad* al método, es la más frecuente frente a un fracaso del *modelo* aplicado.

En este sentido e introduciéndonos con especificidad en el terreno de la *ciencia*, uno de los mecanismos que ha demostrado ejercer una poderosa influencia escondiendo este dilema tras un cono de sombras, es la que podríamos denominar "tendencia exitista", actualmente ya instalada.

La misma consiste en maximizar el valor informativo de un resultado positivo y minimizar dicho valor cuando el resultado es negativo, es decir priorizar aquello que confirma la hipótesis por sobre aquello que la niega.

Si se tiene en cuenta la cantidad y trascendencia de la información que se obtuvo a partir de los "fracasos científicos" a lo largo de la historia, suena paradójico reconocer que esto está sucediendo en la *ciencia*.

Por otra parte, cabe reconocer que para que esos fracasos devengarán en éxito, debieron primero cumplir el requisito de ser reconocidos como fracaso y a partir de allí buscar y detectar los errores responsables para corregirlos. Nadie puede corregir un error si antes no lo detecta y lo reconoce.

Eso es algo que todos aquellos que estamos vinculados con esta disciplina sabemos que se trata de un acto que forma parte del mismísimo quehacer científico. Reconocer errores es sinónimo y a la vez garantía de crecimiento.

Por todo esto quizás sea prudente no descartar la posibilidad que esta "tendencia exitista" actualmente vigente, esté vinculada con alguna instancia que opera por fuera de la *ciencia*, como bien podría ser el denominado "mercado", verdadera trama multifacética que trabaja más de una manera. Puede ser a través de sus operadores "directos", como por ejemplo la industria farmacéutica, entre otros, o bien a través de sus operadores "indirectos" como podrían considerarse algunas asociaciones científicas que consciente o inconscientemente, terminan siendo funcionales a los operadores directos y, en definitiva, al "mercado".

El mecanismo que sostiene este proceso no es difícil de comprender y consiste en el mantenimiento y retroalimentación de un círculo "virtuoso" entre "éxito-prestigio-presupuesto", verdadero cono de sombras tras el cual se oculta el principio y objetivo fundamental del "mercado" que no es otro que incrementar el consumo y consecuentemente las ganancias.

La impronta de este esquema en nuestra vida cotidiana es tan profundo y arraigado que todo haría pensar que en absolutamente todas las disciplinas humanas el móvil es el *consumo* para incrementar las ganancias, quien sabe no nos equivocaríamos.

Sin embargo y aunque parezca por demás plausible una explicación sistémica de este verdadero vicio disciplinario de la *ciencia*, al fin y al cabo ella forma parte de la cultura que rige nuestro sistema, lo cierto es que a decir verdad en el terreno de la investigación, las cosas quizás debieran ser diferentes en tanto se trata de escenarios más puros en los que la especulación tiene menos cabida.

Cuesta pensar, entonces, que una simple manipulación, interpretación o incluso deformación de la *ciencia* como disciplina, pueda por sí sola ser la responsable de esta "tendencia exitista" del *hecho científico*.

En un contexto así, cabe preguntarse si no existe algún componente o aspecto de la propia *ciencia*, que sea el responsable de estar generando las condiciones apropiadas para que aparezca este fenómeno. Si no se trata de una conducta totalmente convalidada, absolutamente no cuestionada y hasta promovida por la propia disciplina. En ese caso la *ciencia* deja de ser una víctima obligada e inocente de una estructura más poderosa, como lo es la *cultura* y su operador, el *mercado*, transformándose en la responsable directa de al menos no considerar la posibilidad de efectuar una autocrítica y autodepuración.

En ese sentido, nada ni nadie nos puede impedir que sospechemos que uno de esos aspectos intrínsecos de la disciplina, bien podría ser el propio concepto y lugar que ocupa la *realidad* dentro del *proceso de intelección* que aplica la *ciencia* para acceder a ella. Como vimos, muchas veces ese proceso queda subordinado al método.

El método, entonces, siempre tenderá a encontrar prioritariamente aquello que "busca" por sobre aquello que "no busca" aunque de hecho exista y esos serán los límites de la *realidad* que ese mismo método le pondrá.

De tal forma, encontrar "lo que busca" – *éxito* – es confirmatorio tanto de la *realidad* como del método – *convalidación recíproca* – mientras que encontrar "lo que no se busca" – *fracaso* – tendrá más que ver con una *realidad* que no existe que con un probable error metodológico.

Huelga enfatizar que desde todo punto de vista, en particular el científico, considero a esta "tendencia exitista" como un error imperdonable, ya que tanto sea confirmatorio o denegatorio todo resultado siempre constituye un avance en el proceso de conocimiento en tanto otorga mayor precisión al próximo paso que inexorablemente se deberá dar en pos de la búsqueda de la verdad.

Comentario final

Es evidente que para acceder al conocimiento de la *realidad* las diferencias entre *episteme griega* y *ciencia moderna* son profundas y van más allá que los aspectos metodológicos que ambas utilizan.

El simple y básico hecho de que las *notas* de una cosa o fenómeno de la *realidad* no tengan la misma significación para la *episteme* y para la *ciencia*, que para la primera sean expresión del *eidos* o *esencia* de esa cosa y para la segunda sean cualidades observables y medibles, tendrá profundas connotaciones en el desarrollo, evolución y producción de la *ciencia moderna* otorgándole características que serán definitorias.

Que la intelección de una cosa de la *realidad* se base exclusivamente en sus *notas* o detalles sin necesidad de considerarlos como expresión del *eidos* o unidad, implica que lo que adquiere un valor central en ese proceso de intelección es el *"esquema"* aristotélico que de tal forma cobra autonomía y protagonismo, quedando convalidado el proceso de *modelización*, que no precisa al *eidos*, habilitando de tal forma el fraccionamiento y atomización de esa cosa o fenómeno.

También esto explica la importancia central que la *ciencia* otorga al hecho que la percepción de esa *nota* sea lo más objetiva posible y que las conclusiones se alcancen coligiendo dichas *notas* con otras de similares características, con el objetivo de generar *leyes* que no son otra cosa que conexiones objetivas que unen a los fenómenos (generalización por sobre singularidad).

El Universo que le daba sentido a las cosas reales que lo conformaban, instancia que los griegos denominaban *cosmos*, queda así transformado en un cúmulo de "experiencias objetivas" que definen el comportamiento de los fenómenos a través de los cuales se manifiestan una sucesión de *esquemas sin eidos* o lo que es lo mismo, "cosas sin ideas"; algo que Kant denominó *"mundo"* definiéndolo como la totalidad de la experiencia objetiva.

En definitiva, si la idea de *realidad* cobra sentido por el todo en que se inscriben cada una de las cosas reales, esa idea no es lo mismo para la *episteme* y para la *ciencia*.

Para la primera es el Universo el que otorga significado a cada cosa dotada de *eidos* expresado a través de sus *notas*, su interés se centrará en "cómo son" las cosas reales, lo que significa asumir que tienen existencia propia, es real lo que existe independientemente que se manifieste o no como fenómeno ante un sujeto.

Para la *ciencia*, en cambio, una cosa es real en tanto forma parte del mundo de los fenómenos los que para ser tales necesariamente tienen que acontecer y ser objetivados por un sujeto, otorgándole a ese hecho una importancia central.

Como se dijo, los abordajes de la *episteme griega* y la *ciencia moderna* son diferentes y dicha diferencia no se limita a aspectos metodológicos sino que involucra aspectos conceptuales básicos fundamentales.

Ahora bien, en términos históricos referidos específicamente al devenir evolutivo de la humanidad, la *ciencia moderna* sucede a la *episteme griega*.

Cabe preguntarse, entonces, si acaso la metodología aplicada por la primera no terminó invalidando en forma absoluta a su antecesora, con lo cual se perdió irremediablemente la posibilidad de aprovechar sus aportes.

Si el enfoque sistémico que le otorgaba un sentido o significación, en definitiva un rol a la existencia de una cosa o fenómeno en tanto componente de la *realidad* asumida ésta como un todo, con absoluta independencia de lo que esa cosa o fenómeno representara específicamente para el hombre –bueno o malo, beneficioso o perjudicial, etc.– no resultó abolido por la *modelización*, la *matematización* y el *aislamiento experimental* que terminaron por fragmentar a esa cosa o fenómeno que se pretende abordar.

Nadie niega, ni siquiera es materia de discusión, que gracias a la *ciencia moderna* y su método, hoy sabemos más detalles de la *realidad*, pero tampoco deberíamos negar a priori, que quizás eso no implique conocerla mejor, comprenderla y, en definitiva, evaluar si el rumbo que va adoptando es el que más se acerca a la armonía entre ella y el hombre.

Esto es así porque difícilmente podamos algún día hablar de una *realidad* unívoca, mucho menos de una única versión y mucho menos aún de una que se arrogue la condición de excluyente.

No hay duda que la *ciencia* busca la verdad acerca de la *realidad* y que esa es una actitud honesta y loable, pero tan cierto es esto como el hecho que a esta altura de la historia y la evolución, el terreno donde opera la *ciencia* no es toda la *realidad* y que probablemente así como no todos los fenómenos de los que se encarga sean como ella dice, tampoco todos sean pasibles de un abordaje tal y como ella propone.

Quedó claro que hablar acerca de la *realidad* no es algo sencillo, ni qué decir cuando se toma con*ciencia* que de lo que se trata es de vivir a perpetuidad dentro de ella, que fue lo que ocurrió y ocurre con todos y cada uno de los seres humanos.

El método científico

Una de las principales conclusiones que surgen del capítulo anterior es que más allá de detalles casi diríamos cosméticos y de modalidades que puede adoptar en la superficie, en todas las épocas la *realidad* en esencia sigue teniendo el mismo rol y significando lo mismo, condicionando casi invariablemente al hombre que ante ella siempre hizo lisa y llanamente lo que pudo y pocas veces y parcialmente lo que quiso.

De tal forma, hablar de la *realidad* en los términos elaborados y hasta sofisticados en los que hoy por hoy podemos hacerlo, será hablar de la *realidad* a la que todos y cada uno de nuestros antepasados debieron enfrentarse en las diferentes épocas de la historia, por supuesto adoptando modalidades diferentes según época y lugar.

Pero sea como fuere, eso nos ayudará a entender no solo que ella es el verdadero "factótum" en la evolución humana sino que además nos permitirá, sin pretensiones de crítica erudita, evaluar la coherencia de los diferentes enfoques y métodos que el hombre fue aplicando en esa relación.

El *Método Científico* es una de esas maneras que tuvo y tiene el hombre para responder a la *realidad* y es el objeto de este capítulo.

Etimológicamente la palabra "método" deriva de las raíces griegas *meta* que significa "hacia" o "a lo largo" y *odos* que significa "camino", mientras que la palabra "científico" se vincula con la *scientia* que en latín expresa "conocimiento". Así, *Método Científico* es sinónimo de "camino hacia el conocimiento".

Conceptualmente el *Método Científico* es un proceso –secuencia de sucesos o pasos– que se aplica para la producción de conocimientos en el ámbito de las *ciencias*. A ese producto se lo conoce como *conocimiento científico* y su objetivo es, como venimos diciendo, "conocer la verdad acerca de la *realidad*".[71]

[71] Para el Oxford English Dictionary se trata de: "...un método o procedimiento que

Existen más de una versión de *Método Científico*, algunas más complejas y otras más simples, que se diferencian a partir de la conceptualización efectuada por diversos autores y sus diversos aportes o incluso, en la estrategia metodológica en la que se basa (inductivo o experimental, deductivo o teórico, hipotético, etc.) pero desde un punto de vista formal y fundamentalmente descriptivo, el más completo y que mejor aplica para su comprensión es el denominado *M 14*.

El *M 14* consiste en catorce etapas de las cuales las primeras once se denominan "etapas principales". Ellas se agrupan en cinco secciones y las tres últimas se conocen como "ingredientes de apoyo". [72]

La sección 1 es la "Observación". Está compuesta por cuatro etapas y abarca desde la "percepción" del fenómeno, que a partir de ese momento se constituye en *problema*, hasta la "programación" de probables soluciones a partir de producciones propias o previas.

La sección 2 es la "Inducción o Generalización". Incluye dos etapas y consiste en la "evaluación de las pruebas" que podrían abonar la viabilidad de las potenciales soluciones al problema.

La sección 3 o "Hipótesis" es donde se propone una "opción de solución" al fenómeno/problema, que deberá reunir ciertas condiciones como para considerarla una buena candidata. Esas condiciones consisten en: a) que la opción propuesta deberá ser verificable o falsable, b) lógicamente posible, c) consistente con el conocimiento existente, d) debe poder predecir consecuencias, e) debe ser sencilla, f) debe añadir conocimiento y obviamente g) debe responder a un determinado problema.

La sección 4 es la "Prueba de hipótesis por experimentación". Es justamente el "fundamento empírico" del proceso aplicado al objetivo del método. En esta sección confluyen aspectos fundamentales del *Método Científico* como son la medición, la reproducibilidad (capacidad de repetir el experimento por otro y en otro lugar) y la refutabilidad o falsabilidad que sostiene que las proposiciones científicas nunca son verdades absolutas sino, a lo sumo, transitoriamente no refutadas.[73] Incluye, como es esperable, todos los cuestionamientos que surjan a partir de esas pruebas.

---

ha caracterizado a la ciencia natural desde el siglo XVII, que consiste en la observación sistemática, medición y experimentación y en la formulación, análisis y modificación de las hipótesis…" Oxford Dictionaries – English". Internet. Consultado en Julio 2018.

[72] *The general pattern of scientific method. (SM 14)*. Secondf Student Edition. Edmund, Norman W. 407 Northeast Third Ave., Ft. Lauderdale, FL 33301-3233.

[73] Chalmers, Alan F. (2000). *¿Qué es esa cosa llamada ciencia?* España: Siglo XXI Editores.

La sección 5 está referida, por un lado a la generación de "conclusiones" luego que la hipótesis superó la etapa de las pruebas y por el otro lado al desarrollo definitivo de la teoría. En esta sección se incluye la "revisión por pares" que es la evaluación por otros investigadores de lo hecho hasta ese momento.

Finalmente tenemos las etapas 12, 13 y 14 que corresponden a los denominados "Ingredientes de apoyo" y están orientados hacia la comprensión del método y su enseñanza.

Más allá de las cuestiones formales que implican presentar de una manera descriptiva a un método, lo cierto es que en la práctica las cosas no son tan rigurosas ni tan dogmáticas y que todos y cada uno de los que transitamos el terreno de la *ciencia* más tarde o más temprano terminamos por adoptar una sistemática que, si bien se debe encuadrar dentro de las pautas del *Método Científico*, nos debe resultar amigable.

Si bien no todos los hombres de *ciencia* aplican el *Método Científico* con la misma rigurosidad y fidelidad, lo cierto es que para todos representará una guía.

Ahora bien, esta flexibilidad o falta de alineamiento riguroso a las pautas disciplinarias establecidas, podría representar un defecto peligroso. Basta con imaginar que cada investigador desarrolle su trabajo según sus propias pautas metodológicas, para comprender que sería muy difícil, sino imposible, comparar los diversos resultados a fin de alcanzar una conclusión final más probable y menos falsable que se acerque a la verdad del fenómeno de la realidad que se está investigando.

Sin embargo, es la propia *ciencia* la que logra superar esta debilidad e incluso transformarla en una fortaleza, siendo esta cualidad uno de los argumentos que permiten rotularla como una disciplina ejemplar.

En su mismísima faceta práctica y cotidiana, la *ciencia* es la única que exige a los científicos e investigadores que describan en forma pormenorizada y de una manera explícita, no solamente la metodología aplicada sino también la estrategia y la manera con las que se recogieron los datos de ese fenómeno y a partir de los cuales desarrollarán sus trabajos. Considerando este aspecto tan trascendente que de él depende la validez del trabajo de investigación y de sus conclusiones como, a lo sumo, probable representación de la *realidad*.

Por cierto resulta sumamente difícil encontrar esta característica en otras disciplinas humanas –muchas de ellas con ínfulas de "científicas"–

como por ejemplo la economía o la política en las cuales en la práctica y no en la teoría (que puede ser impecable) no existe tal rigurosidad metodológica. En ellas los mismos datos pueden ser tan manipulados que son capaces de presentar resultados diametralmente opuestos, obviamente según la conveniencia de quien los emite.

Una explicación formal de esta suerte de licencia podría sostener que se debe a que no existe de una manera sistematizada una evaluación y calificación de la metodología que se aplicó para obtener esa información. Pero otra explicación, más antipática por cierto, sería que por tratarse de disciplinas creadas a partir de construcciones propuestas e instaladas por el ser humano y por ello en esencia subjetivas (la economía y la política no son previas e independientes al hombre como sí lo es la *realidad*), dentro de su dogma no está claramente explicitada la necesidad de desembarazarse de esa subjetividad, con lo cual queda automáticamente habilitada la posibilidad de generar una conclusión que resulte funcional y conveniente a los objetivos de quien la emite.

En lo que respecta a los <u>fundamentos metodológicos</u>, se trata de una combinación de procedimientos *inductivos* (se inicia con la observación de un caso particular), *deductivos* (busca generalizar mediante teorías y leyes para aplicar a futuros casos particulares) y *empíricos* (se fundamenta en la experimentación). Como vimos se apoya en dos premisas básicas, la de *reproducibilidad* (posibilidad de repetición por otros operadores o en sucesivas oportunidades) y la de *falsabilidad* que consiste en la priorización de la búsqueda de falsación de la hipótesis y no su certeza como intento de disminuir la posibilidad de sesgos (contaminación por la subjetividad), además de negar la existencia de las denominadas "verdades absolutas".

Como vimos en otro capítulo, el *Método Científico* es una producción del hombre que surge de sus "funciones superiores" (*racionalidad* o *discriminación reflexiva* y *capacidad de crear*) y es aplicado frente a los fenómenos que conforman la *realidad* <u>para adquirir conocimientos</u> ("conocimiento científico").

Así podemos decir que desde un punto de vista <u>teleológico</u> (referido a la función que cumple y que le da sentido a su existencia) el *Método Científico*, mediante el uso de la capacidad crítica o discriminativa de la razón complementado con la incorporación de tecnologías creadas -heurística- logra <u>generar marcos explicativos (teorías y leyes)</u> dentro de los cuales inicialmente se trata de encuadrar a los fenómenos percibidos.

El objetivo que busca es optimizar con una herramienta eficiente (*Método Científico*) el alcance/sostenimiento de una armonía entre el individuo y su entorno. No nos olvidemos que quien aplica el *Método Científico* es la *ciencia* que naturalmente pertenece a la *cultura*, la cual no es otra cosa que la principal respuesta adaptativa del ser humano frente a la *realidad* en la que vive.

Aquellos fenómenos que por no resultar congruentes con los marcos generados (teorías y leyes) no pueden ser objeto de dicho encuadre, ponen nuevamente en marcha el proceso para intentar generar nuevos conocimientos.

Finalmente debe quedar en claro que tal como lo conocemos, el *Método Científico* del que estamos hablando es producto de una "evolución" que fue aplicando modificaciones secuenciales al modelo primigenio.

Así presentado formalmente, pasemos a analizarlo más en profundidad, fundamentalmente en lo referente a aquellos aspectos que no solo permitan reconocer sino también comprender el porqué de la impronta de la *ciencia* en la cultura y el rol que desempeñó en la evolución del hombre.

Bases para un análisis del Método Científico
Método Científico, cultura y adaptación

Lo primero que se debe hacer con un tema tan multifacético y por ello tan complejo, es definir el marco adecuado para establecer las bases sobre las cuales se debe efectuar el análisis.

Uno de los conceptos ya esbozados, cuya trascendencia obliga a que sea reiterado, es que tal como acabamos de decir, el *Método Científico* debe ser considerado como parte y expresión de la *cultura humana*, la cual en sí misma constituye una *"respuesta adaptativa"* que no solo tiene como objetivo la recuperación y/o mantenimiento de una "armonía con el entorno", imprescindible para todo ser viviente que pretenda seguir siendo viable, sino también resulta ser la principal herramienta por la cual el hombre intenta soslayar la *soledad ontológica* que la *realidad* genera en todo organismo que se enfrenta a sus señales.

El *Método Científico* surgió de la *cultura*, pertenece a ella y aunque de hecho constituye uno de sus aspectos particulares, hoy por hoy no existe otro método que la *ciencia* utilice. Por ello, *cultura* y *Método Científico* jamás podrán estar disociados. Más aún, siempre estarán alineados y serán recíprocamente funcionales, aunque a veces pudiera parecer lo contrario.

La emancipación del *Método Científico* respecto a la *cultura* vigente es una verdadera quimera; nunca el primero fue autónomo e independiente y por ello él y la *ciencia* de la cual nace, siempre deberán ser considerados en su contexto cultural contemporáneo.

De tal forma, en tanto la *cultura* constituye la más importante *respuesta adaptativa* frente a la *realidad* y el *Método Científico* es un derivado obligado de aquella, éste también debe ser asumido como componente de esa respuesta, que en este caso particular se expresa bajo la modalidad y el formato del denominado "hecho científico".

Premisas para el análisis del Método Científico

De lo dicho más arriba surge como evidencia que al *Método Científico* le caben las mismas premisas originarias que su fuente, la *cultura*, premisas que serán necesarias a la hora de analizarlo.

Estas premisas están referidas a la vinculación inescindible que mantienen la *ciencia* y el *Método Científico* en primer lugar con la *realidad* en tanto contexto originario que otorga a ambos su sentido y razón de existir, en segundo lugar con la *reflexión* y la *creación* humanas como aquello que posibilitó que surgieran y evolucionaran y finalmente en tercer lugar con la *subjetividad* como cualidad obligada y condicionante.

Primera premisa: ciencia-Método Científico y realidad

La primera de estas premisas sostiene la imposibilidad que el análisis no considere a la *realidad* o se disocie de ella.

A tal punto es la importancia y trascendencia de esta premisa que toda vez que el *Método Científico* y la *ciencia* son evaluados aislándolos de la *realidad*, implica que las "señales" a través de las cuales ella se expresa, dejan de comportarse como el verdadero fenómeno disparador de los "hechos científicos", dejándolos no solo sin sentido como expresión de *respuesta adaptativa,* sino también anulados como motores del "proceso evolutivo" en tanto uno de los componentes indispensables de este proceso es la *realidad* que se expresa a través de sus señales y que por ello jamás puede ser obviada.

Todo "hecho científico" siempre es la respuesta a una necesidad planteada por la *realidad* la que, en este caso particular, es ejecutada por la *ciencia* a través de su método.

Si no se tiene en cuenta de una manera casi excluyente esta premisa hasta podría sospecharse que el "hecho científico", en lugar de ser una *respuesta adaptativa*, bien podría llegar a ser visto como un potencial representante de una producción orientada a la validación de una pseudo-*realidad* que puede generarse a partir de una manipulación sesgada de la verdadera *realidad* y que, incluso, podría perpetuarse mediante la autofascinación y autovalidación a partir de ese mismo "hecho científico".

Prueba de la existencia de esta suerte de "vicio", los podemos encontrar en los muchas veces denominados "adelantos de la ciencia y la tecnología", que se van acumulando a nuestro alrededor generando un verdadero condicionamiento de nuestra conducta con el objeto de crearnos la necesidad de poseerlos bajo el pretexto de "mejorar la calidad de vida". Se corrobora que ciertamente no solo no son una respuesta a una señal de la *realidad*, tampoco implican que tengamos una vida mejor en términos de especie o una mayor armonía con nuestro entorno, sino que constituyen otras herramientas más de las tantas que el "sistema de consumo" utiliza para mantenernos alineados.

Por cierto, esta premisa ya estaba planteada y muy tenida en cuenta en los tiempos en que Francis Bacon (1561-1626) quien esbozó por primera vez el diseño que terminó en lo que conocemos como *Método Científico* - siglo XVII. En ese período de la historia, los hombres de *ciencia* o científicos también eran filósofos, categoría que Newton denominó "filósofos naturales" y cuyo origen se puede remontar alrededor del siglo V aC.

Más allá de lo interesante que esta asociación entre filosofía, ciencia y *realidad* pueda resultar, también es importante porque pone de manifiesto en qué contexto académico fue concebido el *Método Científico* y cuál fue el verdadero objetivo que persiguió o, dicho de otro modo, cuál era la circunstancia o dificultad a superar que generó la *necesidad* de elaborar un "método" de trabajo en lugar de dejar ese aspecto librado a estilos particulares.

El solo hecho que los hombres de *ciencia* también fueran filósofos (Francis Bacon no fue la excepción) significa que en su rutina de trabajo estaba implícitamente incorporada la *reflexión* como componente esencial de su metodología. El punto es que justamente de la *reflexión* depende la articulación y el anclaje de la visión - versión - generada con la *realidad*. Dicho de otro modo, la indisolubilidad de la dupla "*realidad* - acto científico" no solo estaba garantizada sino que directamente formaba parte estructural del método que ese hombre de *ciencia* había pergeñado.

De tal manera en ese contexto, un procedimiento orientado a garantizar la necesidad de mantenerse inserto en la *realidad* como motivación para la creación del *Método Científico*, en verdad hubiese sido una redundancia. No existía esa necesidad, sencillamente porque un filósofo no precisa inventar técnicas especiales para mantenerse adherido a la *realidad*. Sin la *realidad* el filósofo no tiene razón de existir pues es ella misma la que le da sentido.

Lo mismo sucede con la *ciencia*, su sentido, significación y, en definitiva, su razón de existir, siempre fueron dados por la *realidad* y en tanto quienes hicieran *ciencia* fueran filósofos, ese vínculo estaría a salvo y para ello no se precisaría más que la *reflexión*.

Ahora bien, qué puede suceder cuando esta premisa no se cumple, cuando la *ciencia* como disciplina humana se disocia de la *realidad*,

Pues bien, cuando eso pasa la ciencia deja de ser *ciencia* y pasa a ser o bien una "pseudo-*ciencia*" cuando queda ligada a una *realidad* deformada por una lectura parcial (la cual puede o no estar intencionada) o bien se transforma en "*ciencia*- ficción" la cual no precisa rigurosidad en su vinculación con la *realidad* sino una relación laxa y permeable a los aportes que surgen de la fantasía.

Lo que aquí debe quedar claro, entonces, es que la indisociabilidad con la *realidad*, aspecto tan primario y esencial de la *ciencia*, siempre dependió, depende y dependerá de la *reflexión* del científico la cual inexorable y necesariamente deberá formar parte de la metodología que éste aplique para generar un "hecho científico".

La *ciencia* sin *reflexión* corre el riesgo de disociarse de la *realidad*, dejando de ser, por ello, una respuesta adaptativa que apunte a mejorar el vínculo entre el hombre y su entorno para quedar expuesta, como vimos en unos párrafos más arriba, a transformarse en "pseudo-*ciencia*" o directamente en "*ciencia*-ficción".

Segunda premisa: ciencia-Método Científico y reflexión-creación

La segunda premisa sostiene que, al igual que la *cultura*, el *Método Científico* se conforma sobre la base de dos componentes originarios exclusivos de la especie humana.

Por un lado la *capacidad de reflexionar* que el hombre aplica para discriminar e inteligir el fenómeno de la *realidad* con el cual se enfrenta ("discriminación reflexiva").

Esta modalidad se diferencia de la "discriminación reactivo-instintiva" que es propia de todos los animales, por supuesto incluyendo al hombre.

El otro aspecto componente originario del *Método Científico* también es exclusivo del hombre y consiste en la *capacidad de crear* ("heurística") por ahora sin correlato evidente a nivel no humano.

De la misma forma que sucede cuando la *realidad* queda disociada de la *ciencia*, la ausencia de alguno de estos dos aspectos primigenios también condenaría a su producto: "hecho científico", al riesgo de dejar de ser expresión del proceso evolutivo.

En lo que respecta a la *discriminación reflexiva*, el hecho de no comprender o entender una señal de la *realidad*, inevitablemente nos expone a dos potenciales situaciones muy particulares. O bien que no logremos diferenciar aquellas señales que vale la pena responder porque verdaderamente alteran nuestra armonía con el entorno de aquellas que no lo merecen. O bien, esto quizás sea lo más peligroso, que no podamos diferenciar las señales que provienen de la *realidad* de aquellas que surgen de una "pseudo *realidad*", muchas veces engañosa y casi siempre pragmática, es decir útil para lograr un objetivo.

En cualquiera de los dos casos estaremos generando una respuesta que en lugar de permitirnos mejorar nuestra adaptación, nos alejará de ella.

Por cierto algo similar sucede cuando utilizamos la reacción irracional (discriminación reactivo instintiva) en lugar de aplicar la *reflexión*, es decir una conducta más ligada al componente animal que al componente humano. Esto es lo que ocurre toda vez que frente a una situación en la cual deberíamos evaluar costo/beneficio de nuestra respuesta mediante la *reflexión*, sencillamente "reaccionamos" sin pensar siquiera si se justifica hacerlo y mucho menos considerando las potenciales consecuencias, como sucede , por ejemplo, cuando discutimos hasta la violencia física si un automóvil se nos adelanta.

Otra de las circunstancias en las que nuestra respuesta esta lejos de favorecer una mejor adaptación al entorno que nos rodea, debido a no aplicar la *discriminación reflexiva* tiene que ver con aquellos casos en los que quedamos adheridos a una "pseudo realidad".

Así sucede cuando nos presentan como producto de la creación y originalidad de la *ciencia*, cosas que no son más que copias o modificaciones cosméticas de algo que ya existe. Tampoco estos "pseudo hechos científicos" implicarán evolución y mejor nivel de adaptación a la *realidad*.

Caben pocas dudas, la *discriminación reflexiva* resulta indispensable ya que de ella depende no solamente el otorgamiento de la cualidad humana a la respuesta disparada por la señal, sino también el hecho de permanecer anclado a la *realidad*, circunstancia vinculada de una manera directa con la *reflexión*.

También es cierto y caben pocas dudas que para el *Método Científico* la condición de *crear* es absolutamente indispensable. Lo pone en evidencia la trascendencia que ha tenido el aspecto tecnológico (altamente dependiente del factor creativo).

Sin embargo y con absoluta independencia de los enormes aportes hechos por la tecnología, cabe preguntarse si verdaderamente el *Método Científico* en su evolución a través de la historia respetó esta premisa o si no lo hizo.

Si en lugar de complementar coordinada y equilibradamente ambas funciones superiores, la *capacidad de reflexionar* (anclaje a la *realidad*) y la *capacidad de crear* (tecnología), la *ciencia* fue adoptando una postura excluyente y casi fundamentalista hacia un modelo tecnológico superdesarrollado, el que por cierto es fascinante, pero que adolece cada vez más del sustento reflexivo-filosófico indispensable para aceptarlo como parte del proceso evolutivo que nos lleve al progreso y que, además, le otorga contenido y sentido a cualquier "hecho científico" que se precie de estar estimulando el progreso del hombre.

Todo esto abre como interrogante si la *ciencia* y el *Método Científico* siguen siendo una auténtica *respuesta adaptativa* frente a la genuina *realidad* como señal, para transformarse en una pseudo-respuesta frente a una pseudo-*realidad* ambas recíprocamente convalidadas y por ello difíciles para ser detectadas en un contexto cotidiano.

Tercera premisa: Ciencia, Método Científico y subjetividad

Otro aspecto básico sobre el que también debe girar el análisis del *Método Científico* en tanto *respuesta adaptativa* humana, se relaciona con el hecho que no existe manera alguna de vincularse con la *realidad* si no es a través de un *sujeto* que lo haga, lo cual obliga a hablar de "versión".

Esta condición no solo grafica la ineluctable *subjetividad estructural* de todas las lecturas que se hagan acerca de la *realidad*, que por ello ponderarán ciertos detalles y no otros de un mismo fenómeno, sino que además confirma que de esa misma *realidad* existirán más de una versión, que inicialmente todas tendrán las mismas chances de ser válidas y que por ello ninguna podrá arrogarse a priori la calificación de única y absoluta.

Esto mismo le cabe a la *ciencia* y su método.

Siendo así, es necesario reconocer que ambos no son más que "versiones" de la *realidad* y que siempre deben ser miradas con atención en tanto no logran escapar a una *subjetividad* estructural.

Sin desmedro de la sagacidad y lucidez de todos y cada uno de los que habían estado vinculados con la *ciencia*, Francis Bacon(1561-1626) fue uno de los primeros en ponderar en su justa medida la trascendencia que esta característica "subjetividad humana" podía representar para todo acto científico, al punto que terminó instalándose como una de sus principales motivaciones junto con la creación de un nuevo método para estudiar la realidad de una manera diferente al clásico enfoque aristotélico.[74][75] Así, la acumulación de experiencias repetidas aplicando sistemáticamente una misma metodología – *empirismo* – se transformaría en la principal herramienta tanto para alejarse de esa subjetividad como para generar más y más conocimientos y así poder aspirar a la tan deseada, quizás quimérica, "objetividad científica".

Es en este marco definido por las tres premisas, que se puede explicar la estrecha interdependencia del *Método Científico* con la *cultura*, aspecto más que fundamental para la historia del hombre.

Para poder definir y comprender a qué me refiero cuando hablo de la *cultura humana*, es necesario concebirla como un "todo" en el cual los

---

[74] Francis Bacon (2003) Science and Social Philosophy. Stanford Encyclopedia of Philosophy.

[75] Menna S, Salvatico L (2000) *Racionalidad y Metodología en el Novum Organum de Bacon*. Cuaderno Nro 15, FHYCS-UN. Centro de Investigaciones de la Facultad de Filosofía y Humanidades, Universidad de Córdoba, Argentina.

aspectos biológicos, antropológicos y filosóficos resultan ser componentes inescindibles, al punto que si alguno de ellos no es contemplado, no estaremos hablando de *cultura*.

En este sentido, el concepto *cultura* al cual me refiero, abarca desde ideas, comportamientos, símbolos y prácticas sociales, como por ejemplo la política o las estructuras organizacionales, la educación, la práctica de hábitos y costumbres heredados o adquiridos o las artes, hasta los aspectos eminentemente físicos, corporales y manuales como lo es todo aquello que está relacionado con las actividades vinculadas en forma directa con la naturaleza (clima, suelo, ríos, mar, etc.).

Sobre esta base podemos entender que la *cultura humana* debe ser concebida como la *respuesta adaptativa* más esencial y básica que puede desarrollar el hombre frente a su *realidad*, en tanto de ella depende ni más ni menos que la posibilidad de seguir siendo viable como ser vivo así como la propia calidad de su devenir y su evolución, ya sea como individuo y como especie.

Esa respuesta conforma un sistema dinámico interactivo y hasta interdependiente con la *realidad*, de alguna manera se definen mutuamente y por ello ambas –*cultura* y *realidad*– son siempre e invariablemente congruentes y jamás disociadas, tanto en su "dimensión temporal" –época, era– como en su "dimensión espacial" –lugar, ambiente físico–.

Para una determinada *realidad* surge como respuesta humana una determinada *cultura* cuyos valores y características serán congruentes con aquella. No generará los mismos estilos, usos y costumbres un escenario árido, frío y seco de montaña que otro cálido y húmedo de selva frondosa. Tampoco será el mismo el usufructo y el impacto de la actividad humana sobre ambos entornos. Esta regla será una constante en la historia humana y se encontrará tanto en las culturas del siglo V como las del siglo XXI.

Así como la naturaleza y la *realidad* siempre definieron por necesidad a la *cultura* del hombre, ésta última fue la que siempre definió las diferentes etapas por las que transitó esa relación.

Sintéticamente y de una manera muy esquemática, podemos afirmar que en un principio, el vínculo del hombre con la naturaleza se articulaba alrededor de una actitud contemplativa-mágica (época de chamanes, brujos y oráculos, influyentes en todo aspecto, que se adjudicaban el conocimiento acerca de la *realidad* más cercano a la verdad). Todo conocimiento se basaba en un diálogo interpretativo con los dioses, que eran los dominadores absolutos e indiscutidos.

Lentamente pero siempre en forma progresiva, el desarrollo intelectual a partir de la observación y las experiencias animaron al hombre a comenzar a interactuar con la naturaleza y con su *realidad*, aunque aún sin soltarle del todo la mano al más allá omnisciente. Así, alimentándose de fuentes religiosas y metafísicas –verdades absolutas– pero ya no desde un plano pasivo sino claramente activo, el hombre vislumbró como posible el acceder a un conocimiento desarrollado por él mismo como sujeto autónomo y pensante, se sintió capaz de avanzar a partir de sus propias experiencias.

Con esa necesidad explícita de generar una estructura de saber con iniciativa propia, es que se empieza a destacar la importancia de hacerlo de un modo metódico y organizado siempre dentro del marco impuesto por la propia *cultura*.

En síntesis, ese *Método* que a la larga terminaría siendo *Científico*, no nació de otro sitio que no haya sido la relación que el hombre mantuvo con la naturaleza y con su *realidad* a través de la *cultura*. Por ello, inexorablemente el *Método Científico* formó, forma y formará parte de esa *cultura*.

Resultará interesante conocer cómo se sucedieron las cosas porque obviamente ese escenario no pudo haber surgido por generación espontánea o por el capricho de un iluminado. Por el contrario, se trata del resultado de un proceso del cual formaron parte muchos más que uno o dos científicos a lo largo de mucho más que uno o dos años.

Nacimiento y evolución del Método Científico

Si bien es cierto que Francis Bacon fue el que le dio forma al *Método Científico*, nadie puede negar que científicos y filósofos anteriores como Leonardo da Vinci (1452-1519), o Copérnico (1473-1543) o contemporáneos como Kepler (1571-1630) o Galileo Galilei (1564-1642) tuvieron algo que ver.

También costará negar que personajes que aparecieron después de Bacon como Descartes (1596-1656), Pascal (1623-1662), Spinoza (1632-1677), Locke (1632-1704) o hasta Newton (1643-1727) o Leibniz (1646-1716) no tuvieron injerencia para que el *Método Científico* se instalara como pivote del quehacer científico.

Negar cualquiera de estas cosas sería una verdadera estupidez.

Pero existe un aspecto en todo este proceso que vas más allá de una cuestión histórica o cronológica y que tiene que ver con la mismísima esencia del método.

La cuestión es tratar de entender cómo hicieron estos verdaderos pesos pesados de la *ciencia* para terminar confluyendo en una misma metodología, sobre todo teniendo en cuenta que no se encargaban de los mismos fenómenos, que no vivían en el mismo entorno enfrentándose con una misma *realidad* y, algo fundamental, que no tenían la misma lectura acerca de ella. Evidentemente, algo en común deben haber tenido pero, ¿cuál podría haber sido ese pivote?, ¿Cuál la idea primigenia que los alineaba y guiaba más allá de las diferentes fechas y lugares e incluso de aspectos metodológicos específicos?

La respuesta a esa interrogante puede ser tan poderosa como sencilla: esa idea originaria necesariamente tuvo que haber sido una producción genuina del hombre, algo que significara una oportunidad para vincularse con la *realidad* y que hubiese surgido a partir del mismo instante en que tomó con*ciencia* de su ignorancia acerca de ella, a tal punto que terminaría por transformarse en una actitud de vida y un posicionamiento frente a todo.

A mi criterio, ese pivote, esa idea originaria, esa actitud fue la *pregunta*.

Como todos sabemos, la *pregunta* aparece toda vez que nos enfrentamos con algo que aceptamos no conocer o no comprender. Muy probablemente fue exactamente eso lo que pudo haber sucedido con cada uno de los que participaron en el desarrollo del *Método Científico*; aceptando su ignorancia, preguntaban.

Tanto más profunda y trascendente será la *pregunta* cuanto más sincero y humilde sea ese reconocimiento por parte de quien la formula, se trata de un requisito que adquiere un rol esencial en la filosofía, lo cual explica que, no por casualidad, resulta ser el origen común de casi todos aquellos que acabo de nombrar.

Por supuesto que sería ridículo negar que no fueron los únicos que se preguntaban cosas, pero entre todos aquellos que lo hacen lo que los identifica y agrupa es que sus interrogaciones y cuestionamientos estaban orientados a acercarse a la *verdad,* a todo aquello que los rodeaba (*realidad*) y que esa *verdad* no necesariamente tenia porqué coincidir con la versión particular de cada uno de ellos.

En síntesis, queda claro que el *Método Científico* debe su existencia a una *pregunta* que surge del terreno de la filosofía, y que muy probablemente esa *pregunta* estuviera relacionada por un lado con el objetivo de conocer la *verdad* acerca de la *realidad,* y por el otro, con la limitación para alcanzarlo por el hecho que inexorablemente lo que podemos conocer acerca de la *realidad* es siempre una versión generada por un sujeto particular.

Ahora bien, para que la *pregunta* represente una parte de ese proceso vital que termine derivando en motor de evolución, necesariamente requiere de su otro componente, la *respuesta*, a fin de generar una sucesión que se caracterizará por la influencia recíproca entre ambos factores: la *pregunta* dará lugar a una *respuesta* que a su vez generará una nueva *pregunta,* ahora condicionada por aquella *respuesta* y así sucederá una y otra vez de una manera interminable conformando un ciclo con dinámica dialéctica.

Resulta casi obvio que tanto la *pregunta* como la *respuesta* precisaban de alguna herramienta que las ayudara a conseguir el objetivo de acercarse a una *verdad* que, como dijimos antes, contemplara la necesidad de acercarse a la objetividad y alejarse de la propia subjetividad de aquel que estuviera intentando responder su *pregunta*. Así surge la necesidad de un *método*.

Como vimos antes, en la etapa previa a esta verdadera concientización de la actividad científica, la *respuesta* dependía de una manera casi excluyente y muchas veces atemorizante del "más allá" que todo lo hace y todo lo sabe. Pero a partir de la segunda mitad del siglo XV, esa *pregunta* comenzaba a ser respondida por el propio hombre a partir de sus propias producciones - "hecho científico".

La trascendencia de esas *respuestas*, como dijimos más arriba, empezarían a estar en consonancia con la *pregunta* originaria y por la propia dinámica evolutiva y la acumulación de conocimientos se irían transformando en más y más complejas. A grandes *preguntas* grandes *respuestas* y a *preguntas* irreverentes *respuestas audaces*.

Estamos hablando del *Renacimiento*, momento en el cual el "teocentrismo" de la Edad Media dejaba su lugar al "antropocentrismo" que a partir de ese instante se transformaría en un rasgo de la humanidad.

A partir de allí y del reconocimiento de su propio poder para generar conocimiento, la actitud del hombre frente a la *realidad* iría cambiando en forma ininterrumpida. Si al principio y tímidamente el foco de interés y fuente de motivación para toda actividad científica era la *pregunta*, cada vez con más insolencia y hasta con cierto narcisismo, ese foco y esa fuente se irán trasladando a la *respuesta*.

Así fascinado por su propia producción, el hombre terminaría viendo a la *respuesta* y ya no a la *pregunta* como el principal motor del proceso evolutivo condenando a la que otrora había sido uno de los dos fundamentos del quehacer del hombre de *ciencia*, a un lugar incómodo y a veces hasta subversivo y peligroso.

La *pregunta* dejó de ser la guía y fuente que necesariamente le da sentido a toda *respuesta* y lenta pero sostenidamente se fue independizando de su antigua compañera. De tal forma la producción de "hechos científicos" cobró importancia por sí misma y con autonomía, más allá del hecho de estar o no justificados por alguna *pregunta*, incluyendo aquellas a través de las cuales se canalizan las necesidades humanas que surgen a partir de las circunstancias que plantea la propia realidad en la cual el hombre está inmerso.

Virtualmente todas las actividades humanas se vieron impactadas por ese nuevo rasgo, creyendo con admiración y de una manera progresivamente excluyente en sus creaciones (tecnología) como la principal y hasta única fuente de conocimientos.

Así fue que lo inexorable tuvo que suceder, el hombre con su *ciencia* se creyó capaz de manipular y hasta dominar a la naturaleza y la *realidad*.

Nacía el *ciencismo* o *cientificismo*, del cual algo mencionamos en el capítulo anterior. Un nuevo dogma con estructura de religión que desde un punto de vista evolutivo histórico representa la expresión de una verdadera "bisagra cultural" que, como veremos a continuación, terminó por separar dos grandes períodos de la historia de la *ciencia* profundamente distintos en sus rasgos más elementales.

El primero de esos períodos, como ya se dijo, se había caracterizado por un respeto casi reverencial y temeroso por una *realidad* asociada al más allá y que muchas veces funcionaba como canal de expresión de sus ideales habitantes, los dioses.

En ese contexto y sin demasiadas chances, al hombre no le quedaban muchas otras posibilidades que no fueran predominantemente contemplativas y descriptivas, siendo su estímulo casi excluyente aquello que la *realidad* le presentaba y no lo que él mismo pudiera generar. Por ello resultaba indispensable y hasta vital que la lectura de la *realidad* no solo fuera un acto sistemático expectante y cotidiano sino que además esa lectura debía quedar alineada, por necesidad, con una rutina reflexiva y fundamentalmente discursiva que inexorablemente dependía del desarrollo de un ámbito de ideas.

Así queda claro porqué el quehacer científico incorporó estructuralmente a la filosofía como uno de sus pilares metodológicos básicos y porqué el edificio de conocimientos se articuló sobre la base de disciplinas más ideales que reales. Además éstas últimas solo podían desarrollarse a partir del predominio de una observación pasiva, con el único objetivo de tratar de explicar y comprender el fenómeno observado, pero sin posibilidad alguna de intervenir sobre él.

El denominado "empirismo aristotélico" consistía en la experiencia ligada a la "vivencia y percepción sensorial" del fenómeno, permitiendo mediante la "inducción" llegar a conocer las verdades universales (metafísica) y así ir ampliando el conocimiento mediante el "razonamiento deductivo" para descubrir las causas de esas verdades, llegando de tal forma a la esencia de las cosas (eidos) como ya se vio al hablar de la *episteme griega* en el capítulo anterior.[76]

Según el autor Ruy Perez Tamayo,[77] en aquel período la vanguardia científica, además de Aristóteles, era detentada por personajes como Demócrito (metafísica mecanicista), Platón con su sistematización del saber a partir de tres disciplinas: la "dialéctica" (ideas y sus relaciones), la "física" (construcción del cosmos mediante las ideas), la "ética" (aplicado a la sociedad) y la "matemática" (única disciplina totalmente perteneciente a la episteme como forma válida de saber a diferencia de la doxa) o también Euclides (geometría) o Ptolomeo (geografía matemática).

Al caer el imperio romano en el siglo V (476 dC) a manos del cristianismo, la *teología* se instala como centro excluyente de la mayoría de las actividades humanas, entre ellas el pensamiento científico sistemático - teocentrismo - dando lugar a un dogma que perduraría durante varios siglos. Una prueba más de la estrecha relación entre la *ciencia* con su método y la *cultura,* de la cual aquella, como vimos, forma parte indivisa,

Fue recién en el siglo XII cuando por influencia de científicos árabes (Alhazen, Al- Biruni, Avicena) que difundían la herencia de la cultura

---

[76] *Enciclopedia Oxford de Filosofía*. Honderich T. Traducción Garcia Trevijnano, Carmen (2001). Ed. Tecnos. Madrid, España.

[77] Perez Tamayo, Ruy (2010) *"Existe el Método Científico?"*. España: Fondo de Cultura Económica.

griega, comienzan a mezclarse los tres componentes que terminan por caracterizar a la *ciencia* del medioevo, la "teología", el "conocimiento empírico" de la naturaleza y la "metafísica aristotélica" los cuales confluirán en el denominado *nominalismo* del inglés Roger Bacon (1214-1294) que es la expresión de una *ciencia* empírica basada en el saber natural aristotélico-arábigo.

A partir de ese instante, lenta y progresivamente la experiencia humana propia va creciendo en importancia como fuente de conocimiento dando lugar al *empirismo* que, en síntesis, no es otra cosa que la combinación del "trabajo mecánico", la "invención" y el descubrimiento por un lado y por el otro lado la "especulación matemática" para llevar adelante un *experimento* que permita alcanzar el sueño de intervenir en la naturaleza y si es posible dominarla.

Era cuestión de tiempo, alguien le daría forma como método y ese fue Francis Bacon.

Como muchas veces sucede no siempre la elucubración prospectiva que puede efectuar el protagonista de un evento o hecho, es decir el impacto o impronta que pueda tener sobre su entorno, alcanza para mensurar la significación y la profundidad que pueden llegar a tener los efectos tanto directos como indirectos de lo que generó, dicho análisis más probablemente dependerá de una evaluación retrospectiva efectuada tiempo después, una vez que los efectos se manifiesten. En este sentido, sospecho que ni el mismísimo Francis Bacon podría siquiera haberse imaginado lo que significaría el *empirismo* para la *ciencia* y para la cultura humana.

Entre los varios aspectos que le otorgan a este período la consideración de verdadera "bisagra", como se dijo más arriba, existen tres que, a mi juicio, no solo son los más destacables y definitorios del rumbo que adoptaría la evolución de la *ciencia* sino y fundamentalmente son los que mejor caracterizan a la esencia misma del *Método Científico*.

Estos tres aspectos son:
- la concepción predominantemente *materialista* que aplica el hombre respecto a la *realidad*.
- la instalación de la *tecnología* generada a partir de bases exactas físico-mecánicas y matemáticas como eje o pivote científico, lo cual deriva en forma directa en la *modelización* del hecho científico (*matematización* del fenómeno natural, *materialismo mecanicista*).

- el abandono de la *actitud filosófica reflexiva* como el otro pilar estructural y sistemático del "hecho científico", hasta dejarla relegada a un rol prescindible y a veces hasta molesto y peligroso, al punto de ser considerado como pseudo*ciencia* frente a los abrumadores triunfos y logros del enfoque materialista-mecanicista (tecnología).

Dicho sintéticamente, la sobrevaloración del componente fáctico (hechos) y material de la *realidad*, el *materialismo mecanicista* como eje de intelección y la subestimación del análisis filosófico reflexivo de los fenómenos, serán los rasgos que cada vez más irán definiendo al método que la *ciencia* aplicaría a partir de ese período de la historia.

En este sentido es lícito pensar que si alguno de todos los personajes responsables del surgimiento del *Método Científico* hubiese siquiera sospechado que esta verdadera "devaluación de la filosofía" como herramienta metodológica podría ser un efecto colateral derivado del propio método, quizás hubiese advertido o al menos aclarado, que de no haber existido un *"acto filosófico reflexivo"* previamente, ese método no hubiese sido planteado como una respuesta ante la necesidad de seguir avanzando en el conocimiento de la *realidad*. Tampoco hubiese sido propuesto como estrategia para aportar la mayor cantidad de elementos para que la adaptación, tan indispensable, fuera cada vez de mejor calidad lo cual dependía del hecho que la lectura y la evaluación del fenómeno lograra ser lo más cercana posible a la *realidad* misma, es decir que esa lectura diera lugar a una versión más objetiva y menos subjetiva.

Tanto el mismísimo *Método Científico*, como el fundamento que le otorga sentido, no hubieran sido posibles de no haber existido previamente el acto filosófico reflexivo que pusiera en evidencia su necesidad.

Dicho de una manera más directa, el *Método Científico* le debe su nacimiento a la filosofía.

Lo cierto es que a partir de allí, esas premisas de empirismo, materialismo y predominio de enfoques fácticos-exactos por sobre los ideales-reflexivos, jamás abandonarían la escena, no solo de la *ciencia* sino de la cultura misma. Alrededor de este eje ambas, *ciencia* y *cultura*, adquirirían una dinámica cada vez más interdependiente y recíprocamente funcional.

Así quedan definidas las características del segundo período en el comportamiento del hombre frente a la *realidad*, en particular en el ámbito de la *ciencia*. Se anima a caminar solo, a creer en sí mismo, a considerarse capaz no solamente de interactuar con la *realidad* sino de intervenir en ella y hasta dominarla. Lo lograría a partir de sus propias producciones, que lejos de ser ideales y reflexivas nacen y se apoyan en el materialismo, la matematización, el concepto de exactitud y precisión (que pasan a ser prioritarios), todo lo cual en el ámbito científico se conoce como "tecnología". Así, esa tecnología se transformará en el pivote de la *ciencia* y su avance en el factor gracias al cual se generarán hechos que siempre e invariablemente posibilitarán el progreso.

Al menos eso es lo que dicen.

Como era esperable surgieron variaciones y cuestionamientos que incluso derivaron en la creación de nuevas disciplinas y en la necesidad de desarrollar o reformular otras que ya existían, tanto en el terreno científico como en el no científico.

Pero aún con todas esas diferentes alternativas, todo ese devenir nunca dejó de transitar por terrenos que mantenían y respetaban las tres premisas enunciadas más arriba.

Veamos, entonces, por donde pasaron esos cuestionamientos.

Como cualquier proceso sistemático, el *Método Científico* posee dos componentes primarios. Por un lado, una base de fundamentos o teoría y por otro lado, una estructura operativa práctica o gestión.

Cuando se analiza la calidad y el sentido de los planteos y cuestionamientos hechos al *Método Científico*, se cae en la evidencia que la enorme mayoría de ellos casi siempre estuvieron referidos al segundo y no al primero de esos dos componentes primarios, es decir se ocuparon de ver la e*ficiencia* del método y su capacidad de gestión para neutralizar o al menos minimizar, en la práctica a la elusiva "subjetividad".

Muy pocas veces los cuestionamientos e innovaciones referidos al *Método Científico* estuvieron orientados a su fundamento teórico referido a si verdaderamente seguía garantizando el "anclaje a la *realidad*" a partir de una actitud reflexiva y filosófica, algo que, como vimos, sus creadores, muchos de ellos filósofos, daban por hecho.

Fue esta falta de cuestionamiento y por ende de análisis, a las propias bases conceptuales del *Método Científico,* lo que motivó dos circunstancias que a esta altura resultan ser motivo suficiente como para cuestionar a la propia *ciencia* o al menos poner en duda la afirmación que sostiene que siempre e inexorablemente lo que se denomina y considera "hecho científico" tiene una vinculación absoluta con la *realidad*.

Por un lado, nunca se jerarquizó lo suficiente el hecho que al ser parte indivisa de la *cultura*, el *Método Científico* es una variedad más de "respuesta adaptativa" frente a las necesidades que le surgen al ser humano a partir de las señales que provienen de la *realidad* que, en tanto es la verdadera protagonista, jamás deberíamos olvidar y mucho menos subestimar el hecho que resulta esencial permanecer "anclado" a ella.

Pero eso no es todo, tampoco siquiera se pensó que al ser congruentes *cultura* y *Método Científico* y por ello interdependientes y mutuamente funcionales, perfectamente y sin que nadie pudiera percatarse con facilidad, podrían estar sentando las bases y orquestando el escenario adecuado para que una pseudo-realidad creada indistintamente por alguno de los dos, fuese convalidada por el otro.

Estas dos falencias que se acaban de mencionar claramente son dependientes de la ausencia de una actitud reflexiva.

Rara vez apareció un planteo que cuestionara de la denominada "*ciencia* oficial" su desarraigo a la *realidad* "real" y su tendencia a reemplazarla por otra "virtual" o *pseudo-realidad*.

Pero a decir verdad, este estado de cosas no es algo que deba extrañar.

Esa "*ciencia* oficial" siempre monopolizó la formación de los científicos, dejándolos en consecuencia enredados en su propia trama. Cuestionar ese aspecto esencial y primario de la *ciencia* implicaría, incluso, cuestionar la propia *cultura* a la cual esa misma *ciencia* pertenecía, una flagrante traición.

Por el contrario, resultó más conveniente y efectivo condenar a ese tipo de cuestionamientos al rincón de lo alternativo o pseudo-científico, incluso subversivo, ya que todos los planteos que pretendieran ser al menos dignos de consideración, deberían estar referidos predominantemente a los aspectos operativos del *Método Científico* y hacia sus pautas para lograr un conocimiento que pudiera preciarse de válido pero, insisto, jamás estarían vinculados al riesgo de perder rigurosidad en el apego a la *realidad* o, mucho menos, por alejarse cada vez más de la actitud filosófica-reflexiva.

En ese contexto, no resulta tan llamativo que el *Método Científico* se fuera estructurando alrededor de disciplinas más "reales y fácticas" que trabajan con materia tangible y fundamentalmente pasible de ser medida, mientras las disciplinas "ideales", vinculadas con la filosofía y la *reflexión*, iban siendo desplazadas en el ámbito científico casi hasta la exclusión.

Este verdadero proceso, inexorablemente fue empujando a la *ciencia* a un extremo autorreferencial al punto que le permitió delimitar y definir "su" universo como "el" universo, convalidándolo definitivamente con los denominados "conocimientos científicos asentados".

Dicho esto, será interesante ver cómo fue evolucionando el *Método Científico* y cómo se fueron sucediendo o superponiendo, pero siempre interactuando en esa evolución, verdaderas doctrinas científicas, reiterando que aún las discrepancias y los diferentes enfoques giraban siempre en torno a los mismos aspectos operativos. Se cuestionaba el "cómo" llegar al conocimiento de la *realidad* pero no se cuestionaba si ese conocimiento resultante era verdaderamente congruente con ella.

Enumeremos las más importantes.

El *determinismo* basado en el "principio de causalidad" o de razón suficiente (causa plena-efecto total) de Leibniz, el *empirismo* de Locke (1634-1704) en el que todo el conocimiento se deriva de la experiencia concreta a excepción solo de la lógica y las matemáticas, la *geometría analítica* de Descartes y su concepción que tanto la materia inerte como los organismos vivos obedecen a las leyes de la física con un comportamiento puramente mecánico y con cualidades expresables matemáticamente y comparables en forma de relaciones. Todo lo cual habilita a desmembrar cualquier sistema u organismo en porciones más pequeñas a fin de mejorar la precisión de las mediciones o también su famoso "pienso luego existo" (cogito ergo sum) que no es otra cosa que ver como posible el alcanzar la certeza en el conocimiento "a priori" (partiendo, por supuesto, de sus propias premisas) en ausencia de la *realidad*.

Hume que con su "*empirismo extremo*" negaba la existencia de ideas o conceptos a priori y se oponía al principio de causalidad sosteniendo que los mismos efectos no siempre ni necesariamente tienen las mismas causas, lo cual invalida a la inducción como herramienta para alcanzar generalizaciones válidas para el conocimiento ya que la naturaleza no es regular.

Kant (1724-1804) que vuelve a darle otra vuelta de tuerca al asunto al sostener que nada de nuestro conocimiento puede trascender a la experiencia, criticando a los sistemas filosóficos que pretenden alcanzar el conocimiento en ausencia de datos empíricos ("Crítica de la razón pura") pero también reconociendo que una parte de aquel puede ser a priori y por ello no inferido inductivamente a partir de la experiencia.[78]

Como quiera que haya sido, tal como dijimos es obvio que los términos del debate respecto a la *ciencia* y su método casi siempre giraron más en torno a cuál podría ser la estrategia más válida para alcanzar los conocimientos y no tanto el que esos conocimientos fueran congruentes con la fuente que los motivaba, es decir con la *realidad*.

En parte era esperable que algo así sucediera, al fin y al cabo ese último aspecto formaba parte estructural y funcional de la formación, del quehacer y en definitiva de la propia mente de los científicos, que contaban con la filosofía y la *reflexión* como herramienta de uso cotidiano y única manera de evaluar si lo que se conoce acerca de un objeto o fenómeno, tiene que ver realmente con ese objeto o fenómeno y no con algo que creemos ver en ellos. No había motivos para que eso fuera cuestionado.

Lo cierto es que, en definitiva, si hasta ese momento "la materia" compartía el escenario con "las ideas", como se verá, esa convivencia armoniosa no iba a durar mucho y éstas últimas terminarían por ser desplazadas del centro de la escena.

Ya entrado el siglo XIX, la *ciencia*, en clara sintonía con una *cultura* entusiasmada con los efectos derivados de la invención del "motor" y en un contexto de verdadera "revolución industrial", es dominada casi sin obstáculos por el *empirismo* como corriente hegemónica.[79]

Fue una época en la que la *reflexión* y cualquier cuestionamiento acerca de la congruencia del devenir del hombre con la *realidad* –racionalismo– resultaban ser, incluso, obstáculos molestos que atentaban y podrían opacar el éxito brillante de la "*ciencia*-tecnología" estrechamente relacionada con el "hecho material" (fáctico) que avanzaba sin replanteos.

Todo aquello que no tuviera que ver con lo material y lo mecánico, es decir todo aquello que surgiera a partir de un planteo reflexivo –vinculado con la filosofía– o de lo producido por la creación al servicio de las ideas y la sensibilidad estaba condenado a ocupar un espacio no oficial, periférico y alternativo y a ser observado casi siempre con cierta desconfianza.

---

[78] "*Existe el Método Científico?*". Ob. cit.

[79] Si bien formalmente el *empirismo* reconoce como válida la existencia de "experiencias internas" a partir de la reflexión, en su relación con la *realidad* circunscribe su universo a los "hechos" (fáctico) a los cuales se accede exclusivamente mediante la experiencia sensorial. De ahí surge la estrecha relación entre *empirismo* y materia".

Se trata de un escenario en el cual el *materialismo mecanicista* científico encarnado en la tecnología, interactuaba estrechamente con un *sistema de vida* articulado sobre la base de esos mismos avances tecnológicos que impregnaban de practicidad y pragmatismo la vida de las personas que, de tal modo, quedaban encuadradas dentro de un cerco infalible y casi perfecto creado por la retroalimentación entre el *sistema de vida* y la *ciencia*. Consecuentemente y como era esperable, resultó inevitable que se fuera radicalizando cada vez más el rol de la *ciencia* como factor de convalidación y como gravitante de vanguardia en la dinámica del entorno del hombre.

Así se llega a un momento clave en la historia de la *ciencia*, si como vimos el *cientificismo* sentó las bases del *empirismo*, éste hacía lo propio con el *positivismo*[80] que en su climax hasta se permitió pretender alcanzar una estructura unívoca como fundamento de toda la actividad científica, quedando transformado casi en un verdadero dogma.

La trascendencia y significación del *positivismo* en la cultura humana es mucho más que histórica e influyó en aspectos del hombre que trascienden a lo estrictamente científico. No solo definió con absoluta vigencia los lineamientos y rumbos de la *ciencia*, que a partir de ese instante se instala como verdadera fuente de ética, política y hasta religión, sino que además convalidó un sistema de vida transformándose en un verdadero "proyecto universal para la vida humana".

Conceptualmente el *positivismo* se caracteriza por el virtual rechazo a todas las entidades que no sean susceptibles de examen empírico objetivo – fáctico – privilegiando por ello el aspecto material del fenómeno. De tal forma restringe las actividades de la *ciencia* exclusivamente a los hechos observables y a partir de ellos a la definición de las leyes de la naturaleza, siendo ambos, hechos observables y leyes, los únicos portadores de conocimiento genuino.

Existen dos figuras emblemáticas del *positivismo*. Sus elucubraciones serán suficiente argumento para comprender los lineamientos y enfoques básicos del movimiento, pero también permitirán mensurar hasta qué punto la *ciencia*, en clara connivencia con el devenir cultural global dominante y con una dinámica de convalidación recíproca, se aleja definitivamente de su natural componente filosófico reflexivo que, como vimos, resulta

---

[80] El *positivismo* afirma que el único conocimiento válido es el "científico" al que solo se puede acceder mediante el *Método Científico*. Sus figuras primarias fueron Saint Simon, Auguste Comte y John Stuart Mill.

ser imprescindible para mantenerse anclado a la *realidad* la cual representa la referencia obligada para evaluar y validar la significación de todo acto científico y así evitar caer en la fascinación de una pseudo-*realidad*.

El francés Auguste Comte (1798-1857) es uno de esos personajes[81]. Contextualizó históricamente al *positivismo* con su "ley de tres etapas o estados". La primera de esas etapas la denominó "etapa teológica o ficticia" en la que los fenómenos naturales eran interpretados como producto del accionar de agentes sobrenaturales. La segunda etapa es la "metafísica o abstracta" en la cual aquellos agentes sobrenaturales son reemplazados por entidades abstractas materializadas mientras la actividad humana gira en torno de la búsqueda de la esencia. Finalmente, la tercera etapa es la "positiva o científica" cuya característica definitoria es que por medio de la observación y la razón se persigue como objetivo la búsqueda de las leyes que gobiernan tanto la secuencia como la semejanza de los fenómenos.[82]

No debe llamar la atención que este contexto "positivo", que busca leyes para inteligir la *realidad*, se apoye en una pretendida regularidad de los fenómenos ya que entre los antecedentes de este enfoque se puede vislumbrar la influencia del determinismo. En el escenario de Comte, aquellos hechos ahora abordados por su propuesta son generados por el propio hombre como productos de la tecnología, en su esencia autosemejantes y uniformes, lo cual convalida sin obstáculos que sean encolumnados en leyes.

Conceptualmente el método propuesto por Comte incluía tres fases:
1) el acto de "observación" de los hechos, siempre enmarcado dentro de un contexto previamente establecido y articulado con formato de hipótesis o ley científica.
2) el acto de "experimentación" solo válida en tanto el curso natural del fenómeno observado se pudiera manipular y controlar (convalidando de tal forma la "modelización" del fenómeno).
3) el acto de la "comparación" reservada para aquellos casos en los que los fenómenos alcanzan una mayor complejidad.

De esta forma se sentaban las bases para un terreno propicio y funcional tanto para la vida industrial (concebida a partir de un motor con ciclos

---

[81] Comte, Auguste (2012). *"Curso de filosofía positiva"*. Alicante. Biblioteca Virtual Miguel Cervantes.

[82] *Stanford Encyclopedia of Philosophy*. Editor principal Edward N. Zalta. URL de www: https//plato.stanford.edu/

idénticos y regulares cuya única posibilidad de variación es la velocidad de cada uno) como para la ilusión de controlar y dominar la *realidad*.

La otra figura del *positivismo* fundamentalmente a nivel científico (recordemos que a esta altura de los hechos, la grieta que separaba a la ciencia de la filosofía ya era muy marcada) es Ernst Mach (1838-1916),[83] quien profundizó los planteos metodológicos y terminó transformándose en el principal precursor del "Círculo de Viena para la concepción científica del mundo". Este grupo de científicos proponían una visión científica casi excluyente del mundo defendiendo, por un lado al empirismo de Hume, Locke y Mach y por el otro lado, a la inducción como forma de razonamiento para llegar a leyes generales a partir de casos particulares. También planteaban la conveniencia de un lenguaje único basado en la física mientras refutaban a la metafísica.

Mach postulaba un riguroso perfil fenomenológico con claros rasgos materialistas, mecanicistas y cartesianos (concepción del todo como un conjunto de partes pasibles de ser estudiadas por separado), un rechazo sistemático de la metafísica y una adherencia excluyente por la experimentación fundamentalmente por lo que él denominaba "experimentos cruciales" estructurados en base a diseños de manipulación de la naturaleza ("modelización").

A partir de Comte y Mach se fueron sucediendo enfoques, si se quiere, operativos del *positivismo* los cuales, más allá de sus diferencias, ninguno de ellos dejó de mantener su esencia gracias a que nunca dejaron de alinearse dentro de la relación funcional y la convalidación recíproca que venía manteniendo la dupla *Método Científico/ciencia* por un lado y *cultura* por el otro.

Por otra parte esa era la mejor manera para que los inventos y desarrollos tecnológicos que surgían de la *ciencia* invariablemente adquirieran significación de "progreso" para la sociedad, aunque muchas veces pudieran no serlo. En este sentido, si se aplicara una mirada reflexiva y se contextualizara como corresponde a todo "hecho científico", es decir dentro del marco que lo califica como lo que esencialmente es: una respuesta adaptativa frente a una señal de la *realidad* cuyo objetivo es recuperar o mantener la armonía, quizás muchos "hechos científicos" no hubiesen podido ser considerados como verdaderos "progresos" sino como algo muy diferente.

---

[83] *Stanford Encyclopedia of Philosophy*, ob cit.

Si en lugar de representar una respuesta a una necesidad planteada por una señal proveniente de la genuina *realidad*, un "hecho científico" surge a partir del requerimiento de una pseudo-*realidad*, por más ocurrente y sofisticado que sea, no siempre puede ser reconocido como verdadero progreso ya que no es un escalón evolutivo en el proceso de adaptación. Pero lo que sí puede suceder es que se transforme sin ningún obstáculo, en un argumento que convalide a esa misma pseudo-*realidad* que, de tal forma, termina siendo sustentada, por conveniencia por la propia cultura vigente.

Así se comprende el concepto que se presentó más arriba: la relación funcional y la convalidación recíproca entre *ciencia* y *cultura*, que fue lo que sucedió con el positivismo y sus variantes, como se verá más adelante.

Avance "positivo": el pragmatismo

Charles Peirce (1839-1914) filósofo y científico estadounidense[84] puso en escena al *pragmatismo* que destacaba la importancia de un "hecho científico" a partir de sus consecuencias prácticas como lo expresa la denominada "máxima pragmática" "...*consideremos qué efectos, que puedan tener concebiblemente repercusiones prácticas, concebimos que tenga el objeto de nuestra concepción. Entonces, nuestra concepción de esos efectos es la totalidad de nuestra concepción del objeto...*".[85]

Dicho de otro modo, el valor de un "hecho científico" está dado prioritariamente por la *utilidad* práctica de sus efectos.

Sin embargo y a partir de un simple razonamiento lógico surge una pregunta que necesariamente complementa esta definición:

¿Cómo y quién define qué es la "utilidad práctica"? ¿Para quién es útil?

Una pregunta cuya respuesta podría ser muy controversial.

Por la misma época, Henri Poincaré (1854-1912)[86], sosteniendo un determinismo marcado, fundamentaba su propuesta de *Método Científico* en la existencia de un orden general en el universo que es previo e independiente del hombre y su conocimiento. Para él la meta de un científico debe ser descubrir y entender todo lo posible ese orden universal pero aceptando que la certeza de su propia universalidad es inalcanzable. Poin-

---

[84] *Stanford Encyclopedia of Philosophy*, ob cit.

[85] Peirce, C S. *"How to make our ideas clear"* – Popular Science – monthly Jan 12, 1878 – pp 286-302.

[86] *Stanford Encyclopedia of Philosophy*, ob cit.

caré sostenía que la selección del hecho observable, paso que depende por entero de los sentidos del observador con absoluta independencia del enfoque científico o filosófico del que se esté hablando, lejos de ser de utilidad práctica o de valor moral es enteramente probabilística.

Por supuesto, las cosas no quedarían allí.

Fogoneado por los impactantes descubrimientos tecnológicos y sin modificar ni un ápice el rumbo que lo alejaba cada vez más de la cuestión filosófica reflexiva y por ende de su rol como respuesta adaptativa, el *Método Científico* profundizó aún más su postura absorbiendo al *neopositivismo* o *empirismo lógico científico* que alcanza su expresión más conspicua en los trabajos de Rudolf Carnap (1891-1970). [87]

A partir del momento en que los lineamientos positivistas se ubicaron en el centro de la escena científica transformándose en *"ciencia oficial"*, quedaron definidas de una manera taxativa las pautas de validación a las que todo "hecho científico" debió someterse para ser considerado como tal, por cierto proceso que se vio acelerado con el *neopositivismo*.

Básicamente la propuesta de los neopositivistas se fundamentaba en subordinar la validez de un enunciado a dos alternativas, o bien a ser demostrado empíricamente (experiencia) o bien a que pertenezca al terreno de la lógica o la matemática dejando afuera a las cuestiones metafísicas y filosóficas que a partir de allí serían consideradas como *pseudo-problemas*.[88] Basados en este principio, los empiristas lógicos o neopositivistas se entusiasmaron y fueron por más, planteando la necesidad de unificar a todas las *ciencia*s, desde las físicas y biológicas hasta las sociológicas, a partir de postulados que expresaban como "enunciados cuantitativos de puntos definidos de espacio-tiempo", descriptos con claridad por Carnap en su artículo "Bases lógicas de la unidad de las *ciencias*". [89]

Más allá de la trascendencia epistemológica e histórica de estos enunciados, para el presente análisis tal vez lo que más importe destacar es que Carnap sostenía la prescindencia del contexto social e histórico en el quehacer científico, lo que implicaba o bien desconocer la interdependencia de la *ciencia* con la cultura o bien directamente ubicar a la *ciencia* en el mismo plano que la cultura.

[87] Perez Tamayo Ruy. *Obra citada*
[88] *"La concepción científica del mundo: el Círculo de Viena"*. Carnap R, Hahn H. Asociación Ernst Mach (2002). Redes 9 (18), 105-149. RIDAA (Repositorio Institucional de Acceso Abierto de la Universidad Nacional de Quilmes).
[89] *"Existe el Método Científico"*, ob. cit.

Para este autor el progreso de la *ciencia* se define principalmente con el avance de los niveles de exactitud y reducción (mecanicismo – atomización - modelización) siendo la función práctica de la *ciencia*, la de hacer predicciones a partir de las leyes que genera a través del empirismo (*determinismo pragmático*) poniendo en evidencia el objetivo básico de intervención y en definitiva dominio de la naturaleza (léase *realidad*).

Se trata de una definición que indudablemente está muy en sintonía con lo planteado por Laplace a principios del siglo XIX, que sostenía que si en un momento dado se conocieran todas las leyes de la mecánica y todas las configuraciones y movimientos de la materia, podríamos predecir con exactitud toda la historia futura de la humanidad ("... Podemos mirar el estado presente del universo como el efecto del pasado y la causa de su futuro. Se podría concebir un intelecto - demonio de Laplace - que en cualquier momento dado conociera todas las fuerzas que animan la **naturaleza** y las posiciones de los seres que la componen; si este intelecto fuera lo suficientemente vasto como para someter los datos a análisis, podría condensar en una simple fórmula el movimiento de los grandes cuerpos del universo y del átomo más ligero; para tal intelecto nada podría ser incierto y el futuro así como el pasado estarían frente a sus ojos...").[90]

Evidentemente el *neopositivismo* representó una profundización del *"enfoque materialista, mecanicista, determinista y reduccionista"* convalidando al *modelo del fenómeno/objeto - modelización -* en estudio como herramienta que habilita no solo mediciones más exactas y precisas sino también una manipulación, instalándolo como la representación metodológica que aplica la *ciencia* para estudiar la *realidad* y, en definitiva, para dominarla.

En ese contexto, la idea de unificación de las *ciencia*s en torno al método neopositivista fue en esencia el intento de asumir un rol central dominante y hegemónico, en definitiva excluyente, para cualquier otra opción, sentando las bases para que ese enfoque y no otro se instale como dogma indiscutido y único para manipular y controlar una "*realidad*" que él mismo se encarga de convalidar, ocultando incluso a sí mismo, dada la literal ausencia de una mirada reflexiva, la posibilidad que pudiera tratarse de una pseudo-*realidad* diferente a la verdadera.

Pero no todos estaban alineados y resultó inevitable que surgieran los cuestionamientos.

---

[90] *"Existe el Método Científico"*, ob. cit.

Hans Reichenbach (1891-1935) por ejemplo, sostuvo la incertidumbre del conocimiento a partir de la inexactitud de las predicciones físicas proponiendo rangos de probabilidad para la manifestación de cualquier evento. La termodinámica del siglo XIX y la mecánica cuántica del siglo XX son otros ejemplos. [91]

Se transitó por vórtices de verdadero extremismo, como el *operacionismo* de Percy W. Bridgman (1882-1961), quien basándose en una mezcla de empirismo puro, neopositivismo y pragmatismo proponía que las entidades físicas no tienen existencia independiente de las "operaciones" usadas para establecer su presencia o ausencia, es decir "son reales" en tanto se conocen y dejan de ser reales si no se opera para conocerlas. Arturo Rosenblueth (1900-1970) profundizó aún más el *operacionismo* priorizando la construcción de modelos de los fenómenos de la naturaleza como herramienta metodológica para alcanzar el conocimiento.

Hasta el mismo Karl Popper (1902-1997) con su *criterio de demarcación* reconocía como "*ciencias* verdaderas" a aquellas construidas por teorías susceptibles de ser demostradas –en su caso particular proponía la *falsación* en lugar de la *verificación* como aporte contra el subjetivismo– catalogaba como *pseudo-ciencias* a aquellas que no son refutables o falsables en tanto no hacen afirmaciones acerca de algún sector de la *realidad*, tratándose por el contrario de hipótesis que siempre se adaptarán a ese mundo sea de la manera que fuera. Ejemplificaba la definición de hipótesis no falsable o *pseudo-ciencia* con el psicoanálisis o el historicismo marxista por tener explicaciones plausibles para todos los fenómenos aún aquellos opuestos entre sí. [92]

Discípulo de Popper fue Imre Lakatos (1922-1974) cuya principal diferencia en cuanto al aspecto operativo del *Método Científico* era que en lugar de valorar la falsabilidad de una teoría lo hacía sobre la confirmación de una de dos teorías propuestas antes del experimento. [93]

Finalmente, aunque más vinculado con filosofía de la *ciencia* que con el *Método Científico*, no podemos dejar de mencionar a Thomas Kuhn (1926-) quien en su clásico libro "La estructura de las revoluciones científicas" (1962) delineó la dinámica de los procesos históricos por los que atravesó la *ciencia*. Esa dinámica se estructuraba en forma de paradigmas

---

[91] *"Existe el Método Científico"*, ob. cit.
[92] Popper, K (1980). *"La lógica de la investigación científica"*. Madrid: Tecnos.
[93] *"Existe el Método Científico"*, ob. cit.

inevitablemente sometidos a un proceso de superación o cambio por otro con mejores resultados o respuestas que terminará por ser el dominante. [94]

La trascendencia de los enunciados de Kuhn son los que convalidan el reconocimiento que el paradigma actual con fuertes rasgos neopositivistas no tiene ganada la eternidad y seguramente tarde o temprano será superado.

Más allá de cuestiones cronológicas o históricas, lo que queda claro es que desde que se instaló el *neopositivismo* como rasgo dominante del *Método Científico*, la cuestión de su vinculación con la *realidad* a partir de una actitud filosófica reflexiva y su condición de respuesta adaptativa formando parte indivisa de la cultura, fueron opacadas quedando ocultas por el cono de sombras proyectado por la concepción materialista mecanicista y su derivado natural, la tecnología, consideradas oficialmente como estrategias válidas tanto para superar el subjetivismo inherente a todo acto humano como para acumular conocimientos.

Más adelante veremos cuáles fueron las consecuencias de esa desaprensión por la *realidad* y su consecuente subestimación como factor trascendente y decisivo sobre el "hecho científico".

Pero vayamos más a fondo y veamos cual y cómo es el verdadero núcleo primigenio que dio sentido al *Método Científico*.

Me refiero a la *subjetividad*, algo que los que transitamos el terreno de la *ciencia* deberíamos conocer muy bien pero que, lamentablemente y en esto debemos ser honestos, no estuvo muy presente en nuestra formación académica.

Un fantasma en la ciencia: la subjetividad

Por supuesto que la cuestión de la subjetividad no es patrimonio exclusivo de la *ciencia*, muy por el contrario, se trata de una condición inherente de toda disciplina humana.

Por ello lo que acá se diga a este respecto será muy fácil aplicarlo a otras instancias, sobre todo a aquellas que surgen a partir de la superestructura enteramente generada y construida por el hombre y que terminaron conformando lo que conocemos como "sistema cultural". Instancias que de por sí no existen espontáneamente en la *realidad* y la naturaleza, como la política, la economía, la sociología, entre muchas otras. Por derivar

[94] Kuhn, TS (1996). *"La estructura de las revoluciones científicas"*. Breviarios del Fondo de Cultura Económica. Argentina.

de la creatividad del hombre, estas disciplinas poseen subjetividad en su esencia y estructura matricial más primaria.

No es difícil entender que la raíz de la palabra *subjetividad* no es otra que *sujeto*. Aunque esta parezca ser una verdad de Perogrullo resulta fundamental para comprender y mensurar la enorme trascendencia que tuvo, tiene y tendrá la *subjetividad* sobre el *Método Científico*.

La cuestión de la *subjetividad* se encuadra dentro de lo que se denomina "acto humano" es decir aquel que es vivenciado o desarrollado por un sujeto humano.

Es difícil negar con contundencia que un animal no humano pueda tener acciones o reacciones comandadas por la *subjetividad*. Sin embargo, reconocemos en ellos que casi toda su vida y su comportamiento están estrechamente ligados a sus *instintos* de "conservación" (como especie) y de "supervivencia" (como individuo), ambas instancias mucho más primarias y previas tanto a la *subjetividad* como a la racionalidad que caracterizan al ser humano.

En cambio el "acto humano" nunca dejará de estar contaminado en forma manifiesta o disimulada, directa o indirecta, por una especie de desviación que será peculiar y hasta exclusiva de ese sujeto. Una desviación que se vincula con su propio pasado, sus expectativas a futuro y con las sensaciones que ambas instancias despiertan y que inciden en el tiempo presente, es decir ese acto en sí mismo o lo que ese sujeto está generando en ese instante.

El pasado y el futuro exclusivos y tan particulares de ese sujeto, invariablemente contaminan su presente, también exclusivo y particular de él.

Pero eso no es todo, porque es justamente el presente el encargado de evocarlos. Así pasado, presente y futuro quedan fundidos en una misma instancia que termina por definir de una manera particularísima, tanto la percepción como la vivencia y significación que ese sujeto le otorga al fenómeno con el cual se pone en contacto, ya sea proveniente principalmente de su mundo interior, como por ejemplo bajo la modalidad de recuerdo o bien del mundo exterior, lo cual por supuesto incluye a la *realidad*.

Ningún acto humano escapa a esta generalidad sea del tipo que sea. Esto incluye no solo al acto referido al acceso y vinculación que ese sujeto mantenga con la *realidad* que lo rodea y en la que está inmerso, sino también a la manera con la cual ese hombre pretenda comprenderla, conocerla y explicarla, es decir con el método que decida emplear, el cual para el caso específico de la *ciencia* se denomina Método Científico.

Desde un punto de vista descriptivo, acto humano referido a la *realidad* y sus cosas o fenómenos en su estructura tiene dos componentes básicos, uno que es aportado por el *objeto* de la *realidad* y otro que, como vimos, es aportado por el *sujeto*. La proporción de cada uno define la calidad de ese acto de una manera inversamente proporcional, es decir cuanto mayor sea la subjetividad menor será la objetividad y viceversa.

Dicho de otro modo, cuanto menor sea el aporte del sujeto y mayor sea el aporte del objeto se incrementará la "objetividad" de ese acto, quedando destacadas con prioridad las cualidades del objeto. En este sentido, cabe preguntarse si verdaderamente existe la "objetividad pura" acerca de un fenómeno o cosa de la *realidad*. Si bien de hecho el "objeto sin sujeto" existe, jamás podrá ser accesible a nosotros debido a que hoy por hoy la única manera de enterarnos acerca de un objeto de la *realidad* es a través de un sujeto, ya sea directa o indirectamente.

Resulta obvio, la *realidad* existe más allá de nosotros, eso es algo que está afuera de toda discusión, el problema es que no podemos conocerla.

La contrapartida de esta situación se da cuanto mayor sea el aporte del sujeto, en cuyo caso hablamos de *subjetividad*. En ella participan no solamente las distorsiones en la percepción y comprensión del fenómeno u objeto, también opera la "significación" que hace el sujeto acerca de las cualidades del objeto, que siempre van más allá de las cualidades en sí mismas.

Si, como acabamos de ver, la "objetividad pura" o sea "objeto sin sujeto", no existe, la categoría opuesta "subjetividad pura" o "sujeto sin objeto" sí existe y se denomina "fantasía" cuyo conocido paradigma es nada menos que el arte.

Sesgos cognitivos y falacias lógicas [95] [96]

Desde un punto de vista funcional podemos decir que la *subjetividad* consiste en una distorsión del proceso de formación del conocimiento,

---

[95]. Cortada de Kohan, N; Macbeth G. *"Los sesgos cognitivos en la toma de decisiones"*. Revista de Psicología vol. 2 Nro 3, 2006. Biblioteca digital de la Universidad Católica Argentina.

[96] Groarke, Leo. *"Informal Logic"*. Stanford Encyclopedia of Philosophy. Edward N Zelta – (Spring 2013).

que (involucra al pensamiento) y que se pone en marcha toda vez que nos ponemos en contacto con cualquier objeto de la *realidad*, afectando en consecuencia la percepción inicial que se tiene de ella.

Podemos afirmar, entonces, que la *subjetividad* implica un "sesgo" o desvío en el proceso mismo de información.

Así se comprende que uno de los núcleos funcionales de la *subjetividad* se lo conozca como *sesgo o prejuicio cognitivo*. Se trata un fenómeno psicológico involuntario del cual absolutamente nadie puede escapar, por supuesto, ni siquiera los científicos.

Pero lejos de ver al *sesgo cognitivo* como una trampa que nos ponemos nosotros mismos y que nos acecha a cada paso que damos, en verdad cumple una función esencial para nuestra vida y nuestro desarrollo. Ese mismo sesgo, que es fisiológico y no patológico, es justamente el que nos permite que de una manera rápida y casi automática, reconozcamos y nos posicionemos (por asociación con recuerdos, creencias, etc.) frente a las circunstancias y los objetos cotidianos, a tal punto que se puede afirmar que el "prejuicio" que sesga positiva o negativamente nuestras construcciones mentales es el que precisamos para enfrentarnos e involucrarnos cotidianamente con la *realidad*. El *sesgo cognitivo* es, por ejemplo, lo que usamos para responder o posicionarnos con rapidez ante circunstancias que no nos dan tiempo para reflexionar o frente a las cuales no disponemos de mucha información.

Pero el *sesgo cognitivo* no solo sirve para conectarnos con la *realidad* también puede ser utilizado para generar argumentos que intentarán ser ciertos aunque jamás lo lograrán, justamente por basarse en *sesgos*. Serán argumentos "falaces", es decir, erróneos e incorrectos que por ello se denominan *falacias lógicas*. Intentarán parecer ciertos pero una revisión más o menos minuciosa probarán que son engañosos.

Además de los *sesgos cognitivos*, las *falacias lógicas* son otros de los componentes de la *subjetividad*.

Será útil ver cuáles son algunas de esas *distorsiones cognitivas* que forman parte de todo acto humano y que tanto pueden alejarnos de la *realidad* verdadera. Quedará claro hasta qué punto la *subjetividad* está presente en cada minuto de nuestras vidas, en lo que leemos, en lo que escuchamos y en lo que decimos.

Sin siquiera percatarnos, los *sesgos cognitivos* y las *falacias lógicas* forman parte de nuestra vida más cotidiana y muy probablemente con mucha más fuerza en circunstancias en las cuales perseguimos un objetivo, como puede ser el conocer la verdad acerca de la *realidad*, que es el principio básico de la *ciencia,* lo cual implica que nuestra querida disciplina también corre riesgos a manos de los acechantes *sesgos* y las engañosas *falacias*.

Muy probablemente el lector se identifique con algunos de los primeros o de las segundas ya sea en su propia persona o en la conducta de otro y no necesariamente en ámbitos científicos. Esto es absolutamente esperable desde el momento que estamos hablando de un acto humano y como tal lleva implícita en forma invariable e ineludible la *subjetividad* estructural de quien lo lleva a cabo.

Por supuesto que hay ciertas actividades que son mucho más proclives que otras a echar mano de *sesgos* y *falacias*, son aquellas para las cuales "su" verdad es más importante que "la" verdad y en esos casos esas *distorsiones cognitivas* dejan de ser molestas, para transformarse en funcionales a ese objetivo. Ejemplos conspicuos los hallaremos en la política y en el periodismo, bastará con ver un noticiero para reconocerlos.

Ex profeso dejo librado a la imaginación del lector los ejemplos que seguramente enriquecerán la presentación de cada *sesgo* y cada *falacia* pero destaco que tanto en la *ciencia*, en particular en la medicina, como en temas referentes a la política y al mercado, son cuestiones verdaderamente cotidianas.

Como era de esperar, existen muchos *sesgos cognitivos*, al fin y al cabo ellos surgen a partir del contacto del ser humano con una *realidad* que se caracteriza por una enorme y creciente complejidad.

Por ello me permití presentar aquellos que son más frecuentes y, a la vez, más determinantes de ciertas conductas por demás cotidianas.

SESGO DEL ANCLAJE: "anclarse" en un rasgo o parte de la información - *algo muy común entre los especialistas médicos que miran el fenómeno desde "la parte" que les compete priorizándola por sobre "el todo"*. A veces un órgano enfermo tiene indicación precisa de determinado tratamiento pero el paciente visto como persona en su tiempo y en su espacio no. Esta situación es la que a veces se enmarca en el denominado "ensañamiento terapéutico" en el que el "costo" (biológico) que paga el paciente como un todo (persona inserta en un contexto) supera al "beneficio" de lo que se haga en forma específica sobre el órgano o sistema biológico afectado.

SESGO DEL EFECTO BANDWAGON O DE ARRASTRE: creer en algo porque muchos lo hacen (*"...mil moscas nunca se equivocan..."*).

SESGO DE ILUSIÓN DE CONTROL: creer que siempre se pueden controlar las consecuencias y los resultados de un fenómeno -*ilusión de omnipotencia*-.

SESGO DE CONFIRMACIÓN: favorecer prioritariamente aquello que confirma la hipótesis y minimizar aquello que la cuestiona: *priorizar el "tener razón" por sobre la verdad en si misma*. Esta es una situación en la que frecuentemente se cae cuando no se tiene el suficiente apego a la *realidad*, quedando expuesto a permanecer cautivo de aquella pseudo-*realidad* que convalide la hipótesis propuesta, mientras se ocultan y desechan las circunstancias que pudieran contradecirla.

SESGO DEL EXPERIMENTADOR: utilizar prioritariamente aquellos datos que concuerdan con sus expectativas a la vez que desechar y desvalorizar aquellos datos que no las favorecen: *muy frecuente entre los políticos y casi sin excepción y por cierto sistemático, como táctica de mercado poniendo en evidencia un fuerte rasgo pragmático.*

SESGO DE PUNTO CIEGO: no darse cuenta de los propios prejuicios o verse menos sesgado que los demás –*muchas veces se confunde con soberbia o incluso en algunas circunstancias con deshonestidad*–.

SESGO DE DISCONFORMIDAD: criticar o descartar todo lo que me contradice y aceptar sin criterio todo lo que me favorece - *más que típico de los políticos.*

SESGO DEL EFECTO FOCO: darle una importancia exagerada a un determinado punto o aspecto del fenómeno: *muy utilizado en debates para "ganar" la discusión.*

SESGO DE DEFORMACION PROFESIONAL: mirar las cosas según convenciones o prismas de nuestra propia profesión: *habitual en especialistas de cualquier disciplina.*

SESGO DEL STATUS QUO: valorar y apreciar con mayor énfasis aquellas cosas que permanecen estables: *característico de los "conservadores" en cualquier disciplina.*

SESGO DE AUTOSERVICIO: en forma intencional errar en la observación e ignorar pruebas o hechos que están en contra de la postura que se defiende o también interpretar información o datos ambiguos que la benefician : *es discutible la consideración de este sesgo como distorsión cognitiva ya que en él interviene la intencionalidad. Personalmente creo que se trata más bien de una falta de ética y por ello más que una desviación in-*

voluntaria de uno de los componentes (proceso de intelección) de la respuesta adaptativa, se trata de una actitud especulativa.

SESGO DEL OBSERVADOR EXPECTANTE: manipulación de un experimento o mala interpretación de los datos para encontrar un determinado resultado: *bastante frecuente, mucho más de lo que uno quisiera, sobre todo en el ámbito de la investigación patrocinada por la industria farmacéutica.*

Por su parte las denominadas *falacias lógicas* dignas de enumerar que se presentan a continuación merecen un comentario especial.

Con independencia de que cada una podría ser graficada con ejemplos por demás cotidianos, facilitará mucho su comprensión e identificación, si decimos que todas ellas se pueden encontrar como integrantes conspicuos de ciertos discursos políticos que son aplicados, cada vez con más frecuencia, para apoyar y defender posturas con pretensión de ser unívocas o lo que es lo mismo absolutas, cayendo inevitablemente en maniqueísmos y fundamentalismos que necesariamente deben echar mano a *falacias* como la única manera de justificarse y validarse a sí mismas.

Respecto a si corresponde o no presentar aquí un listado de las *falacias lógicas*, considero que dada su condición de patrones de razonamiento, ese listado podría resultar excesivamente largo y distraería al lector del objetivo principal de este trabajo que no es otro que mensurar hasta qué punto el conocimiento está expuesto a distorsiones.

Por ello, creo mucho más útil destacar aquellas *falacias* que a mi juicio son las principales por su frecuencia y por su significación, en particular en el terreno de la *ciencia*.

GENERALIZACIÓN APRESURADA: generalización inducida y basada en muy pocas evidencias.

MUESTRA SESGADA: muestra falsamente considerada como la típica.

FALSO DILEMA (o falsa dicotomía o falsa bifurcación), solo dos puntos son sopesados como las únicas opciones sin considerar que existen más opciones.

PETICIÓN DE PRINCIPIO: la proposición a ser probada se incluye implícita o explícitamente entre las premisas originales.

FALACIA DEL FRANCOTIRADOR: la información o dato que no tiene relación alguna es interpretada, manipulada o maquillada hasta que tenga sentido.

CONCLUSIÓN IRRELEVANTE: presentar un argumento válido en sí mismo pero que en *realidad* prueba una proposición diferente a la que debiera apoyar. Según Aristóteles todas las falacias lógicas podrían ser reducidas a esta.

Con lo dicho hasta acá, es lícito pensar que el *sesgo cognitivo* puede "contaminar" cualquiera de las fases del proceso de intelección de la *realidad* y eso incluye al *Método Científico*.

Clásicamente se considera que las etapas del método que quedan más expuestas son las fases iniciales, que son las que giran en torno a la "percepción" de los fenómenos y la selección y ponderación de sus cualidades más destacables.

Luego de esa primera fase perceptiva, el proceso de intelección de hecho continúa y lo hace con una instancia en la que interviene el "razonamiento".

A partir de esta función, es posible tanto la "inducción" para extraer el principio particular de cada una de las observaciones como la "generación de hipótesis" que, como vimos, es un planteo que apunta a dar una solución al fenómeno observado, metodológicamente transformado en "problema".

En estas etapas, aun aplicando rigurosamente un proceso analítico, también puede intervenir un *sesgo cognitivo* y de hecho lo hace aunque esta vez como núcleo de las denominadas *falacias lógicas* que, como vimos, son patrones de razonamiento que la mayoría de las veces conducen a argumentos incorrectos y que se aprovechan de los *sesgos cognitivos* para parecer lógicos.

En conclusión y específicamente en referencia al *Método Científico*, las tres primeras fases de *observación* y *percepción* de los fenómenos y de *inducción* y *generación de hipótesis*, que son las que corresponden al "proceso de intelección" de la *realidad*, están naturalmente expuestas a las influencias de los *sesgos cognitivos* y las *falacias lógicas* que, como vimos, son los componentes operativos de la *subjetividad*.

Hasta aquí fue, si se quiere, la "versión oficial" de *subjetividad* en tanto es la que propone la psicología cognitiva que desde hace varias décadas se ha encargado de este tema. Pero en verdad existe un tercer componente de la *subjetividad* que, como se verá, opera en forma coordinada con los dos anteriores, completando el escenario para que ninguna acción del hombre escape a su influencia.

Ya dijimos que cualquier acto humano se desarrolla, en última instancia, dentro del contexto de una respuesta adaptativa y como tal se pone en marcha toda vez que un hombre se involucra con un fenómeno de la *realidad*.

También quedó claro que en ese acto inevitablemente intervienen los *sesgos cognitivos* y las *falacias lógicas*, en diferentes etapas del proceso de intelección.

Pero no son los únicos participantes, también interviene la denominada *significación*.

La *significación* sería algo así como la síntesis entre el pasado evocado y el futuro proyectado, ambos gatillados por el propio fenómeno de la *realidad* en tiempo presente, dentro del contexto exclusivo y particularísimo del propio sujeto.

La función de la *significación* es la de modular y hasta definir el acto de ese individuo en el momento que lo está ejecutando, por ello decimos que es exclusivo y particularísimo de ese sujeto.

Operativamente la *significación* se articulará con los *sesgos cognitivos* y las *falacias lógicas*, pero siempre será previa a estas *distorsiones cognitivas* las que, a lo sumo, podrán ser sus herramientas y sus vías de expresión poniéndose al servicio de ese sentido tan peculiar otorgado por la *significación*, insisto exclusivo y particular de cada ser humano ("...cada uno elige y actúa según donde le apriete más el zapato...") y eso obviamente involucra al "hecho científico".

La palabra *significación* se vincula con el vocablo "signo" que vendría a ser la representación o también la evocación de la idea de algo. Así se entiende que el acto de la *significación*, exclusivo para cada sujeto, implica otorgarle a una cosa o fenómeno de la *realidad* una importancia, un valor o una relevancia que es particularísima para el sujeto quien lo efectúa. La fuente de donde se nutre esa valoración tan particular se obtiene tanto del pasado como del futuro de ese sujeto y por ello a través del proceso de *significación* esa cosa o fenómeno del presente puede evocar un hecho, un ser o una idea del pasado y/o representar una expectativa del futuro del individuo en cuestión.

La *significación* es, entonces, una cualidad que el sujeto otorga al objeto a partir del mismo instante en que se pone en marcha el *proceso de intelección* de cualquier fenómeno de la *realidad*. Es una acción espontánea, se podría decir automática, del sujeto que no esta mediada por la voluntad ni por la conciencia.

Ahora bien, si se asume a la *realidad* como un sistema del cual ese fenómeno u objeto forma parte, el hecho que éste adquiera una cualidad vinculada solo y exclusivamente con el sujeto, implica que el "escenario real" al que verdaderamente pertenece ese objeto queda reemplazado por otro, ahora generado a partir de la intervención e influencia de esa cualidad otorgada por el sujeto.

De tal forma, la *significación* representa una suerte de "abstracción" de ese objeto o fenómeno de la verdadera -léase objetiva- *realidad* a la cual pertenece.

Dicho en términos conceptuales, la *significación* es una *descontextualización*.

El entorno, expresión de la *realidad*, tanto en sus dimensiones temporal como espacial queda reemplazado por un nuevo escenario o contexto, generado a partir de otras dimensiones que surgen de la *significación* que efectúa el sujeto.

Esta implicancia de la *significación* como descontextualización es la que la relaciona inversamente con el acto de *reflexionar* que, como enseguida se verá, resulta ser su única barrera.

Como vimos, el *Método Científico* fue concebido para lidiar con las *distorsiones cognitivas* –*sesgos* y *falacias*- pero no con la *significación* siendo la principal consecuencia de esta limitación el hecho que la *ciencia* aún se encuentre a merced de ella en tanto, hoy por hoy, no exista una herramienta metodológica más o menos específica para, al menos, atenuarla.

En este escenario, es por demás lógico preguntarse porqué todos aquellos que fueron forjando el *Método Científico* no se percataron de la necesidad de ocuparse también de la *significación* para alcanzar la versión más "real" de la *realidad*.

Si bien en términos rigurosamente históricos, en la época de la que estamos hablando no existía el concepto de *significación* como factor influyente en el proceso de intelección de la *realidad*, la *significación* como cualidad inherente a la conducta humana fue descripta por la psicología. La cual recién en el siglo XIX podemos reconocerla como disciplina independiente –psicología experimental, Wilhelm Wundt, 1879, Universidad de Leipzig– aunque sus enfoques más profundos y complejos, como el de la *significación* de un objeto por un sujeto es muy posterior, entrado el siglo XX (Freud, Lacan). Ello no implica que no existiera ni que no participara de absolutamente todas las versiones que cualquier ser humano pudiera generar acerca de la *realidad*. Se trata de un rasgo de la condición humana que existe y opera desde el mismísimo origen del hombre como especie.

Sin embargo, aun reconociendo que no existía con especificidad ni el concepto, ni la descripción, ni la nomenclatura de la *significación* tal como la conocemos, aceptar que su influencia no fuese reconocida o tenida en cuenta, estaría representando una suerte de subestimación a todos aquellos que, como vimos, participaron tanto de la génesis como de la evolución del *Método Científico*.

En este punto resulta fundamental destacar que todos y cada uno de los que se desempeñaban en el ámbito de la *ciencia*, además de ser científicos o bien tenían una formación académica y un entrenamiento que contemplaba el aspecto filosófico o bien directamente también eran filósofos lo cual les confería la cualidad reflexiva necesaria y a la vez los familiarizaba con aquellas circunstancias que, como nuestra ahora conocida *significación*, se disparan sistemáticamente ante el contacto con el fenómeno de la *realidad*. Es decir, podrían no saber cómo llamarla o referirse a ella con otro término, pero conocían perfectamente la influencia que podía tener sobre ellos y las versiones que pudieran generar acerca de la *realidad*.

Sin conocer demasiado ni con tanto detalle los vericuetos y obstáculos que su *subjetividad* podría interponer para alejarlos de la posibilidad de lograr una versión objetiva de la *realidad*, ya contaban con la herramienta necesaria y adecuada para tratar de neutralizarlos, a saber la *reflexión* que aplicaban en forma sistemática y metodológica.

Dicho más concretamente, la proporción entre componente fáctico y componente reflexivo en su saber y en su trabajo no solamente era más equilibrada sino además cotidiana.

Esto nos confronta con uno de los puntos nodales de este trabajo y que está referido a la estrecha relación entre la *significación* y la *reflexión*, que consiste en que la segunda podría considerarse la "moderadora" natural de la primera.

La reflexión

La palabra *reflexión* se puede vincular, en *realidad*, con dos conceptos.

Por un lado, el clásico y conocido acto de analizar algo con detenimiento, pero por otro lado, también está referido al fenómeno físico que representa el cambio de dirección de una onda que al contactar con la superficie de separación entre dos medios diferentes regresa al punto de origen, como sucede con la luz frente a un espejo o el sonido cuando "choca" con una montaña o una pared produciendo un "eco".

Ahora bien, lejos de estar disociados, ambos conceptos se pueden articular para conformar el concepto del *acto filosófico de reflexionar* al que podemos definir como "la acción de analizar con detenimiento la imagen reflejada", definición que por original seguramente plantea algunos interrogantes:

¿Cuál sería la imagen reflejada?

¿Sobre qué cosa se refleja esa imagen?

¿Qué significa analizar con detenimiento? (que por cierto no es mirar algo fijo con la mente en blanco).

Si partimos de la base que estamos hablando de un objeto o fenómeno de la *realidad* que es *significado*, lo cual implica el otorgamiento a ese objeto de una cualidad particularísima del sujeto, no hablamos otra cosa que un "signo" que lo representa o lo evoca, al punto que se puede afirmar que la imagen reflejada, candidata a ser analizada, es la del propio sujeto, ahora representada por esa cualidad particularísima o "signo" y que la superficie o pantalla que devuelve esa imagen es el objeto o fenómeno ahora *significado*.

Así quedan respondidos los dos primeros interrogantes: es la propia imagen del sujeto lo que se *refleja* en el objeto.

Para poder entender la tercera pregunta, qué significa "analizar con detenimiento", será necesario sistematizar los conceptos presentados más arriba.

Hasta acá se describió un proceso con dos pasos iguales pero inversos, el sujeto "da" una cualidad representativa de él al objeto y este último "devuelve" la propia imagen del sujeto expresada a través de un "signo".

Si bien se trata de una dinámica clara y sencilla, lo cierto es que en rigor de verdad ninguno de estos dos pasos así descriptos alcanzan para hablar de la participación de la *significación* en el primero de ellos y mucho menos a la *reflexión* en el segundo. Para ello será imprescindible completar el escenario, incorporando a la "relación con el entorno" - léase *realidad* - en el que específicamente se inscribe este proceso, es decir, el *contexto* al cual pertenece ese objeto.

Para comprender y mensurar la trascendencia de esta relación entre el objeto y su entorno, lo primero que debe quedar claro es que se trata de un vínculo singular. Un objeto "es" solo y únicamente en un entorno particular y determinado. Si ese entorno se modifica dejando de ser lo que era por el motivo que fuera, ese objeto deja de "ser" como era para transformarse en otro diferente.

Volviendo al proceso de *significación – reflexión* que nos ocupa, en el primer paso el sujeto le otorga al objeto una cualidad –"signo"– que no pertenece a este último, lo cual implica abstraerlo y separarlo de su entorno *real* porque el objeto en sí mismo –previo a que el sujeto le otorgue su signo– no puede tener otro *contexto* que no sea aquel al cual pertenece. Si el objeto deja de ser en sí mismo, el *contexto* deja de ser el que era, lo cual implica afirmar que mediante la *significación* el sujeto está independizando o separando al objeto de su contexto, es decir esta efectuando una *descontextualización*. Esta es una de las principales consecuencias –directa, inevitable, involuntaria y espontánea– del acto que se denomina *significación*.

Toda vez que se *significa* un objeto o fenómeno de la *realidad*, se lo está descontextualizando.

En el segundo paso, ese mismo sujeto, ya voluntariamente y en algunos casos metodológicamente –como la filosofía– trata de reinsertar a ese objeto *significado* (descontextualizado) en el entorno al cual pertenece y del que forma parte. Para ello prioriza la relación del objeto con el resto de los componentes de esa suerte de "sistema", con especial énfasis en los "vínculos" referidos principalmente a la *interacción* (relación entre las partes) y la *correlación* (relación entre cada parte y el todo).

Ese acto se denomina *reflexión* y consiste en la *contextualización* del objeto "significado" en el entorno al que originalmente –no significado– pertenecía.

Dicho de otra manera, cuando se "reflexiona" se está tratando de reinsertar el objeto en su contexto real. No es posible contextualizar algo si no es a través de la *reflexión*.

Desde un punto de vista funcional, la *reflexión* es, entonces, un intento de atenuar las deformaciones que experimentó el objeto como consecuencia de la *significación* que, como vimos, es algo inevitable toda vez que un sujeto se pone en contacto con un fenómeno de la *realidad*.

Mientras la *significación* nos aleja de la *realidad* objetiva, la *reflexión* intenta acercarnos y anclarnos a ella.

La *reflexión* es uno de los principales aspectos metodológicos de la filosofía y de ella y del terreno que propicia dependen muchas de las herramientas que esta disciplina aplica. Por otra parte, resulta imprescindible para no quedar descolocado y disociado de un escenario que como la *realidad*, de por sí se caracteriza por un elevadísimo grado de complejidad cercano al azar.

Si lo que se pretende es acercarse a una "versión" de un fenómeno de la *realidad* que sea lo más objetiva posible, resulta fundamental permanecer adherido a esa *realidad* y para lograrlo no existe otra manera que intentar sistemáticamente la *contextualización* de ese fenómeno al cual el sujeto se enfrenta.

Gracias a la *reflexión*, los aspectos o circunstancias de la *realidad* que quedan ocultos tras el cono de sombras proyectado por el objeto o fenómeno *significado* empiezan a cobrar trascendencia y permiten que ese objeto o fenómeno pueda ser redimensionado como "parte" de un sistema y no como el "todo".

En definitiva, la *reflexión* es la que nos permite quedar adheridos a la *realidad* y no acomodarnos en una "pseudo-realidad" que convalide nuestros actos con el único objetivo de justificar la *significación* que hicimos del objeto o fenómeno.

En este sentido y yendo a un caso concreto, la misma enfermedad no es igual en una persona joven que en un anciano, en alguien previamente sano con grandes expectativas de vida que en otro previamente enfermo con poco tiempo y limitada calidad de vida. Puede no haber diferencia en la clase de enfermedad, lo cual bien podría ser un argumento válido que permita justificar enfoques similares para todos los casos, sin embargo los contextos de cada uno de ellos son claramente diferentes, tanto que un mismo enfoque puede resultar beneficioso para un caso y claramente inadecuado y hasta perjudicial para otro.

Resulta evidente, entonces, no es solo el objeto o fenómeno el que debería definir nuestras conductas, el *contexto* lo hace en una proporción como mínimo similar y la única estrategia capaz de garantizar esta afirmación es la *reflexión*.

Este paso lamentablemente no está considerado, ni mucho menos ponderado, en la rutina sistemática del quehacer científico regido por el *Método Científico* lo cual, sin lugar a dudas, tuvo sus consecuencias.

Como quiera que sea, es absolutamente justo reconocer que, si bien es cierto que la versión de la *realidad* con objetividad pura (objeto sin sujeto) es una meta inalcanzable, el *Método Científico* es una muy buena estrategia para al menos intentar mantener a raya a esa *subjetividad* vinculada con preponderancia con las *distorsiones cognitivas*. Sin embargo, también es justo reconocer que, como acabamos de ver, la *significación* tiene como único contrapeso a la *reflexión* y que esta herramienta, verdadero eje central del *acto filosófico,* no está contemplado ni participa dentro del *Método Científico*.

La *significación* y las *distorsiones cognitivas* son procesos indispensables en la vida de relación ya que gracias a ellas podemos reconocer y ubicarnos en el contexto de la *realidad* de una manera casi inmediata y de hecho, como dijimos antes, existen en todas las disciplinas sin excepción, en tanto todas también sin excepción no son otra cosa que actos humanos.

Ya no hay ninguna duda que toda disciplina humana está expuesta a la influencia de la *subjetividad* y que ella se articula a través de la *significación*, los *sesgos cognitivos* y las *falacias lógicas*.

Sin embargo, aunque se trata de una constante, la relación que mantiene la *subjetividad* con el aspecto metodológico y lo que ambos representan, es sensiblemente diferente para cada una de las disciplinas.

Mientras que para la *ciencia* la *significación* y las *distorsiones cognitivas* son algo así como parásitos molestos que atentan contra una de sus motivaciones básicas, como lo es el acercarse lo más posible a la objetividad en la lectura de la *realidad* y hasta incluso han sido responsables del surgimiento del propio *Método Científico* como intento de minimizar su influencia. Del mismo modo, para muchas otras disciplinas lejos de ser algo que debe ser neutralizado, tanto la *significación* como las *distorsiones cognitivas* se transforman en algo útil y hasta provechoso, casi se podría afirmar que son estructurales y verdaderas herramientas.

El motivo por el que esto sucede es que en esas disciplinas el propósito no es alcanzar lo más objetivamente posible la verdad acerca de la *realidad* sino el hecho de convalidar la "propia" versión de la *realidad,* de por sí subjetiva, para lo cual justamente lo que aprovechan, entre otras varias cosas, es el aporte argumental de las *distorsiones cognitivas*.

Los ejemplos más conspicuos y demostrativos los podemos encontrar en la política y también en aquellas disciplinas sobre las que se edifica nuestro sistema cultural y de vida actual, cuyo eje conceptual se conoce como "el mercado", sostenido sobre los pilares del *pragmatismo* ("...lo único que vale es lo que sirve...") y del *consumismo* (marketing creando necesidades como motor productivo).

Ambos factores, *consumismo* y *pragmatismo*, funcionan de una manera coordinada. El "consumismo" se nutre del "pragmatismo", así "...se consume lo que sirve..." aunque pocos son los que se preguntan quién define lo que sirve y lo que no sirve o qué parámetros se aplican en esa clasificación.

Otra constante es que el *consumismo* se alimenta de la *significación*, los *sesgos* y las *falacias*, gracias a los cuales se logra distorsionar la lectura de la *realidad*. Todos ellos operan con funcionalidad recíproca con el único fin de seleccionar los actos humanos en base a la "utilidad" que representen para el propio *consumismo*, verdadero motor del "mercado".

Así se cierra el círculo.

En este aspecto, la diferencia entre la *ciencia* y el resto de las disciplinas consiste en que mientras éstas últimas conviven en armonía con la *subjetividad* y sus vectores, al punto que, como vimos, pueden utilizarlos como herramientas operativas, la *ciencia* desarrolló un método, el *Método Científico*, cuyo principal objetivo es justamente minimizar los efectos distorsivos de los *sesgos* y las *falacias*.

Nótese que en la afirmación que acabo de efectuar, a propósito excluí a la *significación* como objetivo a neutralizar por parte del *Método Científico*.

Todo ser humano está expuesto, casi diríamos condenado, a su propia *subjetividad* y el científico no es una excepción. El *Método Científico* es una herramienta que nos ayuda en nuestro intento por mitigarla.

Teniendo en cuenta la trascendencia que reviste la *subjetividad* en cualquier acto humano y por ende en todo "hecho científico", llama la atención que a todos aquellos que de una u otra forma transitamos el terreno de la *ciencia*, se nos haya hablado tan poco del objetivo que persigue el *Método Científico* y del verdadero núcleo que le dio sentido desde sus mismos orígenes.

Quedan pocas dudas ...el *Método Científico* nació para combatir la subjetividad de los científicos en tanto seres humanos inevitablemente expuestos a ella y quienes lo pergeñaron llegaron a detectar esta necesidad, gracias a su capacidad reflexiva, natural en ellos por tratarse de filósofos...

Ahora bien, para esa *subjetividad* corporizada en los *sesgos cognitivos* y las *falacias lógicas*, el *Método Científico* desarrolló una serie de pasos y procedimientos a fin de disminuir su influencia, pero para el otro componente de la *subjetividad*, la *significación* no existe ninguna estrategia dentro del Método cuyo objetivo sea neutralizarla. La única manera de enfrentar a la *significación* es mediante la *reflexión*, acto humano no contemplado en el *Método Científico*, al menos por el momento.

Esquemáticamente de todos los pasos o etapas que componen el *Método Científico*, existen tres que en particular se orientan a contrarrestar a la *subjetividad*. Ellos son *la falsabilidad* potencial asumida para toda hipótesis (Sección 3 o Hipótesis), la *experimentación* (Sección 4 o "Prueba de hipótesis por experimentación") y *la reproducibilidad* (Sección 5 o "Revisión por pares").

Esta fuera de toda discusión que la eficacia del *Método Científico* resultó incuestionable como lo demuestran los innumerables y sucesivos avances en el conocimiento de la *realidad* o también los inventos tecnológicos. En este sentido, era lógico y esperable que, como absolutamente todos los fenómenos que conforman la *realidad*, el Método evolucionara y lo hiciera con una orientación y sentido acorde no solo a lo que él mismo y sus logros iban generando, sino también al reconocimiento por parte de la *cultura* a la cual, en definitiva, ese Método pertenecía.

Así la *experimentación* mejoraría a partir de la "modelización" (abstracciones de la *realidad*) con escenarios cada vez más pequeños y específicos ("segmentación" o "atomización" del sistema real) y por ello más controlables y manipulables ("mecanización"), la *reproducibilidad* lo haría a expensas de la "matematización" de los comportamientos y del aumento en la precisión de las mediciones ("tecnificación", "instrumentalización") y la *falsabilidad* lo hará a expensas de todo lo anterior, bajo la forma de modelos mecanicistas matematizados que se convalidan o descartan mediante evaluaciones tecnológicas creadas específicamente para tal fin, muchas veces *ad hoc*.

Nótese en este último párrafo, la absoluta ausencia, siquiera la más mínima consideración, de la importancia del vínculo y el anclaje a la *realidad*, mucho menos de alguna estrategia para garantizarlos.

Difícil negar por las evidencias y la historia, que se trató de un emprendimiento exitoso, pero también es difícil negar que con cada salto evolutivo que daba, el *Método Científico* se iba alejando más y más de la otra raíz que lo conforma además de la Física-fáctica. Me refiero específicamente a la Filosófica-reflexiva, tan importante y básica como la primera y sin la cual, como ya vimos, el *Método Científico* muy probablemente no hubiese existido, al menos como lo conocemos.

Quedó claro, la *reflexión* constituye la única posibilidad de enfrentar a la *significación* dentro del proceso de intelección y con ello completar el sentido mismo del *Método Científico* que no es otro que minimizar la *subjetividad* en la versión del fenómeno.

Es ese componente *reflexivo* el que logra garantizar el anclaje a la *realidad* y, en definitiva, encuadrar al propio Método en lo que verdaderamente es, parte de una respuesta adaptativa cuyo único objetivo es recuperar/mantener una armonía, no dominar a la naturaleza y la *realidad* o definir la cultura como muchos pretendieron y pretenden de la *ciencia*.

Breve síntesis conceptual del Método Científico

Dada la complejidad y amplitud de lo que venimos planteando, será útil presentar una brevísima síntesis de lo dicho hasta acá para poder continuar con nuestro planteo crítico.

Si tuviéramos que describir al *Método Científico* a través de sus principales tendencias (me resisto a utilizar conceptos taxativos como "premisas" o "características" porque eso sería como caer de nuevo en un absolutismo fundamentalista) se podría decir lo siguiente:
- su objetivo primordial es ser la herramienta más adecuada para lograr alcanzar la verdad acerca de la *realidad* de la manera más objetiva posible (principio de la *ciencia*).
- el principal obstáculo reconocido para este objetivo es la *subjetividad* del científico, lo cual no solo define sino que le da razón de ser al propio *Método Científico* como intento para neutralizarla. Esa *subjetividad* esta conformada por las "distorsiones cognitivas" - *sesgos y falacias lógicas* de las cuales se encarga el propio Método y por la *significación* cuyo único dique de contención es la *reflexión* que no está contemplada en forma sistemática en el Método.

- respecto a la metodología propiamente dicha del *Método Científico*, la misma se basa en:
    - fenomenología descriptiva,
    - experimentación repetida (reproducibilidad),
    - modelización (abstracción de la *realidad*),
    - segmentación/atomización de esa abstracción (maximiza la precisión),
    - mecanización (validación del control y manipulación del experimento),
    - matematización (de los comportamientos),
    - tecnificación/instrumentalización (precisión de la medición),
    - definición de la "validez" del hecho científico en base a los parámetros anteriores (falsabilidad).

Queda claro entonces, nos encontramos frente a un "paradigma científico" con poco espacio para la *reflexión*, lo cual no es algo menor ni mucho menos gratis.

En tanto la *reflexión* es un componente primario de la racionalidad humana, su carencia sistemática habilita a plantear si lo que se considera "hecho científico" siempre e inexorablemente representa un tipo de respuesta adaptativa a una necesidad generada por la *realidad* dentro del marco de la búsqueda de armonía con esa *realidad*. Incluso si se avanza en este sentido, es posible asumir que esta carencia del componente reflexivo podría ser el argumento que explique porqué tantas veces al mismo tiempo que los beneficios del "hecho científico" son ponderados, el otro factor de la ecuación que también define la trascendencia sobre la capacidad de adaptación del hombre a su entorno, los costos, son subestimados, no considerados o, mucho peor, siquiera detectados y reconocidos.

Cómo se sustenta esta crítica

Por cierto, no resulta nada fácil sostener estas afirmaciones críticas, sobre todo siendo alguien formado justamente en esta *ciencia* y en esta cultura.

Nuestro propio desarrollo como hombres pertenecientes al terreno de la *ciencia* se inició y desarrolló dentro del escenario y parámetros del *Método Científico* que hoy estoy cuestionando y al fin y al cabo, paradójicamente por cierto, somos lo que somos gracias a él y a lo que representó y representa para la cultura humana en general.

Son justamente estas dos líneas, "formación académica científica" y "significación del *Método Científico* para la cultura", las que con mayores posibilidades se transforman en prueba y evidencia de esta crítica, permitiéndonos pensar que, quien sabe, no estemos tan equivocados y que efectivamente lo que estamos presentando como argumento es lo que verdaderamente esté sucediendo.

Primer sustento: la formación académica científica

En lo que respecta a la "formación académica científica", es indiscutible el clarísimo predominio de materias vinculadas con la física y sus derivadas con temas y rasgos fácticos y exactos que son las bases de la tecnología, por sobre las reflexivas más relacionadas con el humanismo (situación realmente paradójica en aquellas disciplinas con rutinas orientadas a la asistencia directa de seres humanos, como la Medicina).

Este desbalance no solamente se pone en evidencia en la currícula formativa sino también en la conformación de los posgrados y la producción a partir de ellos.

La "masa crítica de conocimientos" ha crecido y sigue creciendo constantemente haciendo indispensable la "especialización" para que pueda ser abarcada. De la misma forma, también es clara, incuestionable y en algunos casos hasta necesaria, la orientación hacia la "subespecialidad", cuyo desarrollo y accesibilidad depende y se logra la mayoría de las veces a través de instrumentos cada vez más sofisticados y exactos que, en definitiva, no son otra cosa que el resultado de concepciones mecánicas y matemáticas del "modelo" evaluado. La consecuencia lógica es que la formación y capacitación de los individuos progresivamente se vaya orientando hacia aspectos parciales cada vez más específicos, algo que inevitablemente se logra de la mano de la tecnología.

Si bien es cierto que esta tendencia profundiza y detalla los conocimientos, circunstancia esencial para reconocer el avance científico, paralelamente aleja y subestima por "poco práctico" y consecuentemente "poco útil" –principio básico del pragmatismo– la posibilidad de reflexionar y contextualizar cada nuevo conocimiento para asegurar que nunca deje de ser congruente con la *realidad* a la que está referido, asimismo corresponda a un aspecto parcial de ella.[97]

Como vemos, con el argumento que es enorme y creciente esa "masa crítica de conocimientos", se convalida y consolida una educación, formación y capacitación predominantemente técnica, cada vez más específica y por ello escasamente sistémica.

En este sentido no hace falta más que ver cuál es el lugar que ocupa la temática tecnológica en las publicaciones científicas o cómo quedaron asociados los conceptos "*ciencia*" y "*tecnología*". Resulta ciertamente preocupante ver cómo esta verdadera simbiosis conceptual deriva en visiones –léase *falacias*– que afirman que no existe *ciencia* si no existe tecnología o que todo lo tecnológico es sinónimo de científico (más adelante se volverá a este tópico.

Hay situaciones cotidianas por demás elocuentes.

Las caras de entusiasmo y admiración de quienes están vinculados con la *ciencia* toda vez que se topan con un aparatito más rápido, más preciso y más sofisticado, y de aburrimiento e impa*ciencia* por sentir que están perdiendo el tiempo, ante un ejercicio de *reflexión* o cuestionamiento conceptual.

O también el hecho que una de las definiciones más aceptadas del *Método Científico* sea aquella que lo caracteriza como "… *un conjunto de pasos necesarios para obtener conocimientos válidos* (léase científicos) *mediante instrumentos confiables…*"; se puede encontrar en cualquier libro de texto o en Internet.

Por supuesto, de ninguna manera estas palabras intentan menoscabar los aportes y la trascendencia que ha derivado, deriva y derivará de las disciplinas fácticas y exactas integradas en la tecnología, sería algo necio y tonto.

Lo que si pretenden es dejar claro que la *ciencia*, en tanto es una de las disciplinas humanas más involucradas con la *realidad* (quizás la más involucrada por estar directamente vinculada con la *verdad* como objetivo que le otorga sentido) es mucho más que tecnología y que los científicos por definición deben ser mucho más que técnicos.

---

[97] No olvidemos que los procedimientos que aplica la *ciencia* para incrementar su conocimiento acerca de los fenómenos de la *realidad*: modelización, atomización, mecanización, matematización, inevitablemente implican una abstracción y aislamiento de ese fenómeno respecto de su escenario natural y, en definitiva, del "sistema" del cual forma parte – *realidad*.

Otro aspecto a destacar, a mi juicio también central, es que siendo la *realidad* algo tan variable, impredecible y dinámico, la *ciencia* no debería pretender encarar a todos los fenómenos a los que se enfrenta con el mismo método. De hecho existen fenómenos de la *realidad* para los cuales el *Método Científico* no sea el más indicado ya que para conocerlos y comprenderlos es necesario contextualizarlos dentro del sistema al que pertenecen, algo que puntualmente el *Método Científico* no hace.

Por el contrario, los aísla y modeliza dejándolos desnaturalizados y en definitiva, transformados en otros fenómenos diferentes a los originales, ya que su esencia, su comportamiento y su evolución dependen estrecha y permanentemente del sistema al cual pertenecen. Un ejemplo demostrativo podemos encontrar en los Factores de Riesgo Cardiovascular (hipertensión arterial, tabaquismo, diabetes, colesterol, obesidad, entre otros) cuando son evaluados sin considerar el "sistema de vida occidental" y en particular los "hábitos" (tipo de dieta, inactividad física, sobrecarga laboral, estrés, entre otros) que lo conforman.

La raíz formativa y estructural de un científico, que no necesariamente debe poseer un técnico, se basa tanto en los aspectos físicos (técnica) del fenómeno como en sus significaciones como componente indiviso de un sistema con el cual inexorablemente y constantemente interactúa (filosofía-*reflexión*).

Se trata, en síntesis, de plantear que actualmente a la *ciencia* le falta uno de sus componentes esenciales y que de recuperarlo, sus aportes quien sabe podrían ser mucho más trascendentes y significativos para el hombre y su vinculación con la *realidad* que lo rodea.

Debe quedar muy claro, a la *ciencia* no hay que sacarle nada sino agregarle aquello que naturalmente le corresponde y precisa, pero carece por haberlo perdido en su evolución.

Enfocando este comentario específicamente a las virtudes y falencias del *Método Científico* es esa carencia metodológica de los aspectos filosófico-reflexivos la que genera su principal debilidad frente a la *subjetividad*, la cual paradójicamente fue una de las principales motivaciones para que fuera pergeñado.

Es una herramienta adecuada frente a las *distorsiones cognitivas* pero resulta ser incompetente frente a la *significación* y *descontextualización* del objeto en estudio.

Segundo sustento: La relación del Método Científico con la cultura

El otro parámetro propuesto para aceptar o negar las tendencias que actualmente muestra el *Método Científico* es su "relación con la cultura humana".

La utilización de este argumento se justifica en el hecho que ambos, *Método Científico* y cultura, tienen la misma raíz y forman parte de lo mismo, una respuesta adaptativa frente a una necesidad planteada por la *realidad*. Por ello entre ambos existe una natural congruencia. Más aún, lejos de ser antagónicos y a la larga excluyentes, la relación que mantuvieron hasta ahora fue de verdadera complementariedad.

Este innegable vínculo estrecho resulta muy útil para el presente análisis ya que delineando las características más destacables de la cultura humana actualmente dominante, se podrá esbozar el encuadre que un *Método Científico* complementario y congruente con ella debería tener para lograr que jamás exista ni negación ni contradicción entre ambos factores. Así quedará desnudada y demostrada, además, la congruencia entre ambos.

A mi criterio, la cualidad más importante que se debe destacar en la *cultura* humana es que se trata de un derivado de la relación permanente e interactiva entre el entorno o naturaleza - expresión de la *realidad* - y el hombre en su afán de mantenerse adaptado a ella.

Evidentemente frente a la innumerable cantidad de teorías eruditas acerca de lo que es y representa la *cultura* humana, esta afirmación merece una explicación aparte y para ello debemos comenzar por el principio de las cosas.

Partimos de una situación que la propia historia de la humanidad revela como incuestionable, el Entorno y el hombre son dos factores que constituyen un "sistema global" cuyo estado ideal es el equilibrio entre ambos o "armonía".

El comportamiento de este "sistema global" consiste en una dinámica sencilla de "señal-respuesta" que consiste en que el Entorno se expresa a través de *señales* que inevitablemente impactan en el hombre, quien las percibe con sus órganos sensoriales – vista, oído, olfato, tacto y gusto – y las procesa con los diferentes sistemas biológicos poniendo en marcha una *respuesta* de primera fase tanto en lo corporal - sistema nervioso vegetativo, sistema endócrino y sistema inmunológico – como en lo conductual – aparato psíquico.

El único objetivo de esa *respuesta* es sostener o recuperar, si es que se alteró, la "armonía" con su Entorno.

En rigor, absolutamente todo lo que nos rodea puede ser considerado *señales del Entorno,* las luces del semáforo, el golpe de una puerta que se cierra, el olor a cebolla, el frío de un metal o el sabor dulce de una fruta.

Pero por suerte y gracias a la evolución, la enorme mayoría de esas *señales* pasarán desapercibidas, no siempre por poco importantes, de hecho muchas veces resultan ser más que significativas, como un auto que frena para no arrollarnos. Sin embargo, son *señales* que no logran alterar nuestras vidas ni modificar el equilibrio que sostenemos con aquello que nos rodea. Son, de alguna manera, "filtradas" ya sea porque no alcanzan a ser lo suficientemente intensas o persistentes o bien porque somos capaces de emitir automáticamente y sin notarlo una respuesta que alcance para sostener la *armonía* que veníamos manteniendo con nuestro entorno, habilidad que depende casi exclusivamente de los *sesgos cognitivos*..

En cambio otras *señales* sí logran modificar la *armonía* y por ello ya no pueden ser "filtradas", ni mucho menos pasar desapercibidas. Esta situación podrá depender ya sea de ciertas cualidades de la *señal*, como por ejemplo su intensidad, su persistencia, entre otras, o bien del *proceso de intelección* que desarrolla el individuo frente a la *señal*.

Para el caso específico de los animales no humanos, ese *proceso de intelección* está comandado por lo que denominamos *discriminación reactivo-instintiva*, referida principalmente a los instintos de "conservación" (especie) y de "supervivencia" (individuo), mientras que para los humanos depende de la *discriminación reflexiva* basada en la "contextualización" del fenómeno y en la *capacidad de crear*, ambas exclusivas del hombre, conceptos que se engloban en la denominada *racionalidad*. En ese *proceso de intelección* humano también participan las *distorsiones cognitivas* -sesgos y falacias- y la *significación* que, como vimos, surge a partir de la evocación de un pasado y la proyección de un futuro a partir del presente.

Cuando eso sucede, esa *señal* que logró alterar la *armonía* pasa a una segunda instancia y se transforma en *necesidad* que, ahora sí, dispara las *respuestas* del hombre cuyo único objetivo consiste en satisfacerlas ya que de ello depende la recuperación de la *armonía* perdida.

A todo este proceso se lo conoce como *adaptación* que se podría definir como el acto orientado a mantener / alcanzar / recuperar un estado de *armonía* entre un individuo y su entorno.

A esos actos que el individuo efectúa con el objetivo de sostener o recuperar esa *armonía* se los denomina *respuestas adaptativas*, que son emitidas toda vez que una *señal* del entorno se transforma en una *necesidad*, que es lo que sucede toda vez que logra alterar la *armonía* entre el individuo y su entorno.

Resulta obvio que la descripción del *proceso de adaptación* que acabamos de presentar, es aplicable a cualquier individuo o grupo del Reino Animal, por supuesto incluyendo al hombre. Las diferencias entre las *respuestas adaptativas* emitidas por los animales humanos y no humanos depende de le *proceso de intelección* que cada uno aplica – *discriminación reactivo-instintiva* y *racionalidad* respectivamente.

Como es comprensible, cada entorno será peculiar y específico respecto a las *señales/necesidades* a través de las cuales se puede expresar, lo cual también otorga peculiaridad y especificidad a las *respuestas* que el hombre emita. De tal forma, el *vínculo* que se establece entre los dos componentes del sistema "Individuo-Entorno", por añadidura también será peculiar y específico. A tal punto es esto cierto, que se lo puede considerar como un tercer componente que, como el individuo y el entorno, es capaz de definir tanto el comportamiento como la evolución de todo el sistema.

Sobre esta base de *respuestas adaptativas*, como vimos peculiares a la *realidad* representada por entornos específicos, se fue gestando un entramado de conductas, actos, enfoques y hábitos que progresivamente y con una relación profundamente dinámica con la *realidad* se fueron entrelazando y organizando para constituirse en lo que conocemos como *culturas*, cada una con especificidad y peculiaridad según la *realidad* en la que transcurren.

Así, el devenir y evolución de las diferentes *culturas* claramente estará en relación tanto al comportamiento del entorno *per se* -léase *realidad*- como a las modificaciones que la propia *cultura* generará sobre él.

Así, tanto la *cultura* como el *entorno* van cambiando por recíproca influencia a través de una concatenación de eventos que consiste en una sucesión interminable de *causa-consecuencia-causa*, es decir, un mismo *proceso* que compromete a todo el sistema (*entorno-hombre*) y que se va modificando en el tiempo. Podemos hablar de *proceso evolutivo*.

Dado que cada uno de los *sucesos* generados por el hombre (*respuestas*) que conforman el *proceso* persiguen el mismo objetivo de mantener o recuperar la *adaptación* a la *realidad*, se reconoce que el *proceso evolutivo* de la humanidad tiene un "sentido o rumbo" y que en tanto se trata de una concatenación de *sucesos* a través del tiempo, también tiene "ritmo".

En síntesis, la *cultura humana* actual es la consecuencia del denominado *proceso evolutivo* que involucra tanto al entorno o *realidad* como al *hombre* y al *vínculo* entre ambos. El devenir y la dinámica de ese *proceso evolutivo* dependieron y dependen de su *ritmo* y su *rumbo* o *sentido*.

Como era de esperar, la línea de esa evolución no necesariamente tenía porqué ser pareja ni regular y así, a través de los tiempos, no es tan difícil identificar puntos nodales o de inflexión del devenir de la cultura humana, en los cuales la modalidad en la relación que el hombre mantenía con su *realidad* se modificaba drásticamente y/o abruptamente. Guerras, fenómenos o catástrofes naturales, conquistas y procesos de transculturación son solo algunos de los muchos ejemplos.

Si se analizan esos puntos de inflexión del *proceso evolutivo sobre la base de* los parámetros antes mencionados, *ritmo* y *rumbo*, se podrá notar que la mayor modificación probablemente haya sido el *rumbo*, es decir el camino que tomaba la cultura del hombre para vincularse con su *realidad* tratando de mantener un nivel necesario de *adaptación*.

Resulta ser en cierta forma lógico que haya sido así, ya que el *rumbo* de un proceso se define principalmente a partir de la orientación que se le otorgue al acto (*respuesta adaptativa*) desencadenado a partir del estímulo (*señal/necesidad del entorno*) y eso es algo que dependió y depende del hombre y no de la *realidad* cuya característica es ser siempre impredecible y azarosa. Esto explica, por otra parte, porqué frente a *realidades* similares, pudieron y pueden existir *culturas* diferentes (ejemplo: diversidad cultural en un mismo continente).

Pero en lo que respecta al otro parámetro, el *ritmo*, las cosas son algo diferentes y por ello es necesario desarrollarlo como tema aparte.

Durante muchos siglos el *ritmo* de la evolución fue casi invariable en su cadencia, sin nodos o puntos de aceleración. En verdad es algo lógico que así sucediera, no había demasiadas chances de modificarlo en tanto los parámetros que lo regían dependían casi por completo de la naturaleza cuyo ritmo, salvo excepciones como catástrofes, es regular y lento.

Los ejércitos seguían trasladándose a pie, las noticias viajaban a caballo y los barcos surcaban los mares gracias a los remeros o al viento. No era que no se avanzaba, pero se lo hacía sin grandes modificaciones de la velocidad con la que se lo hacía.

Pero hubo algo que sí lograría modificar no solo el *ritmo* del devenir del *proceso evolutivo* sino también incluso su *rumbo*, poniendo en marcha una secuencia que aún no cesa.

Se trata de una producción eminentemente humana y absolutamente tecnológica, nacida de las disciplinas fácticas y exactas y cuyo fundamento básico no es otro que un "eje que gira sobre sí mismo cumpliendo ciclos siempre iguales". Uno de los más brillantes e influyentes inventos humanos, el *motor*.

Hasta ese momento, aproximadamente finales del siglo XVIII, el hombre utilizaba instrumentos inertes (herramientas) cuya eficacia dependía y sigue dependiendo por completo del sujeto que los maneja. Por más efectiva que fuese una herramienta el resultado final del trabajo, fundamentalmente en lo que respecta a la relación entre calidad, cantidad y tiempo, es decir el rendimiento, no dependía de ella sino del hombre.[98]

El *motor*, en cambio, logra aprovechar la energía de la naturaleza (vapor, agua, etc.) para generar un movimiento que aplicado sobre un instrumento hábil da lugar a una *"máquina"* capaz de generar una fuerza que se transforma en acción y trabajo con diversas posibilidades de aplicación. En este caso, el rendimiento final del trabajo ya no es patrimonio exclusivo del hombre, sino que también depende de la efi*ciencia* con la que el motor desarrolle la parte que le corresponde.

En términos generales se puede afirmar que el *motor* abrió la posibilidad que el *ritmo* del *proceso evolutivo* de la humanidad pudiera modificarse.

El trayecto que recorre el eje del *motor* en completar su vuelta y volver al punto de inicio se denomina *ciclo*. El *ciclo* siempre es el mismo, siendo la velocidad con que lo hace lo único que puede variar. Esa velocidad con la que se completa el *ciclo*, es una cualidad que, como se verá, resultará fundamental y definitoria para la humanidad principalmente en lo referente a las expectativas de dominación de la naturaleza que siempre estuvieron presentes y se iban incrementando conforme se alcanzaba un mayor nivel de conocimientos.

---

[98] Virilio, Paul (1993). *"El arte del motor : aceleración y realidad virtual"*. Ed. Manantial.

Conceptualmente, si se proyecta el impacto y la significación que tuvo el *motor* en la cultura, se puede inferir que el aumento en la *velocidad* de sus ciclos, no solamente generó más conocimiento sino que además sentó las bases para que el hombre se atreviera a interactuar con la *realidad* desde otro lugar y ya no solo a responder.

En verdad, fue con esa creación humana con la que se inició el "período positivo", a la vez que resulta difícil concebir todos sus logros posteriores sin la influencia del *motor*.

Pero más allá de los numerosos y trascendentes hechos científicos que el *motor* permitió alcanzar, lo que más interesa destacar en este trabajo es qué significó para la *cultura* del hombre y cómo impactó en la manera en que aquel se relacionaría con su *realidad*.

Significación del motor para la cultura humana
Velocidad y aceleración

La *dimensión del espacio* y la *dimensión del tiempo* eran cualidades de la naturaleza que desde siempre habían estado instaladas como inasibles e inabordables y sistemáticamente habían condicionado con límites rígidos todas las acciones del hombre y por ende su evolución.

Pese a haberlo soñado, el hombre nunca había podido dominar el tiempo y el espacio. Pero con el *motor* ambas dimensiones empezaban a ser una probabilidad a favor de él.

La aplicación del *motor* en cada vez más actividades humanas y la posibilidad de manipular su rendimiento modificando la duración del ciclo, es decir la *velocidad*, cambió para siempre el comportamiento del hombre y su sociedad. No era poca cosa el poder incorporar a la *velocidad* –magnitud que vincula el espacio con el tiempo– como uno de los principales rasgos de sus actos, nada menos que a partir de una producción genuinamente humana que nada debía a la propia naturaleza.

Todo se podía hacer más rápido con el *motor*, ir de un lado al otro, producir más camisas, faenar más animales, juntar más agua en un tanque, prácticamente no hubo actividad humana que directa o indirectamente no fuese impactada por el motor.

Nos encontrábamos en la *era industrial*.

Por cierto no fue el único invento humano, pero indudablemente fue uno de los que mayor significación e impacto demostró tener, tanto por primigenio como por facilitador para otros y como era esperable, tratándose del ser humano, para el *proceso evolutivo* de la *cultura* lejos de ser un techo limitante representó una plataforma para seguir avanzando.

Siempre con el mismo objetivo de dominar la naturaleza pero ya ahora a través de sus dos dimensiones fundamentales: el "espacio" y el "tiempo", de la *velocidad* se pasó a la *aceleración* que técnicamente es el cambio de velocidad por unidad de tiempo o dicho de otro modo, la rapidez con que cambia la velocidad.

Dejaba de ser suficiente el "ir rápido", ahora había que lograr ir "cada vez más" rápido, lo cual en un contexto marcado por una tendencia innata de los hombres de alinearse en fundamentalismos, terminó por transformarse en un principio de vida paradigmático y casi excluyente.

De todos los rasgos que podríamos enumerar en una cultura que gira en torno a la *aceleración* como premisa básica, existe uno que a mi juicio resultó ser central y tiene que ver con una sencilla conclusión por demás lógica: el mantener una velocidad constante por más elevada que sea, inexorablemente representa un freno o retraso ya que el rasgo fundamental de todo proceso que pretenda estar en consonancia con un paradigma basado en la *aceleración*, es que esa velocidad debe ser cada vez mayor. En la práctica esto significa que una máquina que sea invariable en el tiempo, aun teniendo una elevada perfomance, inevitablemente quedará obsoleta por el solo hecho que ese rendimiento no es creciente. ¿Acaso no sucede esto con automóviles, teléfonos celulares o computadoras? solamente por nombrar algunos de los productos humanos con los cuales convivimos cotidianamente. Desechamos por "lentos" aparatos y dispositivos que hasta hace muy poco nos asombraban por su velocidad de respuesta.

Así llegamos al signo que caracteriza a la sociedad actual, el *"cada vez más..."*, que incluso pone en evidencia la mayor importancia que en general se le da "oficialmente" a la *cantidad* por sobre la *calidad*.

Hoy por hoy el *"cada vez más..."* define los conceptos de *eficacia* –hacer bien la tarea programada–, *efectividad* –hacer bien la tarea programada logrando el objetivo propuesto– y *eficiencia* –hacer bien la tarea programada– logrando el objetivo propuesto al menor costo posible.

Casi podríamos afirmar que en la abrumadora mayoría de las categorías que componen la *realidad* actual, incluyendo al ser humano, el mantener un rendimiento estable y constante implica estar "desactualizado" y por ende ser "superable", lo cual en términos del sistema de vida que nos rige significa ser "reemplazable" por otros pares que sí cumplan con el criterio de *"cada vez más...".*

Ya no alcanza con "ir rápido" ahora lo único que vale es "ir más rápido".

Los ejemplos son cotidianos y hasta familiares. Un empleado que venda siempre lo mismo tiene menos valor y consideración que aquel que vende cada vez más. El éxito de una empresa se mide a través del monto de facturación creciente año a año.

Por cierto, de hecho, esto podría resultar algo lógico y esperable en más de una de las actividades humanas y no debería llamar la atención que se pondere el "cada vez más" por sobre el "siempre igual". Pero el problema es que esta lectura quedó instalada, como dije antes, como parámetro de *eficacia-efectividad-eficiencia* en la propia *cultura*, lo cual implica haberse transformado en la vara de medición que termina por definir todo acto humano, siendo esto en consecuencia, lo que se exige.

Pero eso no es todo.

Aún considerando a la *velocidad* y a la *aceleración* como virtudes que el *motor* permitió incorporar a la *cultura* traducidas en "beneficio", también deberían ser considerados los "costos" que a la larga o a la corta dependieron del *motor*.

Entre muchos otros y como nos dice Virilio, el *motor* destruyó la organización estacionaria, el descanso de la visión y la demora en la contemplación, circunstancias tan necesarias para el hombre y su evolución en tanto de ello depende el juicio, la evaluación y la selección, tanto de lo que ve como de lo que piensa y hace.[99]

Desde un punto de vista biológico y antropológico, tanto la *velocidad* como la *aceleración* en el estilo de vida de la sociedad actual, se relacionan en forma directa con el claro y progresivo predominio de los mecanismos biológicos de reacción automática – instintos – cuya principal cualidad es que sean rápidos, por sobre los reflexivos – racionalidad – que no priorizan el tiempo, lo que implica que al no dar tiempo ni espacio para la *reflexión*, los actos humanos quedan en verdaderos "actings" - Paul Virilio.

Evidentemente el *motor* fue el responsable directo de incorporar la *velocidad* a la cultura humana, sería interesante saber quién o qué hizo lo propio con la *aceleración*.

A mi juicio, este rasgo que caracteriza a nuestra cultura contemporánea en cuanto a su ritmo y comportamiento dinámico, se puede ubicar en el

---

[99] *El arte del motor: aceleración y realidad virtual"* , ob. cit.

momento en el que se produce la expansión de la "informática" con el consecuente impacto en las "telecomunicaciones", aproximadamente a partir de la segunda mitad del siglo XX y se vincula con la expansión de la tecnología digital para el almacenamiento, procesamiento y transmisión de información y datos.

Caben pocas dudas que ambas actividades humanas, la informática y las telecomunicaciones, no solo responden con fidelidad a los lineamientos del paradigma vigente, sino que incluso pueden reconocerse como sus verdaderos emblemas.

A partir de ellas es que podemos comprender por qué actualmente la *tecnosfera* –medio artificial– se impone a la *biosfera* –medio natural– al punto de generar las condiciones para que surja un verdadero "tecnoculto", suerte de fundamentalismo, que explica muchas de las conductas actuales. El medio ambiente "real" se renueva constantemente por el medio ambiente "virtual" a partir de la *cibernética,* agregando a las dimensiones físicas humanas, nuevas dimensiones suplementarias simuladas conformando el *ciberespacio* – Paul Virilio.[100]

Hasta acá hablamos del *ritmo* del proceso evolutivo, como vimos un aspecto definitorio.

Pero no quedaría completa y de hecho no podría caracterizarse a la *cultura humana*, si no nos referimos al *rumbo* o *sentido* que ese proceso adoptó y cuáles son los parámetros dentro de los cuales transita su devenir.

Como vimos el motor impactó en la enorme mayoría de las actividades humanas y sería muy difícil, sino imposible, hacer una calificación detallada de esas modificaciones en cada una de ellas.

Sin embargo, una de esas actividades requiere una mención especial, no solo por haber sido dramáticamente modificada por el *motor* sino por la multifacética influencia que tendría tanto sobre la vida del individuo como sobre sus instancias grupales, es decir pueblo, ciudad, país y, en definitiva sociedad, transformándose en crucial para el *rumbo* que adoptaría el *proceso evolutivo*.

Me refiero a la *producción* a partir de la actividad del hombre.

Gracias al *motor* y a las máquinas creadas a partir de él se producía más, trayendo aparejada una cada vez mayor necesidad de materia prima para sostener el crecimiento constante con la consiguiente mayor oferta de productos, lo cual, incluso, podría implicar una mejoría en la

---

[100] *El arte del motor: aceleración y realidad virtual,* ob. cit.

calidad de vida de la gente. Ya nadie puede negar la trascendencia de la era industrial y lo que significó para los hombres, en términos de trabajo y oportunidades.

Pero hubo un fenómeno imposible de soslayar y que resultaría gravitante y hasta definitorio para el *proceso evolutivo*: conforme iba aumentando la *producción* las oportunidades para que la población incrementara el *consumo* también aumentaban.

Así, tanto *producción* como *consumo* terminarían por transformarse en los dos factores de la dupla que caracteriza a la modernidad y en el verdadero círculo virtuoso sobre el que giró lo que conocemos como *revolución industrial*.

Como vimos, todo el circuito estaba basado y se iniciaba en una mayor *producción* a partir del ingreso de las máquinas al mercado. "Producir" era el objetivo y "capacidad de producir" la llave del éxito y la idea dominante.

No obstante, a poco de andar por este camino surgió como evidencia incontrastable la importancia que tiene el hecho que lo que se produzca sea "consumido". Una producción que no se consume se acumula, perdiendo progresivamente su valor y en ese caso seguir produciendo deja de ser todo lo importante que era hasta ese momento.

Así, progresivamente la dinámica de ese proceso se fue orientando a que la mayor "capacidad de producir" dejara de ser el pivote y que el factor que definía el éxito dependiera de la mayor "capacidad de consumir".

El *consumo* quedaría instalado como verdadero dominador de la situación y terminaría por subordinar a la *producción*. En ese sentido no es casual que el rasgo cultural más destacable y definitorio en el último siglo haya sido el *consumismo* y no el "productivismo".

El "homo consumista" es el que está actualmente situado en la cima de la pirámide y decide el qué, el cómo y el cuándo del "homo productivo", el cual difícilmente tendrá decisión propia sin dejar de mirar a aquel.

El que tenga mayor capacidad para *consumir* dominará aún al que tenga mayor capacidad para *producir* sencillamente porque éste sin aquel carece de sentido.

Consumir y no producir, es el verdadero sinónimo de poder y paradigma de la sociedad actual.

La organización social es congruente con esta afirmación y aún una mirada superficial del mundo actual es suficiente para dar cuenta de esta situación.

La "clase productiva", base de la sociedad y de la cual en definitiva ésta última depende, invariablemente se ubica por debajo de una superestructura por completo creada por el hombre llamada *mercado*, que es el que corporiza el poderío del "consumo".

Desde sus más tiernos orígenes, el *mercado* nació y se fue desarrollando a partir del juego entre "oferta" y "demanda", aspectos ambos que giran en torno al *consumo*, siendo la principal cualidad y el objetivo fundamental de aquel, el de manipular la orientación y los niveles de éste último. Para ello utiliza herramientas que lo estimulan e incrementan, como por ejemplo nuestro conocido "marketing" –disciplina en esencia concebida para transformar deseos en necesidades– y que están cada vez más potenciadas en los últimos años por la telemática (asociación entre telecomunicaciones e informática).

Si hacemos un análisis más profundo, es posible percatarse que el rol dominante que alcanzó el *consumo* en la vida del hombre fue mucho más allá del terreno de sus actividades pues terminó involucrándose directamente con instancias que forman parte de su misma esencia, como por ejemplo la *libertad*, reconocida y aceptada como una de las más trascendentes "necesidades básicas" del ser humano en su relación con el entorno.

Para explicar la vinculación entre *consumo* y *libertad* debemos remitirnos al esquema clásico que presentamos, referido a la relación del hombre con su entorno (*realidad*): el "entorno" emite "señales" que al impactar sobre el "individuo" (hombre) alteran la "armonía" que existía entre ambos y por ello esas "señales" se transforman en "necesidades" que disparan "respuestas" del individuo orientadas a recuperar la armonía.

Para el caso puntual de la relación entre *consumo* y *libertad*, el hecho que el estímulo o *señal* surja del *mercado* implica que esta siendo vehiculizado por la "propaganda" y la "publicidad" -marketing- y que adopta como modalidad la forma de *oferta* que termina siendo la "señal" que impacta sobre el hombre.

Como toda *señal* tendrá potencialmente la capacidad de modificar/alterar la *armonía* que hasta ese momento existía entre la *realidad* y el individuo y cuando lo logra sucederá lo mismo que ocurre con toda señal que presenta esta cualidad: se habrá transformado en una *necesidad* que debe ser satisfecha por una *respuesta* que sea capaz de recuperar/sostener la armonía y las condiciones imprescindibles para seguir siendo un organismo viable en su entorno, es decir, para seguir siendo un organismo *adaptado*.

Dicho en forma más directa, cuando la *armonía* se ve alterada por los efectos de una *oferta*, la única *respuesta* adecuada para satisfacer esa *necesidad* es la adquisición de aquello que se oferta, es decir su *consumo*, ninguna otra modalidad de *respuesta* podrá lograrlo.

Hace apenas treinta años vivíamos adaptados a comunicarnos hablando por teléfono o enviando cartas o telegramas si estábamos apurados. Hoy, ¿nos sentimos adaptados si no tenemos encima nuestro celular? ¿Con qué cara miramos y qué decimos cuando alguien nos dice que no tiene celular o que no sabe manejar una computadora?

Ahora bien, ¿en verdad e inexorablemente precisamos esos aparatos en todas nuestras tareas como para poder sentirnos "adaptados" a nuestros tiempos?

Por favor, responder con honestidad.

Es muy distinto estar "adaptado" que estar "actualizado". Lo primero no solamente no tiene "costo" sino que además garantiza bienestar y en definitiva viabilidad en ese entorno específico, mientras que lo segundo requiere un esfuerzo especial y permanente representando una intranquilidad el hecho de vivirla como una exigencia de vital importancia.

Para mensurar la trascendencia generalmente inadvertida que tiene esta circunstancia en nuestras vidas, solo piénsese qué es lo que ocurre en un escenario como el actual que se caracteriza por un verdadero "bombardeo de *ofertas*" que impactan en el individuo en forma permanente gracias a las diversas y ocurrentes tácticas que aplica el marketing, como dijimos, "crear" *necesidades* es su principal estrategia.

A partir de allí tomemos conciencia cuánto invertimos en mantenernos "actualizados" creyendo que solo así estaremos "adaptados".

Toda *oferta* que no se alcance a *consumir* será "significada, en definitiva "vivida" , como un límite que el individuo no puede modificar, ante lo cual éste deja de sentirse dueño absoluto de su propio destino y es invadido por la sensación de estar perdiendo su capacidad soberana de decisión y hasta su propio albedrío. De tal forma, la satisfacción de esas necesidades "generadas" por el hombre (pero no por la *realidad*) queda inevitablemente asociada a una sensación de *libertad* –verdaderamente "pseudo libertad"– que se alcanza en tanto se tenga la posibilidad de *consumir* esas *ofertas* y se vuelve a perder toda vez que surge una nueva.

En definitiva, *libertad* y *consumo* quedan ineluctablemente asociados dentro de la significación de *necesidad básica* cuya satisfacción resulta imprescindible para sostener una quimérica *armonía* que define una aparente adaptación adecuada.

Descripto y aclarado el *rumbo* que terminó adoptando el proceso evolutivo del hombre a través de su historia, agreguémosle ahora el *ritmo*, como vimos constantemente creciente (*aceleración*), a fin de obtener una imagen fiel de las características que adopta nuestro "entorno cotidiano", es decir nuestra *realidad*.

Un verdadero bombardeo incesante y acelerado ("cada vez más") de *ofertas* travestidas en *necesidades* que, por definición, alteran la armonía con nuestro entorno, poniendo en jaque nuestra sensación de sentirnos libres y dueños de nuestras vidas y que nos obligan a *consumir*, a veces de una manera compulsiva, para alcanzar la indispensable *adaptación*.

Se trata de una conducta que surge a partir de un impulso automático y casi instintivo y fundamentalmente siempre alejado de una *reflexión*, ya que podría poner en evidencia que en la mayoría de las veces, se trata de algo superfluo e innecesario y que claramente nada tiene que ver con la "libertad".

El hombre adaptado a la realidad actual
La congruencia del Método Científico

Veamos ahora cuáles deben ser las cualidades más destacables que actualmente y en esta *realidad* requiere un ser humano para asegurar que esta "*adaptado*", gracias a lo cual podrá ser considerado como viable para poder subsistir.

Preocupado por no quedar excluido del *sistema*, el individuo ocupará el mayor tiempo posible en *producir* aquello que le permita *consumir* –léase sentirse adaptado y libre– lo cual dependerá casi exclusivamente del dinero que tenga, consiga y acumule, el cual, de tal forma, se transformará en uno de los principales objetivos a lograr.

Su paradigma será, entonces, el de la "practicidad" referida a la posibilidad de máximo aprovechamiento del tiempo útil junto a una minimización del tiempo "no productivo", con el único fin de generar dinero, que resulta ser el requisito imprescindible para poder *consumir*.

Por ello ante un "desperfecto" (enfermedad) que lo pueda sacar de circulación un tiempo, lo cual representa una disminución de la posibilidad de ganar / acumular dinero (léase consumo=libertad=adaptación) buscará soluciones rápidas y específicas para el trastorno. Esto sin considerarse a si mismo como un sistema global en interacción con su entorno, ni mucho menos considerar la posibilidad que éste último pudo haber participado en la aparición de ese desperfecto, todo lo cual depende de una *reflexión* que, de tal modo, queda transformada en el principal enemigo del "sistema / mercado" pero a la vez en su principal antídoto.

Se trata, ni más ni menos, de una "inmediatez pragmática", convalidada y estimulada por un *sistema cultural* que no solamente la genera sino que directamente depende de ella.

En un contexto así, el método – *Método Científico* - que lidera la disciplina humana – *ciencia* - de la que más depende ese *sistema cultural* ya que es la que aporta nuevos productos a través de la materialización de hechos científicos mediante la *tecnología* que luego terminarán transformándose en "estímulos de *consumo*" (ofertas) manteniendo el ciclo activo, deberá seguir siendo congruente con ese *sistema cultural*, por lo cual no puede ni debe ser un método reflexivo sino todo lo contrario: "será válido por el mero hecho de ser útil" (principio fundacional del pragmatismo).

Prueba más que suficiente para entender por qué el *Método Científico* terminó siendo lo que es.

Un Método Científico reflexivo

Con total franqueza, no creo que estemos equivocados cuando sostenemos que el *Método Científico* actual es en su esencia muy diferente al que Francis Bacon concibiera como el más adecuado para conocer la verdad acerca de la *realidad*.

Bacon era un filósofo y por ello miraba la *realidad* desde una actitud reflexiva, por ello no precisaba proteger esa modalidad de lectura y en definitiva manera de actuar, estaba implícita en su quehacer cotidiano.

En cambio hoy los que aplican el *Método Científico* están muy lejos de ser filósofos o al menos mirar la *realidad* con una actitud de *reflexión* que los involucre y contextualice con ella.

Es probable que el mismísimo Francis Bacon luego de reponerse del asombro y del entusiasmo que seguramente le produciría ver los avances que ese mismo método fue capaz de generar, nos preguntaría con su mirada filosófica si estamos totalmente seguros que este es el rumbo, si realmente estamos mejor como individuos y como especie a partir del quehacer científico, si quizás con el mismo o quien sabe menor esfuerzo no podríamos estar mejor sin que por ello dejemos de ser científicos, exactos y precisos.

Como ya se dijo, no se trata de destruir y reemplazar sino de completar lo que falta.

El *Método Científico* indudablemente es el indicado para muchas de las cosas de las que se encarga la *ciencia*, pero no para todas, en algunos temas resulta no solamente inadecuado sino incluso insuficiente y por ello riesgoso.

Evidentemente "…ni tan pelado ni con dos pelucas…"

El *materialismo mecanicista*, *positivo* y *tecnológico* por un lado y la *actitud filosófica reflexiva* por el otro, lejos de ser enemigos excluyentes se precisan mutuamente. Para que la *ciencia* sea una disciplina completa y para que un producto de esa *ciencia* sea un verdadero "hecho científico" ambos factores son imprescindibles.

La proporcionalidad entre el *componente fáctico* y el *componente reflexivo* estará definida y determinada por el tipo de fenómeno que se esté abordando pero jamás alguno de ellos podrá estar ausente.

Aún en aquellos casos en los que para conocer ese fenómeno se requiriera preferentemente exactitud y precisión o cuya naturaleza habilite a estudiarlo a través de un modelo mecanicista y matematizado, será necesaria la *reflexión* para contextualizar tanto los procedimientos como las conclusiones a fin de determinar si existe congruencia entre estos últimos y la *realidad* a la que ese fenómeno ineluctablemente pertenece.

La porción de la *realidad* que específicamente le toca enfrentar a la *ciencia* podrá ser estrecha y limitada pero aun así es suficientemente variada y compleja como para pretender abarcarla con un método único que, si bien podrá ser el adecuado para muchos de sus fenómenos, no hay dudas que así lo demostró, muy probablemente no lo sea para la totalidad de ellos.

Una verdadera quimera de omnipotencia que es mucho más que un error metodológico, casi podemos afirmar que directamente se trata de una conclusión equivocada, lo cual viniendo de la *ciencia* representa un problema de trascendencia pues no solamente condiciona la persistencia de ese error primigenio también lo convalida, lo profundiza y lo retroalimenta. Así la *ciencia* se condena a sí misma a creer que está avanzando hacia un progreso evolutivo cuando quizás lo único que está haciendo es caer involuntariamente en una actitud funcional a ciertos intereses coyunturales de algunos pocos – sistema / mercado - cuyo objetivo no es, por cierto, el mismo que persigue la *ciencia*. A esos intereses sí les conviene que exista un *Método Científico* unívoco, incuestionable y dogmático, casi se podría decir absoluto, que fundamentalmente no dé lugar a controversias.

Si reconocemos que no tenemos acceso a la *realidad* objetiva (objeto sin sujeto) sino a través de *versiones* (subjetivas), también estamos reconociendo que no existe una *realidad* única, pero tampoco debería costarnos reconocer que no puede existir un único método que nos acerque a conocer la verdad acerca de esa *realidad*.

Como se vio, el *Método Científico* resultó ser una propuesta de hombres de *ciencia* en una época en la cual todo hombre de *ciencia* poseía formación, pensamiento y metodología filosóficos. Pertenecían a un contexto en el que la mayor preocupación era la propia subjetividad del investigador como el principal obstáculo para avanzar en el nivel de conocimientos.

Vaya honestidad!

Incluso hasta resultaba lógico que se pusiera énfasis y se profundizaran aquellos aspectos no filosóficos del método, es decir fácticos y exactos, a fin de compensar el desnivel detectado, ya que el otro aspecto, el filosófico, cuya principal herramienta es la *reflexión*, no generaba duda alguna, estaba decididamente operativo, tanto que gracias a él se había desenmascarado la falencia, permitiendo surgir la necesidad de elaborar un método que intentara disciplinar a la subjetividad humana.

En definitiva, cuando el *Método* se transforma en un fin en sí mismo por haber perdido su condición reflexiva, puede quedar disociado de la *realidad* que es justamente la que le otorga sentido y razón de ser. Algo claramente peligroso.

Quién sabe estemos muy cerca de esa situación si es que no estamos directamente sumergidos en ella.

El Método Científico versus la realidad
Los paradigmas científicos cuantitativo y cualitativo

Desde hace ya un tiempo es el propio *Método Científico* el que determina y condiciona los temas a tratar, cuando en verdad lo que sería lógico y hasta correcto es que sea la propia *realidad* la que defina las reglas del juego en tanto siempre será ella la *variable independiente* en esta ecuación. Es la *realidad* la que emite las *señales* que devienen en *necesidades* por haber logrado alterar la *armonía* vigente hasta ese momento y que nos obligan a emitir *respuestas* para satisfacer a aquellas (*adaptación*), las cuales en el terreno específico de la *ciencia* se denominan "hechos científicos".

Sin embargo lo que actualmente sucede es exactamente al revés.

Esa misma *realidad* queda sistemáticamente subordinada al método que la estudia. En un contexto como este cabe preguntarse si los "actos científicos" representan siempre y sistemáticamente una respuesta acorde a aquellas *necesidades* planteadas por la *realidad* y si revisten verdadera trascendencia en términos de nivel de adaptación. Dicho de otra manera, cuestionarse si la *ciencia* siempre efectúa una lectura correcta y contextualizada con la "*realidad* real" como para que esa lectura logre detectar aquellas *necesidades* en las cuales su intervención representaría un aporte valioso para mejorar la calidad de vida de los seres humanos.

De hecho, a mi juicio, no todo lo que produce la *ciencia* repercute en una mejor *adaptación* del individuo a su entorno. Existen hechos rotulados como científicos cuyos productos más que "adaptarnos" nos mantienen "actualizados" a los lineamientos y ritmos del *mercado* para que sigamos alimentándolo a través de nuestros hábitos de consumo, la mayoría de las veces sin darnos las más mínima cuenta y hasta incluso agradeciendo que estamos siendo protagonistas del "progreso de la humanidad".

¿Los automóviles cada vez más veloces o las redes sociales, entre muchas otras cosas, son verdaderamente *respuestas* que mejoraron nuestra calidad de vida y nuestro nivel de *adaptación* o más bien son "señales / necesidades" que nos plantean la obligación de *consumirlas* si lo que pretendemos es sentirnos en consonancia – "individuos viables" – con el "sistema" – *realidad* – que nos rodea?

Puede que ante esta afirmación haya algunos que frunzan el seño. Eso merece una aclaración.

Como ya vimos, su propio éxito terminó situando al *cientificismo* en una posición hegemónica de omnipotencia y credibilidad incuestionables que no solo lo hizo invulnerable a la duda sino que además convalidó la "pseudo *realidad*" dentro de la cual el *Método Científico* muchas veces queda sumergido sin que nadie se anime a discutírselo.

Entre muchas otras cosas, este verdadero éxito llevó a que la enseñanza académica se obsesionara cada vez más por el "formalismo metodológico", colocándolo en un plano de prioridad excluyente pese a que ello pudiera representar uno de los principales impedimentos para focalizar los verdaderos problemas de la *realidad* lo cual, como vimos, depende de un "proceso de intelección" que a través de la *reflexión* logre contextualizar en su verdadero escenario al fenómeno de la *realidad* que se nos está manifestando como *señal / necesidad*.

Ese mismo instrumento metodológico es el que inevitablemente reduce el campo de investigación, al subordinar la relevancia y significación de un aspecto o tema de la *realidad* a los parámetros que él y solo él considera como requisitos formales para poder considerar un fenómeno como candidato. La *objetividad*, el *rigor experimental* y la *cuantificación* son los que definen qué fenómeno se merece ser evaluado por la *ciencia*.

Resulta difícil aceptar que todo aquello que sea capaz de ser evaluado para conocer su verdad mediante esta disciplina, rigurosamente deba ser objetivable, empírico y cuantificable. La *realidad* es mucho más vasta y variable y no solamente está compuesta de fenómenos con esas características. De hecho existen un sinnúmero de aspectos, hechos y sucesos que componen la *realidad* que por ahora y por esa limitación impuesta por el propio *Método Científico*, no cumplen con esos criterios aunque igual deberían ser considerados.

Como por ejemplo algo tan común y conocido por todos nosotros como es la influencia de los parámetros por los que se rige el *mercado* que impactan sobre los seres humanos tanto en su salud física como mental y social – indudablemente aspectos vinculados con la *ciencia*. Estos parámetros son vehiculizados por verdaderos vectores como por ejemplo los "hábitos alimentarios" (vinculados con la obesidad, la hipertensión arterial, la dislipidemia, la diabetes, etc.), la "presión laboral" (vinculados con el estrés, los trastornos de ansiedad, el consumo de psicofármacos, etc.), la "marginación social" (vinculada con la elevada incidencia de enfermedades transmisibles, etc.) o hasta la "Internet" (vinculada con la soledad y la dificultad en relacionarse sobre todo en las generaciones más jóvenes). Se trata de vectores que muchas veces no resultan fácilmente objetivables ni posibles de ser sometidos a una disciplina empírica y experimental, ni tampoco demasiado accesible a una cuantificación en lo que respecta a su origen, su operatividad como factor influyente y fundamentalmente en sus consecuencias.

¿Acaso la *ciencia* no promulga atender con prioridad las "causas" y no los "síntomas"?

La objetivación, el empirismo y la cuantificación son criterios claramente adecuados para algunos temas de los que se encarga la *ciencia* aunque cabe reconocer que no para todos, por ello no deberían ser factores limitantes y excluyentes.

Y este es justamente el "core" del problema porque a partir de este método que, como acabamos de ver, resulta ser sesgado en cuanto a la selección de su materia de estudio e intervención, es que se creó el edificio de conocimientos que hoy llamamos *ciencia* y que terminó en constituirse en *paradigma*.

En ese sentido será interesante comentar los trabajos de Reichardt y Cook (1986).[101]

Estos autores no solo lograron delinear y sintetizar las características de lo que denominan *"paradigma cuantitativo"* sino que además muestran la otra alternativa metodológica diametralmente opuesta al que presentan como *"paradigma cualitativo"*.

Ambos paradigmas son válidos, aplicables y de ninguna manera excluyentes y de hecho existen posibilidades intermedias a partir de la combinación de ambas posturas. Lo que define la asociación y qué aspectos se incorporan de ambos paradigmas, es el tema o fenómeno de la *realidad* que se esté abordando. En otras palabras, la "variable independiente" es una mirada reflexiva que logre contextualizar al aspecto o fenómeno dentro de la *realidad* a la cual inexorablemente pertenece mientras que la "variable dependiente" (que es la que se debe adecuar) termina siendo el método que se va aplicar.

De esta forma el método nunca podrá subordinar a la *realidad* y evitará caer en una postura fundamentalista y rígidamente dogmática como la que otorga validez a uno u otro paradigma de una manera excluyente.

Veamos a qué se refieren estos autores cuando hablan de cuantitativo y cualitativo.

Muchas de las características más destacables del *paradigma cuantitativo* ya han sido enumeradas. Metodológicamente se *cuantifican los datos* que se obtuvieron mediante una *medición controlada* destacando como fiables solo aquellos que hayan logrado ser *objetivos*, *sólidos* y *repetibles*. Se priorizará la *precisión* para lo cual se *atomizará* la *realidad* reemplazándola por un "modelo estable". Su objetivo final es la *generalización* alcanzada

---

[101]– Cook T.D y Reichardt CH. S. *"Métodos cualitativos y cuantitativos en investigación evolutiva"*. Ed. Morata, Madrid, 5ta edición, 2005.

mediante el *positivismo lógico,* a fin de poder enrolar a otros fenómenos en sus respectivas categorías. Busca *predecir certezas.*

Con respecto al *paradigma cualitativo*, el mismo parte de un fenomenismo. Destaca la *observación* espontánea del aspecto o fenómeno abordado de la *realidad* a fin de respetar su variabilidad. Jerarquiza el *contexto* en el cual se desarrolla ese aspecto o fenómeno particular (holismo) reconociendo la potencial existencia de *significación* en ese dato observado ya que *no niega la subjetividad* del observador. Reconoce como válidos aquellos datos que no solo logran ser *reales (contextualizados)* sino también ricos y profundos, lo cual lo habilita a *particularizar* el aspecto observado. Finalmente destaca y otorga trascendencia al propio *proceso de intelección* y abordaje del fenómeno por sobre el *resultado*, asumiendo de tal forma que la *realidad es dinámica*, motivo por el cual nunca abandona la *probabilidad*.

Aunque estos dos modelos puedan resultar extremadamente esquemáticos, su verdadero valor radica en que pone en evidencia que existen aspectos parciales de la *realidad* cuyo enfoque más adecuado podrá ser con uno o con el otro paradigma pero jamás podrán ser mutuamente excluyentes.

Si un fenómeno de la *realidad* cuyas características encuadran dentro del *paradigma cuantitativo* es abordado por un *método cualitativo*, muy probablemente los resultados y en definitiva los conocimientos que surjan de las conclusiones no sean completos ni tampoco reflejen la real dimensión de ese fenómeno. Pero lo mismo sucederá a la inversa, cuando se pretende evaluar cuantitativamente mediante una "descontextualización" forzada, con el único objetivo de obtener "certezas", a fenómenos de la *realidad* que no pueden ser ni aislados ni modelizados porque su esencia y comportamiento dependen por entero de su condición de sistémicos. En esos casos lo que se estará haciendo es priorizar el "resultado" a expensas de no tener en cuenta la "subjetividad" del observador / operador, haciendo caso omiso al hecho que es justamente esa "subjetividad" la que encuadra la conclusión en una "posibilidad"

Los efectos biomoleculares específicos de una sustancia no pueden ser investigados, nomenclados y descriptos mediante la actitud reflexiva del investigador o solo mediante la contextualización en base a un enfoque holista del sistema en el que se desarrollan, deben ser objeto de medición confiable y precisa a partir de datos objetivos, sólidos y reproducibles por otros investigadores.

Pero algo muy diferente sucede con otros factores que también generan efectos biológicos, que también pertenecen a la *realidad* y que obviamente también son resorte de la *ciencia*.

Un buen ejemplo son los ya nombrados Factores de Riesgo Cardiovascular (hipertensión arterial, dislipidemia, diabetes, tabaquismo, sobrepeso corporal, inactividad física) vinculados en forma directa con las Enfermedades Cardiovasculares, entidades que sin lugar a ninguna duda impactan sobre la humanidad.

En ellos el *empirismo positivista* y el *materialismo mecanicista* que caracteriza al *Método Científico*, innegablemente permitieron conocer más detalles acerca de los mecanismos biológicos involucrados y descubrir fármacos y procedimientos más eficientes y seguros. Sin embargo, a juzgar por la persistencia durante casi tres décadas entre los primeros puestos de mortalidad y como causas de enfermedad, quizás sea válido plantearse que lo hecho hasta ahora no ha resultado ser todo lo efectivo que pretende y dice ser.

Cabe preguntarse, entonces, si verdaderamente podemos hablar de éxito. Si acaso, al menos en este tema que es uno de los más trascendentes para la salud humana, estos resultados no dan lugar a pensar que quizás nos esté faltando algo en nuestro enfoque, algo no "cuantitativo".

Veamos qué pasa cuando se aplica la *reflexión* y cuando la *señal-necesidad* denominada en este caso "Factores de Riesgo Cardiovascular-Enfermedades Cardiovasculares" se *contextualiza* dentro del sistema al que pertenece.

Esta categóricamente demostrado que los Factores de Riesgo Cardiovascular son entidades fuertemente vinculadas a los denominados *hábitos de vida occidental* y por ello resulta tanto inevitable como imprescindible ubicarlos dentro de la *realidad* más cotidiana que se pueda imaginar, es decir ponerlos en su verdadero contexto.

Los "hábitos de vida occidental" son aspectos que caracterizan a nuestra cotidianeidad y que permiten conocerla y entender cómo discurren nuestros días. Sostienen una dinámica de retroalimentación positiva con el "sistema de vida actual" que, como vimos, se apoya en un consumismo materialista y pragmático basado en la competitividad, el temor a quedar excluido y la necesidad de -*poder/dinero*- y no son difíciles de identificar. Entre otros pueden mencionarse: maximización en la utilización del tiempo "productivo", jornadas laborales prolongadas, tendencia al sedentarismo, comidas rápidas y procesadas, consumo de energizantes para incrementar el rendimiento, aumento en la necesidad de sedantes e inductores del sueño para poder dormir, minimización del tiempo no productivo o mal llamado "ocioso" como el referido a la duración de las comidas o incluso a la actividad física recreativa.

Contextualizados en un entorno así, los Factores de Riesgo Cardiovascular resultan ser la consecuencia directa de los *hábitos de vida*, representando el "costo" que los seres humanos deben pagar por sentirse dentro del "sistema" temiendo ser excluidos. Así no deben extrañar las sostenidamente elevadas prevalencias (proporción de individuos en una población que presentan una característica determinada) en cada uno de estos Factores.

Podremos tener tratamientos maravillosos para la hipertensión arterial o para el colesterol y conocer detalles asombrosos acerca de la fisiopatología de la obesidad y la diabetes, pero mientras persistan los *hábitos de vida* tal como están, la cantidad de hipertensos, dislipidémicos, obesos y diabéticos seguirá aumentando y sosteniendo la vigencia del problema. La *respuesta* no habrá logrado satisfacer la *necesidad* y con ello la *armonía* tan necesaria para una buena *adaptación*, al menos en estos aspectos de nuestra *realidad*, seguirá en jaque.

¿Por qué siendo tan perjudiciales y claramente antinaturales, estos *hábitos de vida* persisten?

La respuesta a esta sencilla pregunta bien podría ser que esos *hábitos de vida*, no solo son funcionales para que el *sistema* se sostenga y perpetúe sino que directamente forman parte de él y en este contexto, surge como evidencia que resultan ser uno de los principales focos de acción para minimizar los "costos" que implican que, como vimos, son nada más y nada menos que los Factores de Riesgo Cardiovascular y consecuentemente las Enfermedades Cardiovasculares.

Dicho de una manera más directa, encarando los *hábitos de vida* – verdadera "causa primaria" – quizás se puedan combatir más racionalmente y por ello más eficientemente a los Factores de Riesgo Cardiovascular – "vectores" – con lo cual se podrá pretender disminuir el impacto de las Enfermedades Cardiovasculares – "costos".

Es obvio que para desenmascarar este círculo vicioso conformado por el "*complejo Hábitos de vida – Factores de Riesgo Cardiovascular – Enfermedades Cardiovasculares*", fue indispensable una evaluación sistémica y contextualizada que utilice la *reflexión*. No será con modelizaciones, tecnologías o aparatos de precisión que se pueda lograr; de hecho hasta ahora no ha sucedido.

Por supuesto que el investigador científico debería aggiornarse. No solo deberá apelar a su subjetividad para estimar la significación que tienen esos *hábitos de vida* para un individuo que vive en este sistema (qué representa para ese individuo el consumo, lo material, el poder, el dinero, el éxito) con el único objetivo de ayudarlo, sino que a partir de esa evaluación "cualitativa" deberá encontrar la fuerza para enfrentarse a las verdaderas causas del problema, las que muy probablemente no se encuentren con exclusividad en la genética, la biología molecular o los mecanismos fisiopatogénicos, sino más bien en ciertos factores que caracterizan al *sistema* y que preferentemente están vinculados con aquello que lo motoriza, es decir el *consumismo*. En este sentido, aquellas instancias que con una mirada pragmática se benefician con un *sistema* así, son los que sostienen y perpetúan los *hábitos de vida occidental,* aunque cabe destacar, muchas veces bajo una engañosa investidura de promoción del progreso y bienestar de la población (corporaciones, redes industriales, entidades del circuito financiero).

Finalmente veamos qué sucede cuando se considera la relación entre la *realidad* y la *ciencia* con su *Método Científico*, pero ya no en términos históricos sino en el contexto actual.

Luego de haber transitado ese tortuoso y enigmático camino del *conocimiento científico* referido a su objeto natural de estudio, es decir la *realidad*, una de las principales evidencias que surgen es que no todos los fenómenos naturales que en ella se suceden son pasibles de ser reducidos a expresiones matemáticas, que no todos son analizables experimentalmente y que no todas las hipótesis válidas pueden confrontarse exitosamente con la *realidad* a la que se refieren.

Tanto el determinismo como el mecanicismo son las bases indiscutidas y consolidadas del denominado "conocimiento asentado" y consecuentemente pilares tradicionales de la concepción del universo aceptada como "oficial".

Sin embargo, es la mismísima *realidad* la que nos obliga a aceptar que existen otros conceptos también reconocidos como válidos y que indudablemente forman parte de la *realidad*, que deben ser agregados a esa concepción de conocimiento.

Como de hecho lo son los procesos estocásticos -vinculados con el azar- o extremadamente complejos, como el *caos determinista*, la pluralidad de causas que operan como redes interactivas, la organización jerárquica de la naturaleza con niveles de comportamientos de diferentes complejidades, desde sistemas "lineales" y por ello totalmente predecibles hasta los "no lineales" de alto grado con carga creciente de incertidumbre o incluso la existencia de propiedades no anticipables en sistemas complejos que les permite autoorganizarse alejándose del equilibrio que implica la tendencia natural espontánea hacia la entropía.

Son instancias de la *realidad* que no sabemos de antemano dónde están, en qué ámbitos están operativas o cuándo y cómo se van a manifestar ,pero lo que sí es evidente es que con un método rígido y dogmático que se imponga límites a sí mismo y hasta a la propia *realidad* para ser abordada, será muy difícil que se transformen en accesibles.

Muy probablemente se podría resolver con solo recuperar aquel ya olvidado y menospreciado componente natural de la *ciencia*, la *actitud reflexiva y filosófica* ya que de ello depende comprender que siempre la *realidad* estará un paso delante de nosotros, y que es ella la que debe marcar las pautas para que nuestras respuestas se orienten al único objetivo primigenio que persigue el ser humano desde sus mismos orígenes: la recuperación/sostenimiento de la armonía con su entorno.

Es justamente esta carencia de esa porción fundacional de la *ciencia* la que la expone una y otra vez a perder la indispensable congruencia con la mismísima *realidad*, condición que además le otorga su sentido de ser y existir como disciplina.

Esa carencia de reflexión no solamente la expone a quedar descontextualizada sino también a terminar adherida a una pseudo *realidad* que resulta estar convalidada por la propia *ciencia* y su método incompleto.

Así, una *ciencia* desequilibrada a favor del componente fáctico-exacto, representado principalmente por la tecnología, en detrimento del componente reflexivo-filosófico es la que permite entender, entre otras cosas, por qué quedó consolidada la aceleración como ritmo básico de la sociedad, o cómo fue que se instaló la inmediatez como objetivo, o también cómo el pragmatismo terminó por transformase en *resultadismo*, es decir, condicionar la calificación de un acto al resultado que se obtenga sin considerar la calidad o la ética del proceso de ejecución.

Porqué se prioriza la cantidad por sobre la calidad, porqué la filosofía terminó ocupando un lugar casi extravagante y diletantista, por qué las especialidades/subespecialidades - versión moderna de la atomización cartesiana - ven a su *parte* como representante del *todo* de una manera cada vez más específica y detallada y por ello más alejada de él.

El campo de la *ciencia* es complejo, heterogéneo y variable en tanto se recrea a sí mismo con cada avance que logra, resulta difícil aceptar que el método que se encarga de él no precise ser reevaluado y revalidado en base a los nuevos y más profundos conocimientos, sobre todo teniendo en cuenta que así como no todo lo que brilla es oro, no todo "logro científico" termina significando un progreso evolutivo que mejore la calidad de vida de las personas.

Es necesario que el propio *Método Científico* sea el que se actualice a sí mismo y lo haga de una manera sistematizada, basándose en una autocrítica sincera a partir de la recuperación de su condición primigenia de *reflexión*, única garantía de congruencia con el contexto. Solo así podrá evaluar con justeza si el rol de la *ciencia* verdaderamente sigue siendo el de buscar la *verdad* acerca de la *realidad*.

La verdad

Hasta aquí hemos hablado por un lado, del objeto de análisis y estudio de la *ciencia*, la *realidad* y por otro lado, de la peculiar herramienta que utiliza para ello, el *Método Científico*.

Quedó claro que no existe una forma unívoca de describir la *realidad* sino versiones que se basan en representaciones, las que inevitablemente serán diferentes entre sí dependiendo del aspecto particular de la *realidad* en el que se apoyan o del lugar o arista que enfocan y desde el cual se efectúa el análisis.

También quedó claro que aún pese a estas diferencias, que pueden ser muy profundas, absolutamente todas las versiones comparten una misma característica: todas están igual de expuestas a los sesgos propios del inevitable subjetivismo, en tanto todas y cada una de ellas nacen de un sujeto particular e irrepetible.

A tal punto es importante este aspecto, que justamente fue esta característica la que dio lugar al surgimiento y desarrollo del *Método Científico* con el fin de minimizar todo lo que se pudiera a ese subjetivismo, para así poder acercarse al objeto de la *realidad* en sí mismo.

Estamos ya en condiciones, entonces, de formalmente analizar al objetivo que la *ciencia* persigue con su método, que es nada más ni nada menos que la *verdad acerca de la realidad*.

Por cierto y como sucede a menudo con aquellas palabras utilizadas a diario con relativa frecuencia, hablamos de la *"verdad"* sin preguntarnos si realmente conocemos qué es lo que representa y a qué cosa se refiere.

Evidentemente existen muchas maneras de definir a la *verdad*, tantas como actividades que el ser humano desarrolló y desarrolla a lo largo de su historia. Así, de hecho podemos encontrar diferentes tipos de verdades en función de la congruencia que mantengan con la actividad a la que están referidas.

Pero más allá del aspecto parcial de la *realidad* al que se esté refiriendo, el concepto de *verdad* en sí mismo no varía, es único y por ello aplicable a cualquier ámbito o disciplina. Es decir, *verdad* representará siempre lo mismo, podrá tener distinto ropaje o diferente escenario pero siempre nos estaremos refiriendo al mismo concepto.

En este sentido y teniendo en cuenta que la *verdad* nos atañe y alcanza a todos y forma parte de nuestra vida diaria, quizás la mejor definición que podamos presentar, lejos de encontrarla en ámbitos de erudición, sea la que proviene del lenguaje coloquial y cotidiano, que también nos involucra a todos.

Así, para otorgarle un significado a la palabra *"verdad"* que nos habilite a utilizarla sin generar dudas, conflictos o malos entendidos, quizás una manera suficiente para referirse a ella sea decir que representa el "opuesto a la mentira" o también afirmando que *verdad* es "decir exactamente lo que se piensa y siente".

No hay dudas que se trata de una definición sencilla y que nos alcanza a todos por igual, sea la circunstancia o el escenario que sea.

Sin embargo, no podemos obviar que ambas definiciones dejan sistemáticamente involucrado al sujeto. Cabe preguntarse, entonces, si existe alguna otra posibilidad que logre desentenderse de este cerclaje. La respuesta es que muy probablemente exista pero destacando que ello dependa inicialmente del hecho que se logre contextualizar ese concepto dentro del sistema que está conformado por el hombre y su entorno (*realidad*) que, como vimos, resulta ser indivisible y constante, ya que con esa sola acción surge como primera observación que probablemente el concepto de *verdad* no sea exactamente el mismo cuando se lo concibe desde el hombre o desde la *realidad*.

En base a esta premisa, podemos reconocer que definir a la *verdad* como una referencia del "opuesto a la mentira" o "decir exactamente lo que se piensa y siente" es válido en tanto sea dentro de un contexto en el cual el eje o pivote sea el *sujeto*, ya que es él quien "no dice mentiras sino aquello que piensa y siente", lo cual pone en evidencia un rasgo fuertemente antropocéntrico de esta definición. Algo que, también como vimos, siempre caracterizó al hombre a tal punto que lo llevó a creer en la quimera de ser capaz de dominar a la naturaleza, por ello él era lo más importante y todos los conceptos y definiciones lo tendrían a él como el principal referente.

Pero en esta oportunidad las cosas serán diferentes porque donde queremos sumergirnos es en el concepto de *verdad* cuando está referida a una instancia, para la cual el sujeto ineluctablemente siempre es y será un observador o componente pasivo, no pudiendo de ninguna manera participar en la definición en un rol central.

Veamos.

La *realidad* y por ende su *verdad* no solamente es previa al sujeto, también lo trasciende y siempre lo deja en un plano secundario. Aún en aquellas circunstancias en las que el hombre con sus acciones la modifica, éste nunca deja de estar sometido a la necesidad de adaptarse o adecuarse al nuevo escenario. La *realidad* es un sistema con comportamiento y dinámica azarosos y en este sentido es la propia Física la que demuestra que no es posible controlar las consecuencias y los efectos de este tipo de sistemas toda vez que éste responde y varía a partir de un estímulo como bien puede ser un acto humano sobre su entorno.

Es obvio, entonces, que en ese contexto la *verdad* no se puede definir a partir del hombre. En la *realidad* la mentira no existe, sencillamente porque es algo que no sucede y lo que sucede trasciende lo que piensa y siente un hombre, incluso con independencia de lo que ese hombre haya participado o influido en ese suceso.

Es de esa *verdad*, la que le pertenece por entero a la *realidad* la que estamos pretendiendo definir y que resulta ser el objetivo primordial que persigue la *ciencia*.

Lo primero que debe quedar en claro es que toda versión o representación acerca de la *realidad*, siempre e inevitablemente se articula en "modelos verbales" que son creados por el hombre. El principal argumento que sustenta a esos "modelos" es que de esa forma los conceptos que encierran pueden ser expresados de una manera uniforme, lo cual permite no solo poder efectuar una evaluación sino también una confrontación entre ellos, tal que habilite a aceptarlos o rechazarlos.

Si no existiesen esos "modelos verbales" cada versión de la *realidad* se expresara por sí misma y sin respetar un lineamiento que más o menos las uniformice y si esto sucediera, sería muy difícil comparar entre sí las versiones, ya que seguramente existirían diferencias por el mero hecho que cada una de ellas giraría en torno a cualidades diferentes de la *realidad*. No es posible comparar peras con manzanas, pero sí lo es cuando acordamos referirnos a ellas unificándolas en la categoría de frutas.

Pero ¿cuál es el motivo por el que dos versiones difícilmente sean *per se* y espontáneamente iguales entre sí, fuera de una absoluta casualidad?

Por cierto, lo que explica el por qué esto sucede no es otra cosa que nuestro ya conocido *subjetivismo*. Él es el que otorga a una cualidad y no a otra, el rol y la importancia como eje en torno al cual girará la representación o versión de esa porción de *realidad*.

Así planteado, la única posibilidad para que dos o más versiones se acerquen a una coincidencia al menos formal, será a través de una convención o acuerdo entre los "modelos verbales" que las representan y a decir verdad, espontáneamente esto casi nunca sucede.

Como vimos antes, son los "modelos verbales" los que habilitan a que dos versiones de la *realidad* puedan confrontarse, asimismo surjan de enfoques diferentes, ya que de alguna manera las encuadran en un espacio común a ambas.

No obstante, y pese a haber demostrado utilidad como herramienta dialéctica, este artilugio no alcanza a evitar el costo de no lograr sustraerse al *subjetivismo* el cual muchas veces, incluso, está muy cerca de la intencionalidad. Valga destacar que esta verdadera limitación referida al *subjetivismo* no se limita a la influencia que pudiera tener sobre los desvíos de la propia versión, sino también en esas convenciones o acuerdos entre los "modelos" que no siempre están regidos por pautas rigurosas o metódicas, sino que muchas veces lo hacen a partir de fundamentos *ad hoc* congruentes con algún esquema de pensamiento en general dominante. Un ejemplo sería lo que sucede con el "pragmatismo", actualmente piedra filosofal de nuestro "sistema de vida occidental" lo cual explica la existencia de "modelos" que intentan representar a la *realidad* sin dejar de acercarse a un objetivo útil y funcional a ese "sistema". Se trata de un contexto en el cual participan en forma mancomunada tanto el *subjetivismo* humano como el pragmatismo del propio sistema *cultural* vigente, el primero al servicio del segundo, que busca alinear a la mayor cantidad posible de "modelos verbales" en aquel concepto de *verdad* que le resulte más útil a aquel. De tal manera, si muchos de esos "modelos verbales" acerca de un aspecto de la *realidad* dicen lo mismo, es muy probable que para quienes vivimos en ese "sistema", estén representando a la *"verdad"* acerca de ese aspecto ("...mil moscas no se equivocan...").

Pese a los esfuerzos para convencernos, hoy sabemos que esa coincidencia de versiones, que conllevan el riesgo potencial de subjetividad, no necesariamente garantiza una representación fiel de lo que ocurre en la *realidad*, sobre todo teniendo en cuenta que el protagonista excluyente de ella es el *objeto* y no el sujeto.

Ya vimos en un capítulo anterior, que el "sesgo de bandwagon o de arrastre" explica claramente que una versión no es más creíble por el solo hecho que sea compartida por muchos. Aquello que muchas veces nos presentan como *verdad* por el mero hecho de ser la versión más aceptada, bien puede que no lo sea.

Como quiera que sea., lo que resulta evidente es que para hablar de una versión que más probablemente represente algo cercano a la *realidad* son necesarios otros parámetros.

Veamos de qué se trata.

Desde un punto de vista formal y teórico, quizás uno de los aspectos más básicos que se deberían respetar para construir un concepto más riguroso de "*verdad* acerca de la *realidad*" es, por un lado, disminuir el protagonismo del "sujeto emisor" de la versión y dárselo al objeto que es lo que caracteriza a la *realidad*. Pero por otro lado, también sería importante otorgarle participación a quien recibe esa versión, es decir al "sujeto receptor".

La primera pauta, protagonismo del objeto por sobre el sujeto, estaría vinculada a la "confiabilidad" que una versión pueda alcanzar para el "sujeto receptor", lo cual dependerá en gran medida del "grado de *congruencia*" que exista entre el fenómeno u objeto de la *realidad* y la descripción que esa versión haga acerca de él. Tanto más "confiable" será una versión cuanto más *congruente* sea con la *realidad* y tanto más congruente será, cuanto más se acerque a la *objetividad* (predominio del objeto sobre el sujeto).

Es allí donde entra la segunda pauta, participación del "sujeto receptor", porque la única manera de verificar la congruencia entre una versión y el fenómeno real es su *contextualización*, lo cual depende, como ya vimos, de la *reflexión*.

Si uno ve que los precios en general aumentan todos los meses (evaluación y valorización del contexto a partir de la *reflexión* del "sujeto receptor"), una versión que me diga que la inflación está controlada dentro de ese mismo contexto, no será congruente con la *realidad*. Evidentemente estaremos frente a una versión poco creíble y que pone en evidencia un elevado componente de subjetividad altamente sospechoso de estar contaminado por un pragmatismo que pretende convencernos de algo que le resulta útil a sus fines.

Pero en la conformación de la *verdad* acerca de la *realidad* aparece otro aspecto que también es importante.

Entre el fenómeno objetivo de la *realidad* y la versión que lo describe existe un proceso de elaboración que es eminentemente humano y que como tal está expuesto a su innata subjetividad. Una de las pocas posibilidades que existen para enfrentar esta tendencia espontánea y natural del hombre a, si se quiere "deformar" la *realidad*, es someter a ese mecanismo de elaboración de la versión a un proceso sistematizado cuyo principal objetivo sea oponerse y limitar esa tendencia. Dicho en otras palabras, aplicar un "método", como por ejemplo podría ser el *Método Científico*.

En este punto cabe recordar una aclaración ya expuesta en este trabajo.

Todas las disciplinas humanas poseen un método o pasos sistemáticos con los cuales evalúan y trabajan en su objeto de estudio y la enseñanza de ese método o sistemática es lo que capacita al individuo que eligió esa disciplina.

Sin embargo, el solo hecho de poseer un método no es garantía que el resultado obtenido, plasmado en una versión, pueda considerarse como "*verdad* acerca de la *realidad*" y no como "pseudo verdad acerca de la *realidad*" o, incluso, "*verdad* acerca de una pseudo *realidad*". Por cierto uno de los aspectos fundamentales de los cuales esto depende es la materia con que se esté trabajando, es decir el objeto de esa disciplina lo cual, en definitiva, representa aquello que le dio origen y sentido.

En el caso particular de la *ciencia*, esa materia es la *realidad* que por definición trasciende al hombre y es previa a él. Siempre será la *realidad* la que emita *señales* que obligarán al hombre a tener que adaptarse mediante diferentes modalidades de *respuestas* entre las cuales figura la *ciencia*. Nunca sucederá al revés, ni siquiera en circunstancias en las que el hombre sea el que modifique la *realidad* como por ejemplo una guerra. En esos casos será una "*realidad* reestructurada" pero nunca dejará de ser ella la que emite *señales* frente a las cuales el hombre está obligado a *responder* si lo que persigue es la *adaptación*.

En cambio aquellas disciplinas que trabajan con una materia "creada" o "inventada" por el hombre, que no por casualidad terminaron por conformar una superestructura que hoy conocemos como "sistema", nunca podrán liberarse del *subjetivismo* justamente por estar articuladas alrededor de él que, además, termina formando parte de su matriz estructural y operativa. Siempre quedarán alineadas con la *cultura* vigente y serán recíprocamente funcionales con ella, casi se diría, incluso, serán corporativas. Ejemplos conspícuos de disciplinas con "bases subjetivistas" son, entre muchas otras, el marketing o la política, que con un claro pragmatismo nos muestran "pseudo *verdades*" o "pseudo *realidades*" acerca del "sistema" (mercado) mediante el cual se sostienen y en definitiva, dependen.

La verdad en la ciencia

De todas las versiones que existen acerca de la *realidad* que fueron generadas por las diversas disciplinas del hombre a lo largo de su historia, quedó claro que una de las más "confiables" – congruencia entre la *realidad* y la versión– es la que propone la *ciencia* y ello claramente dependió y depende de la metodología que aplica - *Método Científico* - cuya principal meta, como se vio en el capítulo correspondiente, es intentar neutralizar o al menos minimizar la distorsión que deriva del subjetivismo.

Fue justamente esa cualidad de buscar casi obsesivamente cómo acercarse a la objetividad lo que explica no solo el prestigio y el éxito de la *ciencia* hasta terminar ocupando un lugar de referente para otras disciplinas sino también el hecho que el *ciencismo* o *cientificismo* se haya transformado casi en un paradigma. Evidentemente y a la luz de la historia, ambas circunstancias son difíciles de cuestionar, pocas cosas son tan confiables como las afirmaciones que provienen de la *ciencia* y esto explica por qué la primera y más espontánea reacción es creerle aun tratándose de revelaciones difíciles de comprender.

Pero más allá del contundente éxito del cientificismo, ¿de qué depende ese prestigio? ¿Qué es lo que garantiza que la "*verdad científica*" sea la "*verdad* acerca de la *realidad*", es decir, la que más se acerca a la verdadera *verdad,* la objetiva o al menos eso intente?

Una de las tantas maneras de analizar y tratar de responder este interrogante, podría ser a través de los hechos generados a partir de los "actos científicos".

Si los "hechos científicos" derivan de una lectura congruente con la *realidad* y las necesidades que esta plantea y representan una *respuesta* que en sus orígenes se orienta a alcanzar / sostener / recuperar / optimizar la *armonía* del Individuo con su Entorno, el parámetro básico por el que deben ser evaluados esos "hechos científicos" es, justamente, si han logrado su objetivo o al menos si han colaborado para ello.

En ese sentido, si se evalúan con rigor esos "hechos", debemos reconocer que, sobre todo en las últimas décadas, no siempre redundaron en una clara mejoría en el nivel de adaptación del hombre a su entorno o, dicho de otro modo, no todos esos "hechos" fueron la respuesta adaptativa a una necesidad planteada por la *realidad*.

Lamentablemente esta afirmación no representa otra cosa que un claro cuestionamiento al actuar de la *ciencia* y fundamentalmente plantea si su lectura de la *realidad* o sus "actos" son siempre tendientes a la objetividad, requisito básico y primario para poder plantear que la "*verdad científica*" a priori representa la "*verdad* acerca de la *realidad*".

Más concretamente, los "hechos" generados por el hombre y que se vinculan a lo que conocemos como "progreso",[102] la enorme mayoría, si no todos, están vinculados a la *ciencia*, ya sea por participación directa en su desarrollo o bien por ser la responsable de generar el descubrimiento que permitió el desarrollo de ese "hecho".

No hay dudas que con ellos tendremos un muy buen material de análisis.

Si se evalúa el enunciado que presentamos más arriba con la misma rigurosidad metódica que la *ciencia* aplica, caemos en la cuenta que no todo resultó ser tan inobjetable (desde la industria bélica y armas biológicas hasta la polución ambiental o la comida "chatarra", solo por dar algunos ejemplos).

En base a esta evidencia cabría preguntarse si las cosas son realmente como dicen ser, si acaso es tan inmaculada esa *objetividad científica* que lee la *realidad* tal como es, para poder detectar aquellas *necesidades* que deben ser respondidas a fin de garantizar la *adaptación*.

Planteo audaz y hasta insolente pero no por ello carente de sentido.

Quizás una de las maneras como para que el análisis sea más confiable y tenga mayor valor, sea contextualizarlo. En ese sentido queda al descubierto que la *ciencia* nunca dejó de ser dependiente de la coyuntura temporal – época – ni tampoco de la espacial – ambiente o entorno - en las que la humanidad siempre vivió inmersa y que representaron profundos

---

[102] *Progreso* entendido como desarrollo, mejora o avance. Procede del latín "progressus" que indica que algo se dirige hacia adelante, ya sea de manera simbólica, temporal o física.

e insoslayables condicionantes para su evolución para todos y cada uno de sus períodos.

Si bien esto nunca representó un obstáculo para que la *ciencia* fuera una de las pocas disciplinas que metodológicamente pretende alcanzar una *verdad* más objetiva y menos subjetiva, lo cierto es que quien milita en esta disciplina, es decir el científico es, en esencia, un hombre como cualquier otro y como tal interactúa permanentemente con su entorno, su época, su país, su sistema de vida y en resumen su *realidad*. Se trata de circunstancias que ejercen una poderosísima influencia sobre sus aspectos subjetivos y que, como vimos, nunca alcanzan a estar totalmente controlados ni neutralizados por el método que aplica, con lo cual quedan transformados en factores que inevitablemente operarán en su versión de la *realidad* y consecuentemente relativizarán su objetividad. El científico en tanto ser humano, jamás dejará de ser un "ser social" y como tal no podrá ser independiente de su contexto temporo-espacial.

Es innegable, entonces, que como disciplina la *ciencia* nunca se pudo ni podrá desentender de la *cultura* vigente, ya que forma parte de ella en tanto "respuesta adaptativa" frente a las "señales" (necesidades que surgen de la *realidad*). Por ello es difícil concebir una *ciencia* que tome un rumbo diferente al de la cultura y mucho menos opuesto. La cultura vigente tarde o temprano, pero inexorablemente, terminará arrastrando a la *ciencia* en sus vaivenes y la contaminará o incluso, la cooptará como a cualquier otra disciplina.

La cuestión del subjetivismo versus el objetivismo y la participación del Método Científico en esa disputa, si bien son aspectos básicos y esenciales y hasta excluyentes de la *ciencia*, al punto que la caracterizan, no parecen ser motivos suficientes como para explicar por qué la *verdad científica* se destaca sobre otras verdades provenientes de otras disciplinas, que también en general y en mayor o menor medida, se encuentran indiscutiblemente alineadas con la cultura.

Por ello ninguno de estos conceptos acerca de la *ciencia* permite explicar su prestigio que, como ya se vio, resulta incuestionable.

¿Qué es, entonces, lo que la hace diferente y tan vinculada al concepto de *verdad*?

Evidentemente tiene que haber algo más, algo que quizás sea incluso previo al propio método que aplica. Tal vez un aspecto del quehacer cotidiano que más allá del escenario en el que ella se mueva - *realidad* - o los caminos y estrategias que adopte - *Método Científico* – sea lo que le otorga aquello "especial", aquello que la hace diferente de las otras disciplinas humanas y que hasta incluso le haya dado sentido a su propia existencia.

Pues ese aspecto a mi juicio es ni más ni menos, que su "objetivo" que, como ya se dijo, consiste en la *"búsqueda de la verdad acerca de la realidad"*, algo que trasciende a su rigurosidad metodológica, algo que es previo incluso a su corpus disciplinario.

Se trata, casi se diría, de una misión que más allá de su significación y el compromiso que en sí misma encierra, terminó por forjar los "marcos de referencia" sobre los que se encuadra todo aquello que convalida casi todas las acciones de los humanos. Afirmación que nos ayuda a comprender una de las frases que más comúnmente se escuchan o leen cotidianamente y que persiguen como único objetivo brindar confiabilidad y validar a hechos o dichos: "...científicamente demostrado...", en clara alusión al vínculo estrecho que existe entre *ciencia* y *verdad*.

En otras palabras, decir *ciencia* es decir *verdad*.

La trascendencia que reviste el hecho que lo que busca la *ciencia* sea *la verdad acerca de la realidad* yace en la propia esencia de la disciplina y es lo que en gran medida la destaca y la diferencia de muchas otras actividades humanas. Esa "búsqueda de la *verdad*" es mucho más que un precepto dogmático o un mandamiento metodológico, es algo que surge de manera previa y que forma parte del núcleo primigenio de la *ciencia*. Se trata de una esencia que nunca dejó de estar y que siempre encontraremos ya que se recrea toda vez que un individuo ha decidido y decidirá transformarse en un científico, sencillamente porque esa decisión constituye un acto humano.

Que la *búsqueda de la verdad acerca de la realidad* sea el objetivo de la *ciencia* y a la vez aquello que le otorga sentido como disciplina, es lo que garantiza su sensibilidad incluso a los cambios y modificaciones que el propio hombre genera en su entorno y cuya impronta se expresa como un fenómeno más de los tantos a través de los cuales se manifiesta la *realidad*. Se trata de fenómenos frente a los cuales las otras disciplinas humanas tardan más en responder y a veces incluso nunca llegan a hacerlo, debido a la influencia que ejerce su *subjetividad* y que caracteriza su base estructural y dogmática.

La *ciencia*, en cambio, no solamente percibe el fenómeno dándole categoría de *necesidad* sino que intenta generar una *respuesta* que sea satisfactoria para optimizar la *adaptación* de los seres humanos ante ese fenómeno que modificó su entorno. Un ejemplo demostrativo lo tenemos en el reconocimiento por parte de la *ciencia,* tanto del transgénero como de la homosexualidad, que sin precisar marchas o decretos quedaron incorporados como un tema más de su quehacer cotidiano, incluso con categoría de especialidad, mientras otras disciplinas "oficiales" se siguen planteando si verdaderamente existen.

El objetivo de *buscar la verdad acerca de la realidad,* muy lejos de representar una mera formalidad corporativa, es una *verdad*era actitud espontánea y particularísima del propio individuo que decide dedicarse a la *ciencia* y que se arraiga en su mismísimo núcleo ontológico.

Esta circunstancia es la que permite comprender el lugar que ocupa la *ciencia* en la más importante de las respuestas adaptativas frente a la *realidad,* es decir la *cultura.*

Pero también permite comprender cómo se logra la indemnidad permanente de los principios de la *ciencia* pese a estar potencialmente tan expuestos y hasta contaminados como los de cualquier otra de las actividades humanas.

A diferencia de la *ciencia,* la mayoría de las disciplinas han demostrado claudicar con relativa facilidad bajo la influencia de los factores de poder vigentes que más tarde o más temprano termina por transformarlas en herramientas funcionales a ellos. Tal es el caso de la política, la economía o también el periodismo, solo por nombrar algunas.

Con la *ciencia* pasa otra cosa. El mecanismo por el cual puede quedar involucrada con instancias del "sistema" que rige en gran parte nuestras vidas es peculiar y, por cierto, diferente.

Como esbozamos unos párrafos más arriba para las "disciplinas no científicas" la base de su estructura conceptual y teórica sobre la cual se edifican y definen los lineamientos prácticos - praxis - deriva de una construcción o representación a partir de un enfoque particular de cierto aspecto de la *realidad*. Tanto el fundamento como el objetivo y la metodología disciplinarias son posteriores a esa construcción o representación e incluso derivan de ella, es decir son la consecuencia de aquella lectura primigenia que no es otra cosa que una versión subjetiva de ese aspecto particular de la *realidad* y por ello se encuentran inevitable y fuertemente expuestas a una potencial intencionalidad pragmática.

En cambio para la *ciencia* lo primigenio, lo fundacional, es la actitud ética del individuo respecto a la búsqueda de la *verdad*. Pertenece al ámbito de la metafísica, como vimos a su núcleo ontológico

Al ser una actitud espontánea es algo previo a la lectura de la *realidad* definiendo el lugar desde donde ese individuo se sitúa con el objetivo de enfrentarse a ella, al punto que define a esa lectura encuadrándola en pautas rigurosas.

Se busca la *verdad* acerca de ese aspecto o fenómeno de la *realidad* y no otra cosa y recién a partir de allí se construye la representación conceptual aplicando para ello una metodología que, en este caso, puntualmente intentará contrarrestar las distorsiones derivadas de la subjetividad que atentan contra el objetivo básico, es decir, la "búsqueda de la *verdad* acerca de la *realidad*".

Una explicación sistematizada sería:

DISCIPLINA NO CIENTIÍFICA
Lectura/Representación (subjetiva) de la *realidad*
↓
Fundamento – Objetivos – Metodología
(funcionales a esa lectura subjetiva)

CIENCIA
Búsqueda de la *verdad*
(Fundamento y Objetivo éticos)
↓
Metodología
(limite a la subjetividad)
↓
Lectura/Representación de la *realidad*

Pero esto no es todo lo que explica la diferencia entre la *ciencia* y el resto de las disciplinas no científicas en lo que respecta a la *verdad*.

El "sistema", que no es otra cosa que expresión de la *cultura*, siempre y sistemáticamente intentará ejercer su influencia e infiltrarse en aquellos terrenos en los cuales se construyen las representaciones o "modelos verbales" de la *realidad*, es decir, representaciones de él mismo En este aspecto las cosas también son diferentes.

En las "disciplinas no científicas", en tanto es la propia base de su estructura conceptual la que esta inevitablemente expuesta a esa influencia ejercida a través de la representación de la *realidad*, es toda la disciplina la que puede quedar involucrada con el "sistema" sin que ninguna instancia de ella sea capaz de denunciarlo, siquiera incluso detectarlo.

En la *ciencia*, en cambio, esa representación de la *realidad* se construye a partir de su metodología - *Método Científico* - que siempre será posterior a la instancia inicial de la *ciencia* que, como vimos, es la actitud ética del individuo regida por la búsqueda de la *verdad*. El "sistema" no logra intervenir en ninguna etapa del proceso que da origen al "hecho científico", siendo el único contacto con la *ciencia* la injerencia que aquel tenga en la conformación de la propia *realidad* a partir de sus influencias.

Por supuesto, dicho esto en términos ideales y teóricos aunque no prácticos, ya que, guste o no guste, todos conocemos la enorme presión que cotidianamente ejerce el "sistema" sobre la *ciencia*, sobre todo si se tiene en cuenta la significación que frecuentemente tiene el ámbito científico como disparador y hasta generador de terrenos muy propicios y beneficiosos para los intereses del "mercado", bastará como ejemplo la trascendencia y el poder que alcanzó la industria farmacéutica o los constantes adelantos tecnológicos en los denominados "bienes de consumo".

El hecho que una disciplina se fundamente en la ética que, como se dijo, corresponde al terreno de la metafísica, es de una enorme trascendencia, ya que no solamente la transforma en impermeable e inmodificable a cualquier cosa que pudiera acontecer en los ámbitos del tiempo y del espacio que rigen la dinámica y el comportamiento de la *realidad*, sino que además le brinda cualidades exclusivas y definitivas.

A mi juicio, para el caso particular de la *ciencia* y la categoría de *verdad* con la que se vincula, de esas cualidades dos son las más destacables.

Una de ellas podemos reconocerla en una relativa *"uniformidad conceptual"*.

Con absoluta independencia del momento y del lugar en los que se adopte aquella decisión ética y primigenia de "búsqueda de *verdad*", para un científico del siglo I, VIII, XVIII o XXI la "*verdad* acerca de la *realidad*" representará conceptualmente lo mismo.

Podrán cambiar aspectos o características de esa *realidad* pero el científico siempre tendrá como objetivo conocer la *verdad* acerca de ella. De hecho así lo demuestra la historia de la humanidad. En las diferentes épocas, el escenario que presentaba la *realidad* y los problemas que planteaba, transformados en *necesidades* a satisfacer, fueron siempre y sistemáticamente diferentes, acordes con el momento y ciclos evolutivos del hombre. Sin embargo, el objetivo de "buscar la *verdad*" nunca cambió. Podrán ser distintas las *realidades*, los problemas y las necesidades, pero la actitud de la *ciencia* frente a ellos siempre resultó ser invariable.

La otra cualidad destacable y no menos importante que la "uniformidad conceptual" es que, tratándose de una actitud ética queda garantizada la *continuidad* de esa decisión de "búsqueda de *verdad*" a través de la historia, en tanto es recreada una y otra vez de una manera espontánea con cada individuo que opta por dedicar su vida a la actividad científica. Es decir, esa "búsqueda de *verdad*" siempre va a surgir con absoluta independencia de la época y escenario que se trate.

Evidentemente la *uniformidad conceptual* y la *continuidad* le otorgan a la decisión de la *ciencia* de adoptar como objetivo la "búsqueda de la *verdad* acerca de la *realidad*" una fortaleza monolítica y a la vez persistente que la transforma en un eje o pivote autorreferencial que está mucho más allá de cualquier influencia y alrededor del cual podrán girar la variable y azarosa *realidad*, el "sistema de vida" que la representa y el coyuntural método que se adopte, el que desde hace varios siglos conocemos como *Método Científico*.

Fuera de este contexto ético primigenio que se expresa sistemáticamente en la actitud del científico, todo método que se intente aplicar siempre estará fuertemente expuesto a las influencias de la *cultura* y del sistema de vida vigentes, como sucede con las disciplinas no científicas que van surgiendo una tras otra con un claro criterio de funcionalidad para beneficio del "sistema".

Caben pocas dudas, entonces, que una disciplina tan autónoma e incólume en sus principios y que se pone en marcha a partir de un basamento bastante elusivo de las influencias externas que pudiera recibir, tarde o temprano termine transformándose no solo en referente de otras, sino también en garantía de seriedad y fidelidad a la *realidad*.

Su prestigio especial resulta una consecuencia más que lógica, afirmación que, por otra parte, resulta ser fácilmente demostrable.

Podremos discutir y por ello dudar de una lectura de la *realidad* que haga la *ciencia*, podremos discutir el método que ella utiliza, pero lo que nunca podremos poner en duda es que todos y cada uno de los seres humanos que tomaron como camino a la *ciencia*, lo hicieron para buscar la *verdad* acerca de los fenómenos y las cosas que componen la *realidad*.

De la misma forma que ocurre con la fe cuando adquiere la investidura de religión o creencia. Por no pertenecer a un universo regido por las leyes temporales y espaciales, esa fe nunca puede ser siquiera discutida (cabe enfatizar que me refiero a la fe en sí misma como actitud y no al objeto de fe que si puede ser discutido). No es mayor o de más calidad la fe de un católico apostólico romano que la de un judío, un evangelista o un musulmán; todas son iguales, lo que las diferencia es el objeto o la instancia sobre el que se deposita esa fe y como se materializa (dogmas, ritos, liturgia).

Para el caso de la búsqueda de la *verdad*, la investidura que adquiere es la de la *ciencia* y de la misma forma que ocurre con la fe, el acto de buscar la *verdad* tampoco puede ser discutido.

¿Acaso alguien conoce un hombre de *ciencia* que no busque la *verdad* acerca de la *realidad*? Definitivamente no.

Hablar de *ciencia* es hablar de búsqueda de la *verdad* sin que haya una segunda opción. Lo contrario no es otra cosa que una entelequia ya que desde el mismo instante en que un individuo no tenga como objetivo la búsqueda de la *verdad* acerca de la *realidad*, sencillamente no es un hombre de *ciencia*.

Es el propio acto esencial de buscar la *verdad* común a todos los científicos - *uniformidad conceptual* - y la espontaneidad con la que ellos lo adoptan - *continuidad* - lo que explica por qué la *ciencia* ocupa un lugar central para la humanidad en su relación con la *realidad*.

Pero la cuestión de la *verdad* va más allá del propio acto de buscarla y, por cierto, no termina ahí.

Como dijimos antes, la búsqueda de la *verdad* es un "acto humano" y ello invariablemente y sin excepción implica que para aquel que crea haberla alcanzado, esa *verdad* tendrá una *significación*.

A partir de allí las acciones y los caminos que se adopten instantáneamente dejan de pertenecer a la metafísica para adquirir los rasgos inequívocos de la subjetividad humana, con lo cual una vez más estamos obligados a volver al cuestionamiento básico que subordina a todo conocimiento acerca de la *realidad*.

¿Existe la verdad objetiva? ¿Existe una única verdad acerca de la realidad?

Por supuesto que la respuesta girará alrededor del vínculo estrecho entre las instancias *realidad* y *verdad*, no existiendo motivo alguno para no tratar de la misma manera a ambas.

De hecho existe una "*verdad* objetiva y absoluta" en un espacio y tiempo dados porque lo mismo sucede con la *realidad*, objetiva y absoluta, aunque nos resulta inalcanzable ya que con lo único que podemos contar es con versiones.

Esto implica, sin el más mínimo cuestionamiento, que solo podrá haber diferentes tipos de *verdades*.

En capítulos anteriores quedó claro que la *realidad* "es y existe" más allá del hombre, pero lo que también se evidencia es que ineluctablemente la conoceremos a partir de las particularísimas construcciones o versiones que aquel pudiera efectuar, las que buscarán convalidarse a través de otra construcción humana denominada *verdad*.

Por cierto, este es uno de los principales aspectos que diferencian a las disciplinas humanas y sus respectivas versiones acerca de la *realidad*, ya que solo algunas tendrán como objetivo primigenio el acercarse lo más que puedan a la elusiva *realidad objetiva* y de ellas solo la *ciencia* habrá sido la que logró generar un método con la única intención de minimizar la influencia de la inefable subjetividad humana.

Esa construcción que el hombre genera acerca del fenómeno de la *realidad* al cual se enfrenta y que se formaliza mediante una versión se denomina *conocimiento* que, al decir de Jorge Wagensberg, resulta ser "una representación mental (necesariamente finita) de un pedazo de *realidad* presuntamente infinita".[103]

Es justamente esa condición de "representación mental" la que permite que el *conocimiento* pueda ser transmisible siendo este, como se vio, uno de los requisitos indispensables para considerarlo como tal.

El *conocimiento* es, entonces, una construcción o representación mental capaz de ser transmitida y que está vinculada en su origen a un fenómeno de la *realidad*.

---

[103] Wagensberg, Jorge. "¿Qué es la ciencia?" Diario El País, España – 9 de Abril, 1997. Jorge Wagensberg Lubinsky (1948-2018): profesor, investigador, doctor en Física. Científico de la Universidad de Barcelona, España. Trabajó en termodinámica del no-equilibrio, biología y museología.

Para el caso particular de la *ciencia*, esa representación persigue como objetivo el acercarse a la *verdad*, lo cual depende, también como se vio, del grado de fidelidad que se establezca entre la representación y el fenómeno de la *realidad* al cual se refiere. Esa fidelidad es la condición que define a esa representación como *conocimiento científico* y fue justamente la necesidad de optimizar la magnitud de esa fidelidad la que generó la creación del *Método Científico*.

Los hombres de *ciencia* eran totalmente conscientes que sus versiones serían tanto más fidedignas a la *realidad* que pretendían representar cuanto más se acercaran a los hechos y fenómenos en sí mismos, es decir cuanto más objetivas fueran, lo cual se lograría cuanto menor participación tuviera su propia subjetividad.

Presentadas estas aclaraciones básicas, a mi juicio imprescindibles, para dimensionar la trascendencia que tuvo, tiene y tendrá el concepto de *verdad*, tanto en general para la *cultura* como en particular para la *ciencia*, conozcamos más acerca de ella.

Teorías acerca de la verdad

Como era esperable existen diferentes maneras de pensar y concebir la fidelidad entre la *realidad* y sus consiguientes construcciones representativas o *conocimiento* y en consecuencia, existen diferentes aproximaciones conceptuales acerca de la *verdad*.

Así se puede reconocer una "*verdad* como correspondencia" -teoría correspondentista- ya planteada por Sócrates, Platón y Aristóteles, que resulta ser la teorización más expandida. Sostiene que la *verdad* consiste en una relación de adecuación o concordancia entre el lenguaje por un lado y el mundo y sus hechos por el otro lado.

Una de los principales cuestionamientos a esta teoría es la que propone Ludwig Wittgenstein quien destaca que, al ser el lenguaje una construcción que el hombre elabora, puede adjudicarle a un mismo hecho de la *realidad* distintas significaciones por lo que cabe aceptar que entre una representación y la *realidad* no necesariamente tiene porqué existir un vínculo lógico, lo cual condena a esa representación a que, con independencia de lo bien construida que esté, no necesariamente sea fiel al hecho o fenómeno que le dio origen. Nuevamente la inefable intromisión de la *subjetividad*.

A partir de los cuestionamientos a la "teoría correspondestista" basados fundamentalmente en cuál sería la manera más adecuada y válida de comparar los enunciados (lenguaje) con la realidad, surge la denominada "teoría de la *verdad* como coherencia" o "teoría coherentista" que sostiene que hablamos de la *verdad* cuando una proposición mantiene coherencia o es consistente con el sistema de proposiciones, creencias o lenguaje al cual pertenece.

Por su parte, la teoría del "consenso" reconoce a una proposición como *verdad* en la medida que haya sido "consensuada" por algún grupo determinado y se basa en el denominado "consensus gentium" (acuerdo del pueblo) que sostiene que "lo que es universal entre los hombres lleva su parte de *verdad*".

De hecho existen varias teorías más acerca de la *verdad* y como era esperable se han escrito y escribirán muchos tratados sobre ella. Pero por el contexto en el cual actualmente nos movemos - léase "sistema de vida" contemporáneo - quizás la que más nos debería interesar sea la denominada "teoría pragmática de la *verdad*".

Esta teoría sostiene que el grado de *verdad* de una proposición está asociado a la utilidad y funcionalidad que ella muestre en la práctica en tanto este criterio de utilidad es el que permite comprobar la veracidad de las proposiciones. Se trata, en definitiva, de un criterio fundamentado en el empirismo y por ello muy difundido en los ámbitos con influencia neopositivista lo cual, por otra parte, explica por qué es aplicado tan cotidianamente en nuestro sistema de vida y que incluso quede asociado al denominado "sentido común" como sinónimo de *verdad*. Un individuo con "sentido común" es aquel que elabora propuestas y conceptualizaciones prácticas – *pragmatismo* - y útiles acerca de los fenómenos de la *realidad* a los que se enfrenta y que pueden ser demostrados directamente en base a los hechos – *empirismo* - lo cual otorga a esas propuestas y conceptualizaciones la categoría de *verdad*.

La principal crítica que se le puede hacer a la "teoría pragmática de la *verdad*", es que los "hechos" que la sustentan serán los que ese individuo en particular destaque y no otros. Se trata de un proceso en el que participan la subjetividad y los sesgos, seleccionando aquellos hechos que resulten ser más funcionales y, en definitiva útiles, para conformar esa verdad.

Cabe entonces reconocer la validez de la paradoja: es de puro sentido común reconocer que de hecho existen muchos *sentido común*.

Además de las teorizaciones conceptuales, existen otras maneras de referirse al tema de la *verdad*.

Tipos de verdades

Así se puede reconocer que existen diferentes "tipos de *verdades*" a las que de alguna manera ya nos hemos referido en párrafos anteriores.

La "*verdad* subjetiva" fundamentada en el propio sujeto que la formula. La "*verdad* objetiva", congruente predominantemente con el objeto al cual está referida, tan pretendida por la *ciencia* y que, como vimos, al menos por el momento nos sigue siendo esquiva. La "*verdad* relativa" alineada con alguna norma o convención que la valide como por ejemplo la *cultura*. Las "*verdades* absolutas" asociadas obviamente a las "objetivas" que no son manipulables ni modificables por ningún aspecto o factor que opere dentro de las dimensiones de tiempo y espacio, y que por ello pertenecen al terreno de la metafísica como las que derivan de la fe y la ética.

Evidentemente no es posible hablar de una manera unívoca acerca de lo que entendemos y conocemos como *verdad* y muy probablemente ello se deba a que cada disciplina humana, que en definitiva representan diferentes maneras de abordar y concebir la *realidad*, terminó por aceptar, ya sea a traves de un proceso evolutivo o bien con un criterio predominante de funcionalidad, ésta o aquella categoría.

Ahora bien, cabe que nos preguntemos si estas teorizaciones o formalidades aplican para el caso específico de la *ciencia*.

Verdad y ciencia

Resulta difícil encuadrar lo que representa la *verdad* en el ámbito de la *ciencia* dentro de algunas de las categorías que acabamos de presentar.

A mi criterio ello se debe a que para la *ciencia* su relación con la *verdad* va mucho más allá de una elección o una especulación en búsqueda de un objetivo. Es algo esencial y trascendente, un vínculo absolutamente estructural y por ello demasiado complejo como para reducirlo a una teorización conceptual o una clasificación descriptiva.

Quizás uno de los ejes por donde transita esta diferente significación de la *verdad* para la *ciencia*, radica en el hecho que respecto a la *realidad* la *ciencia* se coloca en un paso previo cuando se la compara con todas las demás disciplinas. La *ciencia* está decidida a buscar la *verdad* antes de ingresar a su edificio de *conocimiento*, mientras que otras disciplinas precisan ingresar a su edificio de *conocimiento* para descubrir cuál es la *verdad* que están buscando.

El territorio de acción de la *ciencia* se inicia en la mismísima relación o primer contacto que se establece con el fenómeno particular de la *realidad* a partir de una "actitud ética" de búsqueda de la *verdad* que, posteriormente, dará origen a una proposición que se transformará en *conocimiento* y que tendrá, en este caso específico, pretensiones de ser suficientemente fidedigno para poder ser catalogado como *científico*.

Otro motivo no menos importante en este aspecto del vínculo *ciencia-verdad* radica en que el concepto de *verdad* no solo tiene que ver con el fenómeno de la *realidad* en sí mismo y con la metodología que aplica para que la intelección sea lo menos subjetiva posible, sino también tiene que ver con la manera de presentación o expresión que utiliza.

La *ciencia* se enfrenta en forma directa con los fenómenos puros que conforman la *realidad* y mediante una serie de procedimientos articulados en un *método* genera una representación formal o *conocimiento* acerca de ese fenómeno. Esto permite reconocer que así como existe una "*verdad* particular de ese fenómeno", también existe una "*verdad* referida al conocimiento de ese fenómeno", siendo en definitiva el meollo de este asunto el grado de fidelidad entre una y otra de esas *verdad*es.

La primera de esas dos categorías se denomina *verdad ontológica* y se refiere a la esencia del fenómeno o cosa de la *realidad* como "ser en sí mismo" y como "ser en relación al universo al cual pertenece", corresponde a la "*realidad verdad*era" que, como vimos, no siempre es accesible a nosotros.

La segunda es la *verdad lógica*. Representa un *conocimiento* y como tal consiste en un enunciado o una proposición que sea coherente con el fenómeno, hecho o cosa que le dio origen.

La *verdad ontológica* se referencia más en el objeto o fenómeno de la *realidad* que en el sujeto y por ello tiende a acercarse a la *verdad objetiva*, mientras que la *verdad lógica* lo hace más en el sujeto que la generó que en el objeto al cual esta referido, motivo por el cual se vincula más con la *verdad subjetiva*.

Pero más allá de definirlas y comprender la relación entre ambas, cobra importancia la aplicación `práctica de este concepto porque no necesariamente la *verdad lógica* siempre va a coincidir con la *ontológica* y a tal punto es esto importante que ha llegado a ser el eje alrededor del cual surgieron los diferentes enfoques referidos a este tema.

Mientras los "escépticos" sostienen que no es algo posible para los humanos siquiera conocer la *realidad* y mucho menos hablar de *"verdad"* (*verdad ontológica* inaccesible), otros filósofos, como los orientados al "racionalismo" o al "idealismo" (Spinozza, Leibniz, Hegel) sostienen que de hecho existe una correspondencia entre ambas categorías de *verdad* y que con método es factible conocer la *verdad ontológica* de un fenómeno de la *realidad* a través de la respectiva *verdad lógica*.

Pero más allá de cuestiones conceptuales puras acerca de la *verdad* que fueron sostenidas y desarrolladas por las diferentes escuelas filosóficas, veamos qué sucede con la *ciencia* "moderna" y en particular con el *empirismo* que es uno de los pilares que la sustentan.

Como vimos, este enfoque asume que en tanto la única manera de conocer la *realidad* es a través de la "experiencia", es esta última la que garantiza que todo conocimiento que surja de ella sea por sí mismo una "*verdad* de hecho", es decir, lo que dice la experiencia es la *verdad* acerca del objeto o fenómeno abordado, con lo cual no estaría precisando, siquiera considerando, la existencia de una *verdad ontológica*.

Sobre esta base se comprende porqué la *ciencia*, con un método fuertemente empirista, asume de una manera directa la *verdad lógica* generada como su *verdad científica*, asumiéndola incluso como *verdad ontológica* con lo cual esa *verdad científica* queda transformada en "*verdad* absoluta".

Esta afirmación, por demás demostrada a lo largo de la historia de la *ciencia*, conlleva, como mínimo, a consideraciones a mi criterio preocupantes: a) o bien la *ciencia* no reconoce o no le interesa reconocer la existencia de instancias vinculadas con cualidades que van más allá de las que su propio método valora y considera - léase "experiencias"; b) asume que la *verdad científica*, producto de su método y por ello claramente "lógica", de por sí deja incorporada a la "ontológica" o finalmente; c) directamente no reconoce la existencia de ésta última.

Por cierto no es cuestionable que la *ciencia* se esfuerce en perseguir como objetivos prioritarios que la representación que genera a través de su método empírico sea lo más fiel posible al fenómeno de la *realidad* que está evaluando y que esa representación sea transmisible tal que pueda ser considerado *conocimiento*.

Lo que sí es cuestionable e incluso preocupante es que lejos de plantearse si el fenómeno tiene una esencia o no la tiene o cuál es el rol o la significación que ese fenómeno tiene dentro del sistema al cual pertenece (ambas cualidades destacadas por la *episteme griega*) lo que más le importe sea cómo esté conformada o armada estructuralmente esa proposición a fin que logre representar de una manera fidedigna lo que ella considera como *verdad científica* de ese fenómeno o, lo que es lo mismo, verdad "única".

La fidelidad entre "fenómeno de la *realidad*" y su respectivo *conocimiento* se denomina "contenido significativo de *verdad*". Para el caso específico de la *ciencia,* al ser el método que aplica eminentemente empírico, ese "contenido significativo" termina caracterizándose por un alto componente "lógico" y un escaso, a veces nulo, componente "ontológico". Esto explica por qué la "conformación estructural del *conocimiento*" terminó siendo una cuestión central para la *ciencia*, llegando, incluso, a subordinar al propio "contenido significativo de *verdad*" de ese *conocimiento*.

Conocimiento científico

Traducidos estos conceptos a un lenguaje si se quiere más técnico, podemos asegurar que la conformación del *conocimiento científico* depende de la relación de proporcionalidad que existe entre el denominado *componente sintáctico*, que está referido puntualmente a la "conformación estructural o formal del conocimiento" y el *componente semántico* que expresa el "contenido significativo de *verdad*" que subyace en ese conocimiento.

Para la *ciencia moderna* lo *verdad*eramente prioritario es el *componente sintáctico*, es decir que el *conocimiento* generado sea correcto en su estructura y forma de presentación y además que sea representativo de lo que "ella considera" que es el fenómeno de la *realidad* al cual ese *conocimiento* está referido. Nótese que no mencionamos, ni siquiera esbozamos, el lugar que ocupa el *componente semántico* del cual depende, ni más ni menos, el vínculo con la *verdad*.

Dicho más claramente el aspecto *ontológico* del fenómeno en estudio, que es aquel que nos habla de la esencia del fenómeno en sí mismo y como componente de la *realidad "verdadera"*, termina por no ser un tema prioritario para la *ciencia*. Esto explica por qué a veces la *ciencia* adopta caminos y genera desarrollos que poco tienen que ver con las "verdaderas" *necesidades* que la *realidad* le plantea a la humanidad, desde las consecuencias biológicas que dependen de la desnutrición y falta de condiciones de salubridad como por ejemplo las enfermedades transmisibles como el HIV/sida, la tuberculosis o la malaria entre otras, hasta las relacionadas a los "hábitos de vida" en las sociedades industrializadas como las enfermedades cardiovasculares o las oncológicas. [104]

Pero no es solo esa confusión el problema.

Más de una vez es justamente ese componente *ontológico* lo único que nos puede garantizar que de lo que estamos hablando es de un fenómeno de la *realidad* y no de un "pseudo fenómeno" (*verdad* lógica sin sustento ontológico) o, peor aún, un fenómeno impecablemente presentado pero que corresponde a una "pseudo *realidad*", mucho más difícil de detectar.

Resulta evidente que como disciplina que ordena y encolumna comportamientos, es algo muy destacable que la *ciencia* sea tan rigurosa y tan exigente con su producto en su forma, casi se podría decir una garantía. Más aún, para ello el método que aplica se basa en un empirismo –experiencia– concreto como condición excluyente, que atomiza, mecaniza y modeliza al fenómeno en estudio e incluso lo abstrae de la propia *realidad* con el único objetivo de conocerlo mejor y más profundamente.

Sin embargo, si se tiene en cuenta que la materia con la que trabaja la *ciencia* es la cruda *realidad* sin maquillaje ni filtros, con toda su potencialidad intacta en cuanto a la variabilidad e impredicibilidad que de hecho la caracteriza y que el fin que persigue como actividad humana y le da su sentido y razón de existir es ofrecer una versión lo más cercana posible a la *verdad objetiva* –predominio del objeto sobre el sujeto– su prioridad básica y fundamental no podría ni debería ser otra que asegurar que todo su accionar nunca deje de estar anclado y adherido a una *realidad* por demás caprichosa, lo cual depende en forma directa del "contenido significativo de *verdad*" y del componente *ontológico* de sus conclusiones. Esta debería ser su "piedra angular" y su principio primigenio como para alcanzar el mayor grado posible de garantías que su producto, la *verdad científica*, sea indiscutiblemente un representante confiable de la *realidad* "verdadera" que nos rodea.

Preocuparse casi con exclusividad del hecho que lo que produce esté correctamente estructurado y exprese cabalmente lo que "ella considera" representa en cierta forma una subestimación de la mismísima *realidad*,

---

[104] Tanto las enfermedades transmisibles como las cardiovasculares y las oncológicas son las principales causas de morbilidad y mortalidad desde hace más de 20 años. *Global Burden of Diseases (GBD)* – Institute for Health Metrics and Evaluation. www.healthdata.org>gbd

habilitando incluso que pueda quedar reemplazada por otra *pseudo realidad* que, muchas veces y con criterio funcional, termina convalidando al producto generado por esa misma *ciencia - conocimiento científico* – como representante de la *realidad*, aunque sea una mera construcción formal con escaso contenido de significación.

Lo único que puede contrabalancear esta tendencia, es incorporar la necesidad de permanecer adherido a la *realidad* y que esto sea un requisito para que un conocimiento sea validado como científico lo cual, como vimos, depende del "contenido ontológico" que todo fenómeno de la *realidad* sin excepción e invariablemente posee, lo cual en un punto de su estudio y análisis, exigirá una mirada sistémica, no aislada y fundamentalmente reflexiva y filosófica.

Demos un sencillo ejemplo.

La obesidad puede ser vista en sí misma y en forma aislada como un trastorno genético, metabólico, hormonal o conductual o una mezcla de algunos o todos de estos potenciales componentes. Lo mismo ocurre con las enfermedades en las que la obesidad participa como un factor predisponente, a saber, las enfermedades cardiovasculares, los factores de riesgo cardiovascular y ciertos tipos de cáncer. Todas las propuestas terapéuticas actuales, como es lógico y esperable están alineadas en estos rumbos y nadie puede negar que todas estas afirmaciones se apoyan en conocimientos científicos sólidos en su constitución y estructura y con un elevado contenido de *verdad* siendo, además, lo que la ciencia actual puede aportar frente a este flagelo.

Pero qué pasa si a la lectura del fenómeno de la *realidad* llamado obesidad le incorporamos el respectivo "componente ontológico", es decir ¿qué significa dentro de nuestro sistema de vida, qué nos está mostrando y qué nos está diciendo acerca de sus causas y sus potenciales soluciones?

Podríamos reconocer, por ejemplo, que de hecho existe una relación entre la obesidad y la industria de los alimentos que no detiene su crecimiento en la producción de componentes procesados a base de maíz sumado a la incorporación de aditivos químicos, ambos vinculados con "comidas rápidas " – *fast food* – que se caracterizan por un elevado efecto adictivo, así como también sería Imposible negar que sistemáticamente promocionan su consumo con mensajes publicitarios que no dicen la *verdad* del riesgo que representan para la salud. [105]

---

[105] *"Las fallas del capitalismo explican hasta la obesidad!* Rogoff, Kenneth (profesor de

Pero aún hay más acerca de la significación de la obesidad dentro de nuestro sistema de vida, porque también es destacable la relación que mantiene con una dinámica laboral que con frecuencia se encuentra motorizada por el "consumo" y por el temor a quedar excluido, todo lo cual promueve *hábitos* que terminan favoreciendo su aparición –tipo de alimentación, inactividad física, exigencia laboral–.

También podríamos destacar la estrecha relación entre la obesidad y un bajo nivel socio económico y cultural que además y no por casualidad constituye el ámbito en el cual impactan con mayor fuerza las cualidades mencionadas del "sistema de vida occidental".

En definitiva, es evidente que para el devenir de la humanidad y en particular para su situación actual, la obesidad "significa" mucho más que sus consecuencias sobre la estética corporal e incluso sobre la salud, fundamentalmente en lo referente a aquellos factores que la favorecen y la perpetúan. No solo alrededor de ella se mueve mucho empleo sino también mucha ganancia de dinero, incluso para el sistema de salud que también gana fortunas alrededor no solo de la obesidad sino y fundamentalmente todas las enfermedades y trastornos que predispone.

En este sentido cabe preguntarse si acaso no es lícito plantear si en un contexto como el actual que se basa y evoluciona alrededor del "pragmatismo", uno de los "significados" de la obesidad no sea el haberse transformado en un fenómeno de la *realidad* que le resulta "útil" y funcional a más de un participante del sistema que se beneficia.

Una vez más el perro muerde su cola y a tal punto que habilita a cuestionarse cuál es el "contenido ontológico" que en este contexto referido a la obesidad adquiere la mismísima *ciencia*.

Pero las cosas no terminan ahí porque, más allá de estas digresiones, el *conocimiento científico* logrado todavía debe cumplimentar requisitos para transformarse en *verdad científica*.

La *ciencia* aborda a los *sistemas naturales* que son fenómenos que están en el mundo, que componen la *realidad* y que se pueden percibir.

Ya vimos que a través del *Método Científico*, esos *sistemas naturales* son transformados en *sistemas formales* con el objetivo de poder ser expresados mediante símbolos, lenguajes e ideas que además de ser elementos más manipulables y controlables, permiten no solo neutralizar la variabilidad

---

Economía de la Universidad de Harvard, economista del FMI) – Project Syndicate – La Nación, febrero 5, 2012.

propia del *sistema natural* sino y fundamentalmente ser medidos con precisión - *matematización*.

De esta manera, a través de este procedimiento un *sistema natural* tiene su correlato en el respectivo *sistema formal,* manteniendo una relación de paralelismo y reciprocidad que esta convalidada nada más ni nada menos que por el propio Método Científico.

Así se entiende que la "causalidad" en los *sistemas naturales*, que significa una "vinculación entre fenómenos sucesivos", para los *sistemas formales* se expresa como una "inferencia basada en una regularidad de la sucesión de los eventos". Cuando ambos conceptos, la "*causalidad natural*" y la "*inferencia formal*" coinciden, se habla de *congruencia* y recién a partir de allí es posible especular con la posibilidad de concebir un *modelo formal* de ese *sistema natural*.

Este procedimiento se denomina *modelización* y esta compuesto por dos pasos, la *codificación* o expresión del fenómeno natural en una proposición formal y la *decodificación* o traducción de esa proposición formal hacia el fenómeno natural originario.

En base a estos enunciados, es posible definir a la *verdad científica* como la confirmación de la *inferencia formal*- o regularidad de la sucesión de los eventos - obtenida a partir del accionar científico - *matematización* + *modelización* – sobre el *sistema formal*.

En la práctica científica, este concepto es el que sustenta a la denominada *reproducibilidad* –capacidad de una prueba de ser replicada por terceros– de la cual depende la confiabilidad de la metodología aplicada.

Fue tal el éxito de este concepto que nada resultó ser un obstáculo como para no aplicarlo indiscriminadamente a todos los *sistemas naturales* que componen la *realidad* y a tal punto llegó esta suerte de "fundamentalismo", que podríamos decir que el reconocimiento de la existencia de un fenómeno al cual la *ciencia* considere merecedor de su atención terminó por depender de haber logrado generar su correlato como *sistema formal*. Es decir, merece ser abordado por la *ciencia* todo *sistema natural* que pueda ser "formalizado" por ella.

Por cierto esta afirmación puede no ser tan cuestionable si la vemos desde un punto de vista dogmático, al fin y al cabo es lícito que cada disciplina aborde lo que pueda.

Pero el problema no surge con lo que la *ciencia* aborda sino con lo que "no" aborda y la categorización que hace de ese fenómeno porque por principio metodológico todo aquello que la *ciencia* no pueda formalizar, no será reconocido como *sistema natural*. Como dijimos al hablar del Método Científico, es la *ciencia* la que pretende pautar a la *realidad* subordinándola a sus propios límites y no al revés, que sería lo lógico.

Como quiera que sea y más allá de estas elucubraciones, lo cierto es que de esta manera la *inferencia formal* queda directamente asociada a la *verdad científica* manteniendo, incluso, una relación de proporcionalidad directa, es decir cuanto "mejor" sea la *inferencia formal* acerca de un fenómeno de la *realidad* más chances tendrá de ser considerada *verdad científica*.

Así se explica, por otra parte, por qué la *modelización* quedó ocupando un lugar de "paso excluyente" para la *ciencia* y su método.

En el proceso metodológico, el accionar de la *ciencia* transita en la enorme mayoría de los casos en un terreno más formal que real, siendo el único contacto con la *realidad* en dos momentos, por un lado la "percepción del fenómeno" y por el otro el enfrentamiento entre el "modelo generado" y su "correlato en la *realidad*", es decir la *decodificación*, de lo cual depende la tan ansiada "congruencia", que como vimos es uno de los requisitos indispensables para poder hablar de *verdad científica*. Si bien ambas instancias resultan ser trascendentales en la intelección que la *ciencia* puede efectuar acerca de la *realidad*, es la "inferencia" que alcanza la *ciencia* a partir de los *sistemas formales* lo que terminó por transformarse en la columna vertebral del concepto de *verdad científica*.

Las implicancias de esta trascendencia, casi se diría excluyente, que detenta la "formalidad" tanto conceptual como metodológica implica que las dos cualidades que mejor definen a la *verdad científica*, quedan necesariamente alineadas dentro del ámbito de esa formalidad, en lugar de relacionarse prioritariamente con el fenómeno de la *realidad* que le dio origen.

Esas dos cualidades, que ya fueron presentadas, son por un lado la *semántica* o representación del fenómeno vinculada a un "contenido significativo" que, en el caso particular de la ciencia es aquel que ella considera que corresponde a ese fenómeno y por el otro lado, la *sintáctica* o conformación puramente estructural de la proposición.

Evidentemente y desde un punto de vista teórico, esta conformación de la *verdad científica* logra el propósito de resultar inobjetable y por cierto resulta lógico y esperable que así sea, ya que fue concebida justamente desde una formalidad manipulada por la propia *ciencia*..

Pero, ¿qué pasa cuando esta conceptualización se debe confrontar con su objeto de estudio respetando con rigurosidad los *patrones estructurales, dinámicos y evolutivos* que lo rigen? Dicho en otros términos, ¿qué pasa cuando esa conceptualización se "contextualiza" con la *realidad*, cuya característica más básica y esencial es que está conformada por una intrincada red de sistemas con diferentes *grados de complejidad*?

¿Acaso esa *verdad científica* podrá seguir siendo inobjetable? Si bien, como veremos enseguida, son varios los aspectos por los cuales debemos reconocer que la *verdad científica* tiene limitaciones y que no siempre resulta ser fiel a la *realidad* que intenta representar. Quizás una de las cosas que más debería preocuparnos es el hecho que esta conceptualización que acabamos de presentar, referida a cómo se conforma la *verdad científica*, no se incluye en la currícula académica ni siquiera tangencialmente y que por ello no son muchos los hombres de *ciencia* que se percatan de lo relativo que puede llegar a ser el *vínculo* entre la conclusión a la que arriban luego de aplicar el *Método Científico* y el propio fenómeno de la *realidad* sobre el que trabajaron.

Yendo más específicamente al punto en el que la *verdad científica* se vincula con la *realidad* "real", para *sistemas de baja complejidad,* [106] [107] [108] la *modelización* tendrá menos dificultades para lograr un modelo que represente fielmente al fenómeno que pretende, con lo cual arribará sin demasiada dificultad a inferencias congruentes con la *realidad* otorgando validez incuestionable a la *verdad científica*. Aquí sí es posible aplicar el principio disciplinario y metodológico que sostiene que *"...el mejor formalismo es el más sintáctico y el menos semántico..."*

La baja *complejidad* en estos sistemas tiene más que ver con la función que desarrolla que con la cantidad de partes que lo componen. Un ejemplo en la biología podría ser la bomba de sodio-potasio, cuya única función es el intercambio de un ión de sodio por otro de potasio, siendo esto lo único que hace. Su funcionamiento es invariable y la modulación de su rendimiento no depende de ella sino de factores externos. Otro ejemplo podría ser el ciclo de un motor, siempre será el mismo y la única variación

---

[106] *Dynamic Patterns in Complex Systems.* Editores: Kelso JAS, Mandell AJ y Slsinger, MF. –Woeld Scientific Publishers Co. Pte. Ltd. 1988.

[107] Riera, Elba del Carmen. *La complejidad: Consideraciones Epistemológicas y Filosóficas.* - Universidad Nacional de Santiago del Estero - Argentina.

[108] Plsek, P.; Greenhalgh T. (2001) *The challenge of complexity in health care.* British Medical Journal vol 323, Sep. 15, pp. 625-628.

que puede tener es la velocidad con la que complete su ciclo, algo que no dependerá de él. No resultará muy difícil *modelizarlos* y las conclusiones que se obtengan a partir de estos *modelos* alcanzarán la categoría de *verdad científica* cuando se los contextualice con los sistemas reales a los que representan.

Pero la *realidad* no está compuesta solo de "sistemas de baja complejidad", también existen sistemas de mayor *complejidad* que, vale enfatizar, son por lejos los más numerosos.

Su alto grado de *complejidad* se relaciona tanto con la cantidad de partes o subsistemas que lo componen como con las relaciones que existen entre cada una de esas partes o cada uno de esos subsistemas, los cuales están regidos por una serie de "criterios de organización" que son los que garantizan que esos subsistemas funcionen coordinadamente para que el conjunto se comporte como un sistema. [109] [110] [111]

Como es de esperar, en esta clase de *sistemas complejos* la *modelización* es posible únicamente a expensas de su *atomización*, es decir "fraccionar" el sistema en sus subsistemas y partes aislándolos unos de otros, lo cual inexorablemente implica un "costo" ya que los "criterios de organización" quedan avasallados, alejando toda posibilidad de descubrir la *información* que encierran en sí mismas las relaciones que existen entre las partes (característica distintiva de la *complejidad*).

De tal forma, el "contenido significativo" que posee todo fenómeno de la *realidad* no podrá ser descubierto en toda su magnitud quedando subordinado a un aspecto netamente estructural.

Los sistemas complejos: La realidad versus la verdad científica

La cuestión de la *atomización* como estrategia metodológica no es algo nuevo.

Según Robert Rosen, [112] ya se puede encontrar el germen de este enfoque predominantemente "estructuralista" en el atomista griego Democrito

---

[109] Prigogine, I. y Stengers, I. (1992). *Entre el tiempo y la eternidad*. Argentina: Ed. Alianza.

[110] Prigogine, I (1996). *El fin de las Certidumbres*. Chile: Ed. Andrés Bello.

[111] Cobelli C et al. (1984) *Validation of simple ando complex models in physiologyand medicine* — Am. J. Physiol. 246 – R259-R266.

[112] Robert Rosen (1934-1998) fue un biólogo norteamericano que desarrolló sus trabajos alrededor del concepto de "organización" a partir de lo cual explica la *complejidad biológica*.

para el cual "...toda *realidad* material está conformada por partículas sin estructura sostenidas entre si por fuerzas...", idea claramente sintáctica que podría, incluso, fundamentar la esencia de la formalización de la que venimos hablando.

Sin embargo, es esa misma teorización la que, extrapolada y aplicada a la práctica del mundo de las cosas que nos rodean, termina por desnudar las limitaciones tanto del reduccionismo como de la atomización, propias de la *modelización*.

Existen analogías sencillas que lo demuestran, como las semejanzas entre las "partículas sin estructura" de Demócrito y los *símbolos alfabéticos* en sí mismos sin significado alguno, consecuentemente también se encontrarán semejanzas entre la combinación de un "grupo" de esas partículas y una *palabra* y finalmente las que se evidencian entre la "organización de las partículas" y el *lenguaje*. Como se dijo, las letras por sí solas no quieren decir nada. Podremos conocer y describir absolutamente todos los detalles de la letra "a", sus curvas, su volumen, sus variedades en cursiva e imprenta o, inclusive, sus equivalentes en otros alfabetos, pero solo conoceremos su probable "significado" cuando la evaluemos como parte de una palabra; así la "a" de *amar* tendrá una implicancia diferente a la "a" de *matar*. Es, entonces, la propia combinación de las letras la que nos está brindando una "información" acerca de ese grupo o *sistema* que conocemos bajo el nombre de *palabra* y que de una manera atomizada no nos sería accesible.

Pero eso no es todo. Ese "grupo de partículas" denominada *palabra* ya con un significado, se puede "organizar" en un sistema de mayor complejidad aún, denominado *lenguaje*, ofreciéndonos tanta información que nos permitirá reconocer, incluso, el "sentido" que tiene o pretende tener. Tan trascendente es el poder de la organización – lenguaje – en un *sistema complejo* que por si misma puede definir y hasta modificar el "contenido significativo" de una de sus partes – palabra.

Muchas veces, quizás muchas más de las que nos imaginamos, una parte de un sistema adquiere su sentido solo y únicamente dentro del contexto definido por los *criterios de organización* y los *patrones de complejidad* de ese sistema, fuera de ellos muy probablemente no signifique nada o algo diferente a lo que "verdaderamente" es.

Si bien, como vimos, este planteo debió enfrentarse y en definitiva claudicar ante la "idea aristotélica" que priorizaba el estudio de la *causalidad* y los "porqué", reconociendo en el fenómeno de la *realidad* una esencia y la imposibilidad de aislamiento de su contexto, idea que dominó la escena científica durante varios siglos. El planteo "atomista" resurgirá con Isaac Newton, quien desde los primeros pasos de su enfoque separaba de su entorno al sistema a estudiar, al primero lo representaba como "fuerzas externas" y "condiciones, configuraciones y velocidades iniciales mientras que al sistema en sí mismo lo consideraba como "estados o fases" y "trayectorias o estados transicionales".

Para Newton la *causalidad* tal como la consideraba Aristóteles ocupaba un lugar menor, restringiéndola a una "secuencia de estados transicionales" que adopta un sistema. Define al *efecto* de un proceso como el "estado de ese sistema en un instante dado".

Evidentemente se trata de una epistemología claramente sintáctica.

Tal fue el éxito de este enfoque atomista y modelizador que es esa *creación* o *modelo* la que termina definiendo la categoría del sistema en cuanto a su complejidad, terminando por reemplazar las cualidades estructurales naturales, el comportamiento dinámico y la evolución del propio sistema, relegándolos a un plano secundario.

Así, toda vez que la epistemología newtoniana puede aplicarse, el *sistema natural* en cuestión es catalogado como "simple" con la más absoluta independencia del verdadero grado de *complejidad* que muestra en su contexto - *realidad* - y ello implica que puede ser *modelizado matemáticamente* y que la *causalidad* adquiere poco valor.

La conclusión no es muy difícil de inferir, en tanto la *maquinaria* matemática está capacitada para simular cualquier sistema a través de un modelo, "todos los sistemas naturales son simples" y por ello pasibles de *modelización, matematización* y *atomización*.

Esta concepción permite, además, explicar porqué la representación de la *biología como máquina* propuesto por Descartes quedó aceptada como uno de los pilares de las ciencias.

Sin embargo, una mirada más detallada no tardará en demostrarnos que es justamente la propia *realidad* la que contradice estos planteos.

El solo hecho de reconocer la existencia del *sistema nervioso central, el sistema inmune, el sistema endocrino, los mecanismos de control celular o los ecosistemas*, entre muchos otros, son razones más que suficientes, no solo para negar que todos los *sistemas naturales* son simples sino y fundamentalmente, para reconocer la existencia de *sistemas complejos* que no resisten un análisis basado en la atomización y la modelización. Las evidencias confirman que todos ellos superan con creces el *umbral de complejidad* como para no poder rotularlos de "simples" pese a lo cual no dejan de ser naturales.

A estos sistemas no cabe otra posibilidad que denominarlos "complejos" tanto por su estructura como por su comportamiento y evolución. Gracias a esa cualidad, son capaces de autoorganizarse, aprender, reproducirse y en definitiva evolucionar hacia un mayor grado de complejidad, condiciones que lejos de depender de cada uno de los componentes particulares de esos sistemas, se vinculan fundamentalmente con las relaciones que existen entre sus partes entre sí -interrelación- y con el todo -correlación-.[113]

Un abordaje que se articule a partir de una *modelización* derivada de la *matematización* y *atomización*, que por principio metodológico no tenga en cuenta las relaciones entre partes y la información que esos vínculos encierran, ¿puede acaso dar cuenta de sus complejidades?; ¿podrá existir una congruencia *ver*dadera entre ese *sistema natural* y el *modelo formal* que pretende representarlo?

No es ni siquiera discutible que en la *realidad* existen *sistemas complejos* para los cuales la epistemología clásica articulada a través del *Método Científico* resulta ser la menos adecuada, lo cual inexorablemente pone en duda la esencia misma del concepto de *verdad científica* en esos casos.

La *complejidad* implícita en la *realidad* exige que el componente *semántico* de la inferencia y en definitiva de la *verdad científica* sea también considerado como esencial, sobre todo cuando lo que se contempla es la *causalidad*.

Todo modelo predominantemente *sintáctico* resulta ser insuficiente para un sistema complejo, en tanto obstaculiza la "integración" del sistema en estudio no solo dentro de los propios *criterios de organización* que lo rigen, sino y fundamentalmente dentro del *entorno* al cual pertenece.

Ciencia sin reflexión: verdad sin contenido

Si asociamos estos conceptos con las cualidades mas esenciales del *Método Científico*, ya expuestas en el capítulo correspondiente, a saber su conformación basada predominantemente en los enfoques fácticos

---

[113] *Entre el tiempo y la eternidad,* ob. cit.

surgidos del tronco primario de la física y su pobreza metodológica de enfoques filosóficos, cuya herramienta básica es la reflexión, se pueden inferir algunas potenciales consecuencias de lo que puede suceder – y de hecho está sucediendo - con la tan preciada *verdad científica*.

Por un lado, la confusión entre el "mecanismo" y la "causa" de un proceso y por el otro lado la disyuntiva entre "verdad" y "pseudoverdad".

Se trata de dos circunstancias que demuestran que no siempre hay que creerle a la *ciencia*, por ello merecen ser particularmente explicitadas.

La primera de ellas se refiere a la confusión que existe en los ámbitos de la *ciencia* entre los conceptos de *causa* y *mecanismo*, o lo que es lo mismo: el "porqué" y el "cómo".

Se trata de una circunstancia involuntariamente sostenida y perpetuada a través del *Método Científico*, que muy frecuentemente deriva en que muchos hombres de *ciencia* califiquen como "enfoque causal" –en medicina podría estar representado por "tratamiento causal"– aquello que en *realidad* es el abordaje de uno de los tantos mecanismos o pasos intermedios que conforman la secuencia del proceso global responsable del fenómeno.

Todo lo que ocurre en la naturaleza – léase *realidad* - nunca deja de acontecer en un contexto conformado por el universo en su totalidad aunque éste aparezca representado por aquello que conforma el escenario del fenómeno en sí mismo. Esto implica que nunca se debe excluir ni mucho menos invalidar una probable participación de alguna otra instancia del universo, más allá de aquellas que demuestran tener una potencial relación de causalidad con el fenómeno en estudio.

En ese escenario, la verdadera *causa* - o "porqué" – corresponde al evento inicial que pone en marcha el *proceso* o "secuencia de sucesos", que terminará por derivar en el fenómeno que terminamos observando y estudiando, como podría ser por ejemplo una enfermedad o una infección.

Evidentemente si se opera sobre el evento inicial - *causa* - del proceso, ese fenómeno no aparecerá, en cuyo caso será absolutamente correcto denominar a esa estrategia como *intervención causal*, para el caso específico de una enfermedad podría hablarse de un *tratamiento causal*. Algo así como que "...muerto el perro se acabó la rabia...", definición que no debería porque generar controversia alguna en tanto en sí mismo es un concepto que esta expresando una *verdad* (aspecto *sintáctico*): sin causa no hay efecto.

No obstante, la definición ya no resulta tan incontrovertible cuando lo que se considera es la "significación" del concepto *causa* (aspecto *semántico*) y eso depende del enfoque con el que se esté efectuando el abordaje.

Es justamente allí en donde surge la confusión, no siempre lo que "se considera *causa*" es la "*verdadera causa*". Planteo al cual, por supuesto, no llegaremos si no reflexionamos.

Si se acepta a un fenómeno como parte integrante de un *sistema complejo*, también se acepta que la *verdadera causa* no necesariamente tiene porqué circunscribirse siempre y con exclusividad al ámbito o escenario donde se desarrolla el fenómeno en sí mismo así como tampoco tiene porqué relacionarse con él de una manera directa. Por el contrario, potencialmente puede involucrar aspectos e instancias lejanas o remotas que en apariencia no pertenezcan al contexto de ese fenómeno o que no estén estrechamente vinculados a él pero que de hecho forman parte del *sistema*.

En ese caso los acontecimientos o sucesos que conforman la secuencia que finaliza en el fenómeno, se denominan *mecanismos* - o "cómo" - y muy probablemente ninguno de ellos sea la *verdadera causa* del fenómeno o "evento inicial" que lo pone en marcha.

Hasta ahí todo es bastante claro, el problema surge cuando la línea de pensamiento con la que ese fenómeno es abordado parte de premisas que priorizan al fenómeno en sí mismo por sobre el *sistema* al cual pertenece, pués en ese caso nada impedirá que un *mecanismo* pueda ser confundido con la *causa*.

En ese contexto, cuando sobre lo que se interviene con la intención de evitar que aparezca el fenómeno es en alguno de esos *mecanismos*, esa respuesta o acto no puede ser considerada "causal", dado que el *sistema* al cual pertenece el fenómeno sigue permaneciendo activo, quizás interrumpido y en un estado potencial en tanto la *verdadera causa* - evento inicial – sigue estando intacta pero claramente ese sistema sigue activo.

En lugar de matar al perro con rabia, le coloqué un bozal y lo encerré dejándolo vivo.

A partir de esta matriz conceptual es que se define todo el enfoque metodológico.

Por un lado el contexto deja de tener jerarquía y en consecuencia los aspectos, instancias y acontecimientos que se desarrollan en él y que pueden estar vinculados al fenómeno ya no son "sucesos pertenecientes al proceso" que lo genera sino por el contrario, pasan a ocupar un rol *complementario* que conocemos como "factores antecedentes", "factores predisponentes" o "factores concomitantes".

Más allá de cuestiones de nomenclatura, que de hecho pueden ser discutibles, lo verdaderamente trascendente de esta concepción es que al considerar a un suceso o paso intermedio de un proceso como *factor complementario* excluyéndolo de la cadena causal, estamos afirmando, por un lado que aún en ausencia de ese factor el fenómeno puede aparecer y por otro lado, que pese a su presencia dicho fenómeno puede no aparecer. De tal modo, la existencia de ese fenómeno adquiere una autonomía e independencia en cuanto a su inicio y evolución que da como válida la posibilidad de aislarlo de su contexto sin que ello implique un alejamiento de la *realidad* permitiendo la creación de un modelo (*modelización*) que lo represente y que a la vez como tal facilite un abordaje más preciso y pasible de manipulación (*matematización*).

Así en este contexto es absolutamente válido asumir como "causa" al suceso previo inmediato capaz de desencadenar al fenómeno y reconocer como "causal" al acto que evite ese suceso puntual.

Caben pocas dudas que de esta manera el terreno de acción de la *ciencia* queda bien circunscripto al que corresponde específicamente al fenómeno y que los factores antecedentes, predisponentes y concomitantes podrán ser enumerados y descriptos pero no necesariamente tienen porqué ser de su incumbencia ya que, aunque de hecho están relacionados, no son considerados como *causales*.

Veamos ahora qué pasa si se adopta un esquema de pensamiento diferente que no confunda *causa* con *mecanismo*, que no aísle al fenómeno de su contexto sino que lo reconozca como parte de un *sistema complejo* y que acepte como posibilidad que el verdadero origen de ese fenómeno puede yacer en áreas del universo que no siempre están dentro de su terreno de acción. Las cosas podrán ser muy distintas, al punto que una *estrategia causal* no necesariamente tiene porqué quedar circunscripta con exclusividad al terreno en el que se pone de manifiesto el fenómeno abordado.

Es obvio que este enfoque puede – y debería – ser aplicado a cualquier disciplina humana, pero para el caso particular de la *ciencia*, esto implica aceptar como premisa no solo la *complementariedad* con otras disciplinas sino y fundamentalmente que es ese *sistema complejo* expresado o evidenciado a través del fenómeno, el que debe definir el territorio de acción y los ámbitos con los cuales la *ciencia* se debe involucrar si realmente lo que busca es una respuesta *causal*. Los factores antecedentes, predisponentes y concomitantes dejan de ser "complementarios" y pasan a ser potenciales protagonistas del *sistema* que deriva en última instancia en el fenómeno.

Podrá no ser, entonces, el terreno circunscripto al fenómeno en sí mismo el único escenario de donde podrá surgir la respuesta que tenga la mayor fidelidad con la *realidad*, es decir, una respuesta fundamentada en una *verdad científica*.

Evidentemente la significación del concepto de *causa* no es la misma para uno y otro enfoque así como tampoco será el mismo el grado de compromiso que la *ciencia* debería asumir con la *realidad* a partir del fenómeno observado.

Solo a modo de ejemplo apliquemos estos dos posibles enfoques a un fenómeno por demás frecuente desde hace varias décadas y que ya lo hemos presentado antes: la *enfermedad vascular coronaria*.

Cabe destacar que no es el único ejemplo que podríamos presentar. De hecho existen muchos otros capítulos de la *ciencia*, en particular de la Medicina, que también podrían servir para graficar lo que estamos diciendo. Solo por nombrar algunos podríamos hablar de enfermedades oncológicas, enfermedades infecciosas, resistencia bacteriana a los antibióticos, claro está entre muchos otros.

La enfermedad vascular coronaria

El enfoque oficial actualmente vigente está basado en la *modelización y matematización* y es el que aplica el *Método Científico*. Muy sintéticamente según esta interpretación la *causa* de esta enfermedad radica en la denominada "aterosclerosis", un proceso que se desarrolla principalmente en el endotelio (capa interna de las arterias) y que compromete otras zonas de la pared de las arterias. En estos sitios confluyen los efectos de los denominados Factores de Riesgo Cardiovascular (FRC), nombre genérico que se les da, entre otros, a los lípidos o grasas (como el colesterol), la hipertensión arterial, la diabetes, el tabaquismo, la inactividad física y el sobrepeso, a los que actualmente se le agrega un factor vinculado con la inflamación.

En este contexto es lícito denominar como *tratamiento causal* aquel que apunta a combatir el desarrollo de la aterosclerosis y sus efectos. Así, por ejemplo la terapéutica antihipertensiva, hipolipemiante e hipoglucemiante junto al intervencionismo endovascular (angioplastias) e incluso quirúrgico (cirugía de revascularización miocárdica) pueden considerarse como "tratamiento de la causa" de la enfermedad vascular coronaria.

Es obvio que para llegar a esta conclusión, la *ciencia* debió aislar al fenómeno *enfermedad vascular coronaria* y "modelizarlo" para poder operar sobre lo que considera sus *causas* a fin de poder controlarlo.

De tal manera, nada ni nadie podría discutir que si se elimina de la faz de la tierra a los Factores de Riesgo Cardiovascular, la enfermedad vascular coronaria dejaría de ser un problema de trascendencia para la salud pública. Tan simple como eso.

Sin embargo, cuando se aplica un enfoque diferente y se considera a la *enfermedad vascular coronaria* como la "expresión detectable de un sistema complejo" cuyo abordaje como tal exige la contextualización, aquellos Factores de Riesgo que habíamos asociado a la causa de la enfermedad, pasan a ser los *mecanismos* que operan sobre la aterosclerosis la cual, a su vez, será el *mecanismo* que terminará por producir el fenómeno detectado –*enfermedad coronaria*. Pero sería muy osado rotular a estos *mecanismos* como la *verdadera causa* (evento primario e inicial que pone en marcha el proceso), por el contrario ella debería surgir de la búsqueda que se haga de los diferentes componentes de ese "sistema complejo" al cual todos esos *mecanismos* pertenecen participando y operando como pasos intermedios.

Dentro de este enfoque sistémico es absolutamente lícito plantear que posiblemente los Factores de Riesgo Cardiovascular pueden encontrarse fuerte y directamente vinculados no solo y exclusivamente con factores físicos, orgánicos o genéticos sino también *cultural*es como por ejemplo los denominados "hábitos de vida" –tipo de dieta, grado de actividad física, tipo de trabajo, posicionamiento frente a las presiones externas, entre otros.– que se hayan instalados en el medio ambiente o entorno como cualidades características y hasta patognomónicas del denominado "sistema de vida occidental".

Estos "hábitos de vida" podrán intervenir ya sea como "desencadenantes" ante una predisposición (genética, hereditaria) o bien como "responsables directos" para que aparezcan en escena los FRC, que a su vez operan sobre la aterosclerosis para que, finalmente, se produzca la *enfermedad vascular coronaria*.

Pero las cosas no terminan ahí. Si utilizamos bien la *reflexión* y *contextualización* podemos concluir que esos "hábitos de vida" tan peculiares, en definitiva son parte del cuerpo de una de las respuestas más importantes que pudo y puede generar la especie humana en la búsqueda de una *adaptación* frente a su entorno o *realidad*. Me refiero a la *"cultura"* y en un contexto como este, el objetivo de alcanzar una respuesta científica *causal* para la *enfermedad vascular coronaria* evidentemente tiene implicancias de enorme trascendencia, ya que si esos "hábitos de vida" son considerados como los verdaderos responsables de la *enfermedad vascular coronaria*, un "tratamiento causal" necesariamente debería involucrarse con aspectos culturales y no exclusivamente biológicos del proceso. Pero también es lícito pensar que los "hábitos de vida" muy probablemente no sean más que otros *mecanismos* a través de los cuales operan instancias más cercanas a la *verdade*ra causa que también, en sí mismas, pertenecen y se desarrollan en ámbitos en apariencia no vinculados específicamente con el equilibrio salud/enfermedad.

Lo importante de este razonamiento, es que en uno y otro caso estamos hablando de un escenario que formalmente no se considera dentro del terreno de la *ciencia* pero que en la *realidad* sí lo está en tanto se trata de una problemática médica y por ello fuertemente ligada a lo científico. En ese caso, la *ciencia* tendría que tener claro que si realmente lo que quiere generar es una respuesta *causal*, más de una vez debería aplicar sus evaluaciones y acciones en ámbitos que van más allá de los límites impuestos por el *Método Científico* y que incluso estaría obligada a interactuar con otras disciplinas humanas. Nada descarta que probablemente se vería obligada a adoptar posturas claras y a veces incluso hasta antipáticas con aquellos factores de ese sistema complejo que, muchas veces de una manera inaparente, lo perpetúan y hasta se benefician aún a costa del daño que generan como por ejemplo la *enfermedad vascular coronaria*.

En un contexto así, para alcanzar un enfoque *causal* del problema, una metodología basada exclusivamente en los principios del *Método Científico* –*mecanización, atomización, modelización, matematización*– dejará de ser operativa por incompleta y en su lugar debería aplicar otra que incorpore un *pensamiento reflexivo, sistémico y complejo*.

Evidentemente, estaríamos frente a una *verdad científica* diferente.

Solo a modo de ejercicio y para ver los alcances que puede llegar a tener este tipo de enfoque, veamos cómo podría ser su aplicación en el ejemplo que se presentó.

Existen solo dos premisas que no se podrán evitar y que fundamentarán la metodología a aplicar en este simulacro.

La primera de esas premisas es que se abordará a la *realidad* en forma directa, es decir sin intermediarla con un "modelo". El fenómeno *enfermedad vascular coronaria* no será aislado sino incluido dentro de un sistema (*realidad*) cuyo comportamiento y dinámica globales ejercen influencia y que está representado por una *cultura* cuyo "modus operandi" es predominantemente *pragmático* y por ello se rige por el principio de "lo único que vale es lo que sirve".

La segunda premisa es que en tanto estamos abordando un *sistema complejo* acerca del cual no tenemos certezas –léase respuestas– sino probabilidades, la única herramienta posible será "la pregunta".

En síntesis, el "método" consistirá en "preguntas con sentido pragmático".

A propósito y para no caer en sesgos, dejaremos las respuestas abiertas.

Los hechos fácticos que caracterizan la *realidad* actual en lo que respecta a la *enfermedad vascular coronaria* son:

1) existen los *"hábitos de vida occidental"* como *mecanismos* desencadenantes o directos de los Factores de Riesgo Cardiovascular, que a su vez son *mecanismos* que pueden modular e influir en la dinámica evolutiva de la *aterosclerosis* cuya principal consecuencia es la *enfermedad vascular coronaria*

2) en los últimos treinta años, el comportamiento y dinámica globales del fenómeno pone en evidencia que el número de *enfermos coronarios* se mantiene o incluso aumenta

Pregunta 1

¿Le sirve a alguien que existan y persistan los "hábitos de vida occidental" como para que la cultura no los haya revisado?

Como dijimos, la respuesta queda abierta aunque vale efectuar algunas reflexiones.

Acorde a la primera premisa metodológica, de hecho los *hábitos de vida occidental* forman parte de nuestra cotidianeidad desde hace ya bastante tiempo y casi se podría afirmar que con una dinámica de ritmo creciente. Tratándose de un hecho más que evidente y siempre en términos pragmáticos, justifica plantear la sospecha que algo o alguien dentro del sistema *cultural* pueda estar especulando con ellos y/o incluso se aprovechen ante la posibilidad que les resulte conveniente que se sostengan, con independencia del costo que la humanidad debe pagar por ello.

Si se analizan con este criterio a la tendencia a la inactividad física, al tipo de dieta o al estrés, solo por nombrar algunos de esos *hábitos*, se verá que resultan sumamente funcionales, entre otras cosas, a jornadas laborales prolongadas, maximización de la productividad y temor a quedar fuera del sistema, promoviendo cierta actitud de aceptación y subordinación a esas reglas.

No resulta difícil reconocer que las anteriores son características de nuestra vida cotidiana y que todo esto podría estar repercutiendo en una clara conveniencia para algunos.

¿Acaso esto no debería formar parte del "hecho científico" *enfermedad vascular coronaria*?

Fuera de la actitud predominantemente contemplativa, descriptiva y cuantificadora a partir de la bioestadística, por el momento la *ciencia/medicina*, que es la que registra en forma directa el impacto final que estos *hábitos* producen en la población –en este caso la *enfermedad vascular coronaria*– nunca adoptó una postura definidamente denunciatoria y mucho menos confrontativa, ni siquiera discursiva, con aquellas instancias de la sociedad de las cuales dependen estas circunstancias; salvo en el caso del tabaquismo que demostró con creces el impacto beneficioso sobre las consecuencias específicas que ha demostrado tener este factor sobre la salud del hombre.

Pues bien, a mi juicio, la *verdad*era causa de esta conducta lejos de relacionarse con intencionalidades o conveniencias de la *ciencia*, se puede encontrar en que el enfoque metodológico –*Método* Científico– resulta inadecuado.

Profundicemos este antipático planteo continuando la línea argumental definida por las dos premisas: una pregunta acerca de un fenómeno que pertenece a una *realidad* (*cultura*) con fuerte tendencia pragmática.

Pregunta 2

¿A quién le sirve –pragmatismo– que se mantenga o que incluso crezca el número de enfermos coronarios?

Lo cierto es que visto desde una óptica científica y sobre todo sanitaria parecería una pregunta hecha con espíritu casi perverso. Resulta difícil aceptar que puede haber alguien que se ponga contento cuanto más enfermos haya.

Aunque, si se cambia el eje del análisis por otro que mida y pondere a los hechos de la *realidad* a través de la utilidad que ellos representan –no olvidemos que seguimos dentro del paradigma del *pragmatismo*– nos guste o no es imposible descartar que algo o alguien posiblemente se estén beneficiando o al menos creciendo y cobrando importancia en un escenario así. Al fin y al cabo "lo más útil y lo que más sirve" es que el número de individuos que "consumen" (comidas rápidas, horas de trabajo, medicamentos, etc.) sea cada vez mayor.

Siendo rigurosamente objetivos, y un poco impiadosos por cierto, no podemos descartar que uno de esos sectores bien podría ser alguno de los que se dedican a ayudar a esos individuos para que puedan controlar su enfermedad –léase tratamiento farmacológico–.

Cabe aclarar que de ninguna manera esta afirmación implica cuestionamiento alguno al *significado* de esa participación: ayudar a los enfermos, si se quiere por demás loable y del que no hay porqué dudar. Sin embargo, también debe quedar en claro que ello no representa el más mínimo obstáculo para que el giro económico y las ganancias de estos sectores sean cada vez mayores. Es más, tras ese "significado" incuestionable, se puede estar escondiendo algún interés espurio e inconfesable que de esta forma queda aceptado.

Pues bien, guste o no, es en este escenario y no en otro en donde se desenvuelve el quehacer científico actual. Un escenario que se encuentra compuesto por un eje disciplinario del "ámbito científico puro" y por un entorno conformado por un grupo cada vez más numeroso y por cierto poderoso de empresas e industrias del "ámbito mercantil puro". Ambos, eje y entorno, constituyen una red interactiva que se sostiene a sí misma y crece gracias a una retroalimentación en la que cada sector aporta y recibe. En ese contexto, siempre desde un punto de vista pragmático, el rol de la *ciencia* termina siendo cada vez más funcional en tanto esta cada vez más involucrada con el mercado, del cual en definitiva termina dependiendo.

Queda claro, entonces, el panorama en lo que respecta a la *ciencia* puede ser muy diferente si a la *verdad científica* construida casi excluyentemente a partir del *aspecto sintáctico* –*Método Científico* tradicional– se le agrega un enfoque que tenga en cuenta su *aspecto semántico* –complejidad, enfoque sistémico.

Verdad científica o pseudo verdad ?

Existe otra consecuencia de una *ciencia* vaciada de reflexión y que por ello menosprecia el *aspecto semántico* de los hechos de la *realidad*. Se trata de una circunstancia que se vincula con lo que se le exige a una *verdad científica* para ser considerada como tal.

Quedó claro que una inferencia formal construida a partir de la fiel aplicación del *Método Científico* y correctamente estructurada y expresada a partir de la aplicación también rigurosa de los fundamentos de la física, la matemática y las disciplinas derivadas, puede constituirse sin obstáculos y con esa sola condición en *verdad científica*. Sin embargo nada se dice, nada se plantea ni se exige requisito o condición alguna respecto a que esa inferencia formal verdaderamente represente a un fenómeno perteneciente a la *realidad* "real" y no a una "virtual" asumida como "real", en cuyo caso esa *verdad* quedará transformada en "pseudo*verdad*" vinculada a una "pseudo*realidad*".

Aunque podría parecer una exageración, esta situación es perfectamente posible cuando no se somete a esa inferencia al ejercicio reflexivo, que es la única metodología que podría garantizar el anclaje o apego a la *realidad* real.

Para identificar "hechos científicos" que podrían graficar esta circunstancia, lo más sencillo y directo es interpelar a la *ciencia* respecto a si sistemáticamente se plantea a sí misma si sus actos siempre están orientados a mejorar la calidad de vida de los seres humanos y a optimizar su nivel de armonía y adaptación con su entorno/*realidad*.[114] Si en su lugar, la idea directriz que la orienta no terminan siendo las pautas que le dicta el "mercado", cuyo objetivo excluyente, como sabemos, es el "consumo".

A modo de ejemplo, puede revisarse el listado de "Inventos" de los años 2017 y 2018, y reflexionar sobre cuál es el "grupo de humanos" que podrán disfrutarlos, lo cual en absoluto implica mejoría alguna en el nivel de adaptación al entorno sino más bien tentación y estímulo para consumir. En definitiva, si estos "progresos" están en consonancia con las verdaderas "necesidades" de la enorme mayoría de los seres (higiene, educación, salud, comida, trabajo) que conformamos la raza humana.

Veamos.

---

[114] Téngase en cuenta que lo que acabamos de describir no es otra cosa que el componente *semántico* o contenido significativo de la *ciencia* que además justifica su existencia como disciplina humana.

En Noviembre del 2017, la revista Time publica los "Mejores inventos del 2017"[115]

- Jibo: robot para relacionarse
- eSight: gafas para ciegos
- Halo top: helado con bajo contenido de azúcar y calorías
- Fenty Beauty: tonos de maquillaje
- Ember Mug: tazas que calientan el café
- Thyssenkrupp MULTI: ascensores que se mueven para todos lados
- Apple iPhone x: Smartphone más inteligente
- Nike ProHijab: vestimenta deportiva para atletas musulmanas
- Forward: clínicas preventivas (gimnasio de alta gama)
- Adidas Futurecraft 4 D: zapatillas de mejor rendimiento
- Tesla Model 3: autos a corriente eléctrica
- Willow Pump: bomba de lactancia portátil
- NASA Mars Insight: nave para sondear Marte
- Oculus Go: visor para realidad virtual
- Tasty One Top: hornalla sincronizada con una App para cocinar
- DJI Spark: nuevo diseño de dron
- Molekule: filtro de aire
- Michelin Viscon Cocept: neumáticos sin aire

No hay dudas que de esta lista se podría decir que está viciada por un fuerte sesgo mercantil, teniendo en cuenta la fuente que la presenta. Pero veamos otro listado, esta vez de 2018, generado por una institución que indudablemente representa a la *ciencia*.

El Instituto de Tecnología de Massachusetts (MIT) publica un listado de los "Avances científicos más revolucionarios" del año 2018.

- Impresión de metales en 3D
- Embriones artificiales
- Ciudades sensitivas
- Redes neuronales combativas y cooperativas
- Dispositivo para traducción inmediata
- Fuente de energía libre de contaminantes
- Dispositivo para protección de privacidad
- Predicciones genéticas
- Salto cuántico de materiales

---

[115] *The 25 Best Inventions of 2017.* By TIME STAFF – November 16, 2017.

Evidentemente resulta inquietante imaginarse una *realidad* atravesada por este tipo de inventos, nos acerca a las imágenes que siempre nos fascinan en las películas de ciencia-ficción. Pero si *reflexionamos* y nos anclamos a "nuestra" *realidad*, la real, la que día a día nos impacta, las cosas dejan de ser tan maravillosas. Muy por el contrario, nos invita a preguntarnos si estos "avances" tienen que ver con las verdaderas necesidades de la raza humana y si se los puede considerar "respuestas" a esas necesidades. Si esa es la *ciencia* que nos ayudará a lograr una mejor *adaptación* a nuestro entorno. Si responde al paradigma de "buscar la *verdad* acerca de la *realidad*" al servicio de la raza humana y del planeta o a otro alineado con un mercantilismo pragmático para algunos.

Cuando una *verdad científica* no es atravesada por la *reflexión* corre el riesgo de quedar transformada en una "pseudo *verdad*" y dado el prestigio bien ganado por la *ciencia*, muy probablemente se transforme en referente para otras disciplinas que sin motivos para dudarlo aplicarán enfoques y generarán hechos que terminarán siendo funcionales a ella, cuyo único y principal valor y fundamento es meramente su *aspecto sintáctico* que nunca llegó a ser cuestionado debido, justamente, a la falta de reflexión.

Así podemos afirmar que dentro del ámbito delimitado con rigor por el *Método Científico*, una inferencia dotada de valores *sintácticos* puede transformarse sin obstáculos en *verdad científica* aunque en sí misma no signifique nada o esté referida a un fenómeno que no pertenezca a la *realidad* o que no sea congruente con aquello que pretende representar.

Una de las consecuencias más trascendentes de esta situación es que absolutamente todas las *verdades científicas,* es decir las que surgen de la *ciencia*, potencialmente son candidatas a instalarse ya sea como referentes de otras *verdad*es no científicas o bien como garantía y validación de dichos y hechos, en definitiva de respaldo, de cualquier otra disciplina o acción referente a la vida de los seres humanos. Así es que se armarán estructuras *cultural*es alrededor de esa *verdad científica* que la convalidarán más allá del hecho que en sí misma esa *verdad* sea o no congruente con la *realidad* real, o con una pseudo *realidad* generada por ella misma a partir de un error sistemático en el método que aplica (déficit de una reflexión que garantice el anclaje a la *realidad*). Al fin y al cabo, una *verdad científica* jamás se cuestiona.

Así se cierra el círculo: la *ciencia* con su *verdad* convalida una pseudo *realidad*, gracias a la cual la *cultura* y sus estructuras operativas ("sistema", mercado) convalidan a la *ciencia*.

Evidentemente este ocultamiento de la *verdad científica* dentro del entramado *cultural* plantea un serio problema para poder diferenciar aquellas *verdades* científicas que en su totalidad se inscriben dentro de la *realidad* real de otras que por error u omisión, como vimos jamás intencionalmente, no lo hacen. Tanto unas como otras estarán inmersas en circunstancias *culturales* que cotidianamente todos y cada uno de nosotros transitamos e incluso sostenemos y alimentamos.

Más allá de la enorme y de hecho cotidiana importancia que representa esta confusa circunstancia, lo cierto es que en lo que respecta específicamente al presente trabajo, pone en evidencia la enorme dificultad a la que se enfrenta y que desde un principio intenta superar. En esencia, ella no es otra cosa que una "autocrítica".

A modo de conclusión

Debe quedar claro que de ninguna manera se cuestiona la totalidad de las *verdades* científicas, no todas se apoyan prioritariamente en su componente *sintáctico* y aún las que así lo hacen, no todas quedan atrapadas en una pseudo *realidad* como para ser condenadas.

Lo que sí esta crítica plantea es que de hecho existen fenómenos de la *realidad* para los cuales el *Método Científico* no es el más operativo y que aplicarlo deriva en generar pseudo *verdades* "científicas", cuya convalidación se efectúa a expensas de una pseudo *realidad* que resulta ser funcional a esa pseudo*verdad* y que por ello se convalidan mutuamente.

El espectro de los fenómenos que conforman la *realidad* es enormemente amplio así como las *verdades* que de ellos surgen. Todos y cada uno de esos fenómenos son la expresión de un sistema que los genera y esos sistemas tienen estructura y comportamiento con diferentes grados de complejidad, tan diferentes que un mismo método de abordaje puede ser adecuado para algunos de esos sistemas e inadecuado para otros.

El *Método Científico* es aplicable en forma irrestricta a aquellos sistemas con un grado de complejidad tal que habilita como factible y válida la *modelización*, la *matematización* y la *atomización* para que una inferencia formal con alto contenido *sintáctico* se transforme en *verdad científica*, aún pese a un bajo componente *semántico*, lo cual no pondrá en dudas la congruencia entre el modelo y el sistema real al cual representa.

En términos generales encontramos este enfoque en las *ciencias básicas* que pueden o bien recrear escenarios virtuales representativos de fenómenos naturales para manipularlos y someterlos a circunstancias controladas a fin de evaluar comportamientos y respuestas específicas, o bien seleccionar ciertos mecanismos parciales que constituyen pasos de un proceso más complejo y así poder describirlos y evaluarlos con mayor profundidad. En este sentido si bien la computadora permitió el abordaje de sistemas con mayor grado de complejidad, incluso desde un punto de vista dinámico evaluando comportamientos, inevitablemente las condiciones a las que están expuestos esos sistemas en estudio no dejan de ser "variables controladas", situación aún muy lejana a la matriz estocástica –azarosa– que caracteriza a la *realidad*.

El problema surge cuando ese mismo método pretende ser aplicado a fenómenos cuya complejidad impide una manipulación, ya que ello implicaría no poder acceder a la información que encierra la propia relación entre las partes y entre cada parte y el todo. Lo mismo ocurre con aquellos fenómenos cuya relación con circunstancias no controladas de su entorno consiste en una interacción que incrementa el grado de variabilidad tanto de su comportamiento como de la evolución de ese sistema. Se trata de situaciones en las cuales los dos principales fundamentos para los que existe la *ciencia* se ven avasallados, por un lado la seria dificultad para efectuar una "predicción" y por el otro el aumento en la falibilidad de una "generalización" que frente a la particularidad de cada fenómeno nunca pasará de ser aproximada.

Sin embargo, en el escenario actual las cosas son diferentes. Ninguna de estas cuestiones logrará poner en duda la veracidad de la inferencia científica en tanto esta respete las pautas requeridas por el *Método Científico* el cual, por carecer de componentes vinculados con la reflexión, difícilmente considere siquiera la posibilidad de su inoperancia. Aquella inferencia, sin obstáculo alguno, inexorablemente se transformará en *verdad científica* sin siquiera cuestionarse si corresponde o no a la *realidad* real.

Estas circunstancias permiten sugerir algunas consideraciones importantes:

.) Como herramienta para buscar la *verdad* acerca de la *realidad* el método que aplica la *ciencia* no es indiscriminadamente apto para todo sistema que conforma la *realidad*.

.) Existen sistemas en la *realidad* para los cuales se precisa una herramienta de búsqueda de *verdad* que contemple la reflexión como componente metodológico estructural y sistemático.

.) El riesgo que se corre aplicando el *Método Científico* al análisis de "sistemas complejos" es generar una inferencia que será presentada como "*verdad* científica", cuya única condición es una impecable y metodológicamente incuestionable estructura sintáctica, generando de tal manera el terreno propicio para la conformación de una proposición cuya congruencia y fidelidad con la *realidad* ya no es requisito indispensable y que por ello puede denominarse "pseudo-*realidad*". Escenario que se convalida recíprocamente con la *verdad* científica que permitió su creación y que consecuentemente puede considerarse "pseudo-*verdad* científica".

.) Precisamente como las *verdades* científicas obtenidas a partir del *Método Científico* en el análisis de "sistemas con bajo grado de complejidad" pueden ser convalidadas al confrontarse con la *realidad* (conclusiones ciertas) y así pueden por ello ser consideradas congruentes, las *verdades* científicas referidas a "sistemas con un mayor grado de complejidad" al confrontarse con la *realidad* no arriban a las mismas conclusiones que sus modelos respectivos (incongruencia) siendo la única metodología capaz de detectar este hecho, la aplicación de la *reflexión* que habilite una *contextualización* y considere la potencial particularidad de cada fenómeno en función de su grado de complejidad.

.) Una porción nada despreciable de los fenómenos que conforman la *realidad* y que son objeto de estudio por parte de la *ciencia*, requieren un método de abordaje que contemple tanto el componente *sintáctico* como el *semántico* de la representación que la exprese como *conocimiento* y que pretenda ser considerada como *verdad científica*.

.) No existe una *realidad* unívoca sino versiones ineluctablemente condenadas a ser portadoras de la subjetividad de quien las genera y de las cuales la "científica" es una de ellas; el *Método Científico* nació justamente para combatir esa subjetividad pero en su evolución terminó por perder el aspecto metodológico reflexivo aunque quienes lo habían concebido lo tenían intrínsecamente incorporado dada su condición de filósofos.

Bibliografía y lectura recomendada

Alonso M. y Finn E. J. (1995). *"Física. Volúmen III. Fundamentos cuánticos y estadísticos"*. Editorial Addison-Wesley Interamericana.

Barroso, A. G. (2012). *"El racionalismo"*. Santa Fe, Argentina: El Cid Editor.

Bunge, M. (2007). *"Diccionario de Filosofía"*. Madrid: Siglo XXI Editores.

Bunge, M. (2002). *"Crisis y reconstrucción de la filosofía"*. Barcelona: Gedisa.

Capra, F. (1996). *"La trama de la vida"*. Barcelona: Anagrama.

Carnap, R. (1988). *"La construcción lógica del mundo"*. México: Ed. Universidad Nacional Autónoma de México.

Chalmers, A. (1987). *"¿Qué es esa cosa llamada ciencia?"*. Argentina: Siglo XXI.

Cohen, M. (1993). *"Introducción a la lógica"*. México: Fondo de Cultura Económica. (Breviarios).

De La Torre, A. (1992). *"Física cuántica para filósofos"*. Buenos Aires: Fondo de Cutura Económica.

Dilthey, W. (1996). *"Historia de la Filosofía"*. México: Fondo de Cultura Económica (Breviarios).

Glass, L. y Mackey, M. (1988). *"From Cloks to Chaos. The Rhythms of Life"*. Princeton University Press. UK.

Gonzalez G., J. C. (2000). *"Diccionario de Filosofía"*. Madrid: Biblioteca Edaf (vol. 252).

Grof, S. (1994). *"La mente holotrópica"*. Argentina: Planeta.

Harari, Y. N. (2018). *"De animales a dioses. Breve historia de la humanidad"*. 14º edición. Buenos Aires: Ed. Debate.

Kant, I. (2007). *"Crítica de la razón pura"*. Buenos Aires: Ed. Colihue.

Kaplan, D. y Glas, L. (1995)*"Understanding nonlinear dynammics"*. Springer Science + Bisiness Media. New York.

Kelso JAS, Mandell AJ, Shlesinger MF Ed. (1988) *Dynamic Patterns in Complex Systems* Editores: World Scientific Publishers Co. Pte. Ltd.

Kuhn T. S. (1996). *"La estructura de las revoluciones científicas"*. Argentina: Fondo de Cultura Económica (Breviarios).

Landsberg, P.T; Ludwig, G, Thom, R; Schatzman, E; Margalef, R; Prigogine, I (1992) *"Proceso al azar"*. Barcelona: Ed. Tusquets.

Leibniz, G.W. (1981). *"Monadología"*. Clásicos El Basilisco. Oviedo: Pentalfa Ediciones.

Margalef, R. *"Ecología"* (1974). Barcelona, España: Ed. Omega.

Meerof, M. y Candioti, A. (1996). *"Ciencia, técnica y humanismo"*. Buenos Aires, Argentina: Ed. Biblos.

Monod, J. (1981).*"El azar y la necesidad"*. Barcelona: Ed. Tusquets.

Ortoli, S. y Pharabod, JP. (1991). *"El cántico de la cuántica"*. Barcelona: Gedisa.

Perez, T. (2010). *"Existe el Método Científico?"*. España: Fondo de Cultura Económica.

Popper, K. (1980). *"La lógica de la investigación científica"*. Madrid: Tecnos.

Popper, K. (1996). *"El universo abierto. Un argumento en favor del indeterminismo"*. Madrid: Tecnos.

Prigogine, I. (1996). *"El fin de las certidumbres"*. Chile: Ed. Andres Bello.

Prigogine I. y Stengers I. (1992).*"Entre el tiempo y la eternidad"*. Argentina: Ed. Alianza.

Schifter, I. (1996) *"La ciencia del caos"*. México: Fondo de Cultura Económica.

Sini, C. *(1999)*. *"El pragmatismo"*. España: Ediciones Akal.

Virilio, P. (1993). *"El arte del motor : aceleración y realidad virtual"*. Buenos Aires, Argentina: Ed. Manantial.

Von Bertalanfy, L. (1995). *"Teoría General de los Sistemas"*. México: Fondo de Cultura Económica.

Zanotti, G. (1993) *"Popper, búsqueda con esperanza"*. Argentina: Fundación Editorial de Belgrano.

Zubiri, X. *"Ciencia y realidad"* (1941) en Bibliografía oficial #40: Escorial 10.

www.ingramcontent.com/pod-product-compliance
Lightning Source LLC
Chambersburg PA
CBHW080540220526
45466CB00010B/2974